高等职业教育机电类专业“十三五”规划教材

数控机床电气装调技术

主　编　杨永年
副主编　陆伟明　陈　丽
参　编　蒋小武　沈　路
主　审　王　猛

西安电子科技大学出版社

内容简介

本书以培养核心素养为基础，以能力为本位，以职业需求为导向，突出实践性教学，坚持把学生职业能力培养作为主要任务，努力培养服务企业生产一线的高素质劳动者。本书内容分为六个学习项目，十四个独立任务。六个项目依次是认识数控机床及其电气控制，数控机床辅助功能电路的安装与调试，主轴电路的电气安装与调试，伺服系统电路的安装与调试，数控机床供电电路、I/O模块电路及刀架电路的安装与调试，数控机床电气综合装调。为了便于大家学习，书中的数控机床主要指普通的数控车床、数控铣床和数控加工中心等，数控系统主要以FANUC系统为例。

本书适用于理实一体化教学或项目教学，可作为中等职业学校数控设备应用与维护专业的教师培训指导用书，也可作为高职院校数控设备应用与维护、数控技术、机电一体化技术、机械制造与自动化等专业的学生教材，还可作为从事数控行业的技术人员、工人和管理人员的参考书。

图书在版编目(CIP)数据

数控机床电气装调技术/杨永年主编. —西安：西安电子科技大学出版社，2019.8
ISBN 978-7-5606-5376-1

Ⅰ.①数… Ⅱ.①杨… Ⅲ.①数控机床—电气设备—设备安装 ②数控机床—电气设备—调试方法 Ⅳ.①TG659

中国版本图书馆CIP数据核字(2019)第132749号

策划编辑 李惠萍 秦志峰
责任编辑 祝婷婷 李惠萍
出版发行 西安电子科技大学出版社(西安市太白南路2号)
电　　话 (029)88242885 88201467　　邮　　编 710071
网　　址 www.xduph.com　　电子邮箱 xdupfxb001@163.com
经　　销 新华书店
印刷单位 陕西天意印务有限责任公司
版　　次 2019年8月第1版 2019年8月第1次印刷
开　　本 787毫米×1092毫米 1/16 印张 13.25
字　　数 313千字
印　　数 1～3000册
定　　价 33.00元
ISBN 978-7-5606-5376-1/TG
XDUP 5678001-1
＊＊＊如有印装问题可调换＊＊＊

前　　言

本书遵循学生的认知规律，充分借鉴职业教育相关教材的先进理念，坚持“校企合作、工学结合”的人才培养模式改革要求，针对职业院校数控设备应用与维护、数控技术、机电一体化技术、机械制造与自动化等专业的发展而编写。全书吸收了企业对员工要求的诸多元素，强调了学习的主体性、内容的兴趣性、职业素养的养成性，重构了知识体系，简化繁琐内容，增加了一些实用性知识。

本书具有以下特点：

第一，重视内容的兴趣性与实践性。结合技能考核要求和学生操作兴趣，选择了数控车床等典型的电气控制要求作为任务，提高学生学习和操作的兴趣；同时坚持以实践应用为主，提供了一些必备的理论知识储备，突出了企业实践能力要求。

第二，重视学习的规律性和学生学习的主体性。从学生的基础能力出发，贯彻“由易到难”“少讲精练”“循序渐进”的原则，合理安排理论知识和技能操作，体现了“教、学、做”有机结合的职业教育特色；同时，充分发挥学生学习的主体性，让学生在学习和实践中发现问题、解决问题。

第三，重视职业的规范性和安全性。在项目的选题上，注重前后课题的衔接，在培养和提高学生基础技能的同时，在每一课题中增加了安全提醒等知识，以提高学生的环保意识、安全意识，促进学生的职业素养养成。

本书由常州市教育科学研究院杨永年担任主编并统稿，江苏联合职业技术学院武进分院陆伟明、陈丽担任副主编，同时，江苏联合职业技术学院武进分院蒋小武、常州申孚自动化设备有限公司沈路工程师参与了本书的编写。其中，项目一由杨永年编写，项目二由陈丽、杨永年编写，项目三由陆伟明编写，项目四由陈丽编写，项目五由蒋小武编写，项目六由陆伟明、沈路编写。全书由常州刘国钧高等职业技术学校王猛教授主审。

本书共分六个项目，建议教学时数为 60 学时。学时分配如下：

项目	内　容	课时(分配)	备注
项目一	认识数控机床及其电气控制	6	可选
项目二	数控机床辅助功能电路的安装与调试	6	
项目三	主轴电路的电气安装与调试	8	
项目四	伺服系统电路的安装与调试	8	
项目五	数控机床供电电路、I/O模块电路及刀架电路的安装与调试	16	
项目六	数控机床电气综合装调	16	

在本书的编写过程中，得到了居蕾、洪剑、于晓平等老师的帮助，同时编者还参考了一些相关教材和数控机床厂家的资料，在此一并表示感谢。

由于编者水平有限，书中不妥之处在所难免，恳请读者批评指正。

编　者

2019年4月

目　　录

项目一　认识数控机床及其电气控制

任务一　认识数控机床

【任务目标】

（1）熟悉数控机床的分类与应用；

（2）能说出数控机床的结构以及各部分的作用；

（3）能说出数控机床的加工原理；

（4）能根据加工要求简单操作数控机床，并能正确保养数控机床。

【任务布置】

以数控车床为例，根据数控车床结构图或数控车床实物，能准确说出各部分的名称，并能说出各个结构的主要功能，会简单地操作数控车床。

工量具准备：手柄、毛刷、防锈油、润滑油等。

设备准备：数控车床。

工时：2。

任务要求：

（1）能正确说出数控车床各部分的结构及其加工原理；

（2）能简单操作数控车床，并会正确保养。

【任务评价】

数控车床操作评分标准

学号：　　　　　　　　　　　　　　　　　　　　　　　　姓名：

序号	项目	技术要求	配分	评分标准	自评	互评	教师评分
1	操作与调整	数控车床各结构名称	10	说错一个扣 2 分			
2		数控车床工作原理	5	说错全扣			
3		控制面板构成	10	说错一个扣 2 分			
4		工件的安装与更换	5	准确快速安装，失误酌情扣分			

续表

项目	序号	技术要求	配分	评分标准	自评	互评	教师评分
5	操作与调整	车刀安装与更换	5	准确快速安装，失误酌情扣分			
6		启动和停止数控车床	5	按指令操作，失误酌情扣分			
7		对刀	20	按指令操作，失误酌情扣分			
8		编程试切削	20	不按指令操作，酌情扣分			
9	其他	数控车床保养	10	不保养不得分，保养不到位扣5分			
		文明生产	5	违者不得分			
		环境卫生	5	卫生不到位不得分			
总分			100				

【任务分析】

（1）确认车间数控车床总电源控制位置，并使得电源处于关闭状态。

（2）检查数控车床各部位，确认数控车床刀架、主轴、移门等位置及周围没有安放影响加工的物品。

（3）看懂数控车床标识铭牌。

（4）认识数控车床各部分结构，初步熟悉数控车床的工作原理。

（5）数控车床操作前准备工作。

① 车床开始工作前要有20分钟的预热，认真检查润滑系统工作是否正常，如车床长时间未启动，可先采用手动方式向各部分供油润滑。

② 安装的刀具应与机床要求的规格相符，有严重破损的刀具要及时更换。

③ 卡盘夹紧工件位置合理牢固，无歪斜现象。

④ 调整刀具所用的工具不要遗忘在调整位置上。

（6）操作数控车床。

① 开机。接通气源，然后依次打开数控车床电气柜电源、操作面板电源。

② 回归原点。手动原点回归时，注意车床各轴位置要距离原点－150 mm以上。车床原点回归顺序：首先车床＋Z轴回归原点，然后是＋X轴；使用手轮或快速移动方式移动各轴位置时，一定要看清车床X、Z轴各方向的“＋、－”号后再移动。移动时，先慢转手轮观察车床移动方向，无误后方可加速移动。

③ 启动车床。关上防护门，启动车床，观察车床转动是否正常(手按放在急停按钮处，一旦发现问题，立即关闭车床)。车床运转过程中，不允许打开车床防护门。

④ 对刀。依次对刀架上的刀具进行对刀。对刀应准确无误，刀具补偿号应与程序调用刀具号吻合。

⑤ 编程。根据零件加工要求进行编程，编完程序或将程序输入车床后，需先进行加工

模拟，准确无误后再进行车床试运行，并且刀具应离开工件端面 200 mm 以上。

⑥ 加工。加工前，操作人员检查车床各功能按键的位置是否正确，站在车床合适的位置，关闭防护门以免铁屑、润滑油飞出。启动程序时，右手放在停止按钮前，在程序运行当中手不能离开停止按钮，如有紧急情况立即按下停止按钮；加工过程中认真观察切屑及冷却状况，确保车床、刀具的正常运行及工件的质量。

(7) 关闭车床。数控车床操作结束后应正确关机，关机前应确保车床各坐标轴停在中间位置，然后依次关掉车床操作面板上的电源、总电源和气源。

(8) 清理。用毛刷及时并仔细清除导轨面及刀架上的铁屑和冷却液，并将车床擦拭干净，在车床各滑动面及各注油孔内加注润滑油。

(9) 清扫。对数控车床切屑收集盘及地面等周围环境进行打扫与清理，保证工作场所的环境整洁与操作安全。

(10) 填写数控车床使用记录单。操作人员填写数控车床使用记录单，车间主任或实训安全员(课代表)做好复查及当天工作情况的记载。

【安全提醒】

(1) 操作时，应穿戴好工作服、工作帽和安全鞋，佩戴好防护眼镜和规定的防护用品，严禁戴手套操作，以免发生意外。

(2) 不要移动或损坏安装在机床上的警告标牌。

(3) 不要在机床周围放置障碍物，操作工作空间应足够大。

(4) 禁止用手接触刀尖和铁屑，铁屑必须要用铁钩子或毛刷来清理。

(5) 禁止用手或以其他任何方式接触正在旋转的主轴、工件或其他运动部位。

(6) 加工过程中，禁止测量工件，更不能用棉丝擦拭工件或清扫机床。

(7) 机床运转中，操作者不得离开岗位，机床发现异常现象要立即停止，并立即向指导教师报告。

(8) 未经许可，禁止打开电气柜，严禁采用压缩空气吹扫机床电气柜及 NC 单元。

(9) 操作步骤完全清楚后方可操作机床，遇到问题立即向指导教师询问，禁止在不知道规程的情况下进行尝试性操作。

【知识储备】

随着科学技术的发展，机电产品日趋精密复杂，产品更新换代的周期也越来越短，客观上促进了现代制造业的发展。一些产品用普通机床进行加工已无法满足生产要求，尤其是航天、航空、国防、轨道交通、模具制造等行业，数字程序控制的机床应运而生，这种机床综合运用了计算机技术、自动控制、精密测量和机械设计等新技术。具体地讲，把数字化的刀具移动轨迹的信息输入到数控装置，经过译码、运算，从而实现控制刀具与工件相对运动，加工出所需要的零件的机床，即为数控机床。

1. 数控机床的组成

数控机床一般由计算机数控系统和机床本体两部分组成，如图 1 - 1 所示。

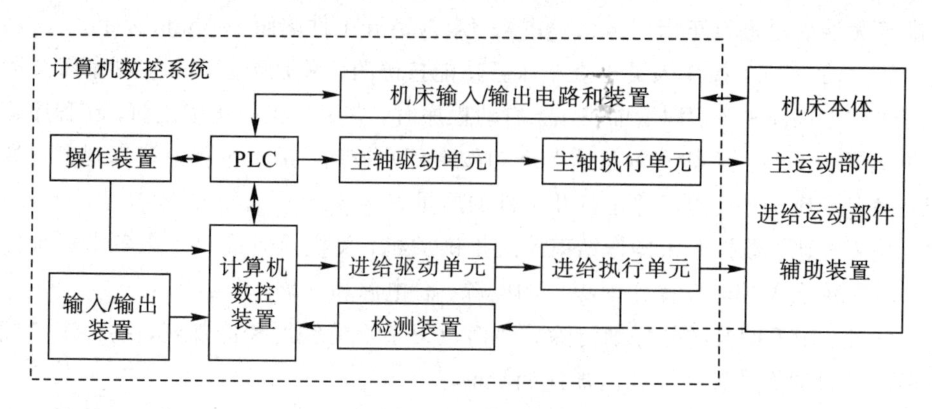

图 1-1 数控机床的组成

1) 计算机数控系统

计算机数控系统是由输入/输出装置、计算机数控装置(CNC 装置)、可编程控制器(PLC)、主轴驱动单元和进给驱动系统(含检测装置)等组成的一个整体系统。

(1) 输入/输出装置。

数控机床在加工前，必须编写所加工零件的加工程序，可以通过手动直接输入，或者通过控制介质进行交互，所以数控机床必须要有必要的交互装置，即输入/输出装置，以此来完成零件的程序或系统参数的输入或输出。

零件程序一般存放于便于与数控装置交互的控制介质上。早期的数控机床常用穿孔纸带、磁带等控制介质。目前，数控机床常用移动硬盘、Flash(U 盘)、CF 卡等半导体存储器控制介质，或者由键盘手动直接输入零件程序，或者通过串行通信(RS232、RS422、RS485等)、自动控制专用接口和规范(DNC 方式、MAP 协议)、网络通信(Internet、LAN 等)及无线通信(无线接收装置、智能终端)等进行程序传输。

数控系统操作装置(见图 1-2)是数控机床特有的一个输入/输出部件，是操作人员与数控机床进行交互的重要工具。通过系统操作装置，操作人员可以对数控机床系统进行操作、编程和调试，也可以对机床参数进行设定与修改，还能够通过该装置了解和查询数控机床的运行状态。数控系统操作装置主要由显示器(CRT)、NC 键盘(类似于计算机键盘)、机床控制面板(MCP)、手持单元等部分组成。

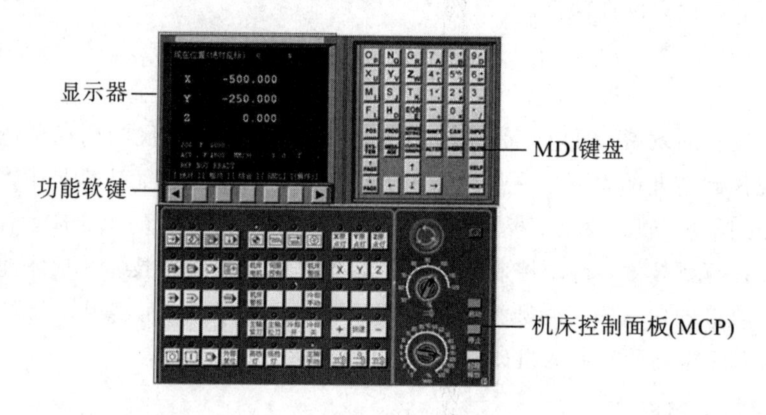

图 1-2 数控系统操作装置

① 显示器。数控系统通过显示屏为操作人员提供必要的信息。根据系统所处的状态和操作命令的不同，显示的信息可以是正在编辑的程序、正在运行的程序、机床的加工状态、机床的坐标轴的指令/实际坐标值、加工轨迹的图形仿真、故障报警信号等。

② NC 键盘。NC 键盘包括 MDI 键盘及软键(功能键)等。MDI 键盘一般具有标准化的字母、数字和符号，一部分字符可以通过 Shift 键实现。这些字符主要用于零件的程序编辑、参数输入、MDI 操作及系统管理等。软键主要用于系统的菜单操作。

③ 机床控制面板(MCP)。机床控制面板集中了系统的所有按钮，主要用于控制机床的启动、停止、急停、手动进给坐标轴、调整进给速度等。

④ 手持单元。手持单元不是操作装置的必需件，只是因为操作方便而增配的，用于手摇方式增量进给坐标轴。手持单元一般由手摇脉冲发生器(MPG)、坐标轴选择开关等组成，如图 1－3 所示。

(2) 计算机数控装置。

计算机数控装置也称为 CNC 装置或 CNC 单元，是数控机床的“大脑”，能够根据输入的零件程序和操作指令进行相应处理(如运动轨迹处理、机床输入/输出处理等)，输出相应的控制要求到数控机床的执行部件(伺服单元、驱动装置和 PLC 等)，通过控制执行部件的动作，加工出所需的零件，如图 1－4 所示。

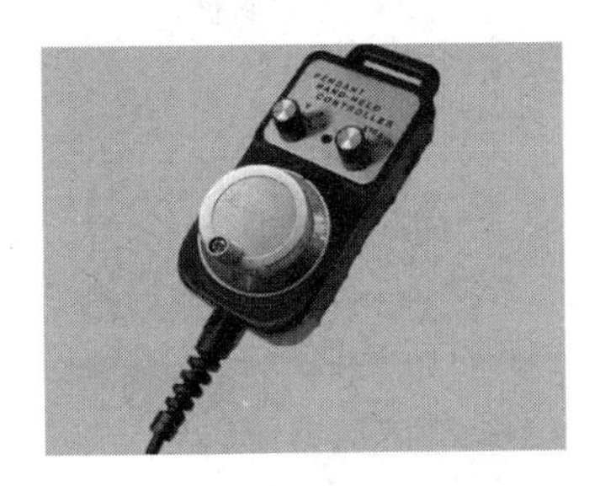

图 1－3　手持单元

图 1－4　计算机数控装置

(3) 伺服机构。

伺服机构一般由驱动单元与执行单元两个部分组成。常见的驱动单元是驱动系统(装置)，常见的执行单元有步进电机、直流伺服电动机、交流伺服电动机和直线电动机等，如图 1－5 和图 1－6 所示。伺服系统接收到数控装置的指令(脉冲信息)，并按指令要求控制执行机构的速度、方向与位移。

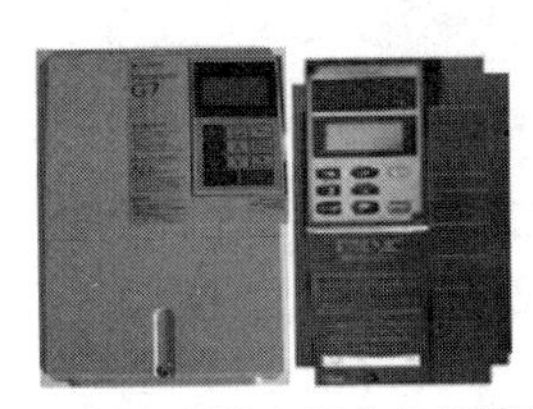

模拟量主轴放大器（变频器）

串行主轴放大器

(a) 主轴驱动单元

普通型和变频专用电动机　串行数字主轴电动机

(b) 主轴执行单元

图 1－5　主轴伺服机构

αi系列伺服放大器　βi一体型放大器(SVPM)　β/βi系列伺服电机　α/αi系列伺服电机　直线电动机

(a) 进给驱动单元　(b) 进给执行单元

图 1-6　进给伺服机构

（4）检测装置。

检测装置也称反馈装置，常见的检测装置有光栅尺、光电编码器、感应同步器、磁栅尺、旋转变压器、激光干涉仪等，如图 1-7 所示。

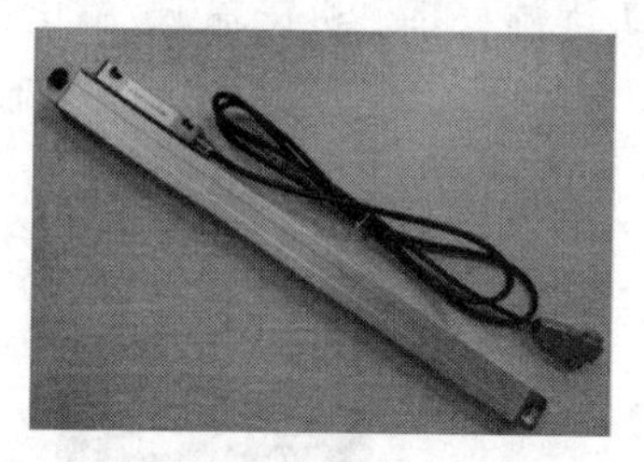

光栅尺

光电编码器

感应同步器

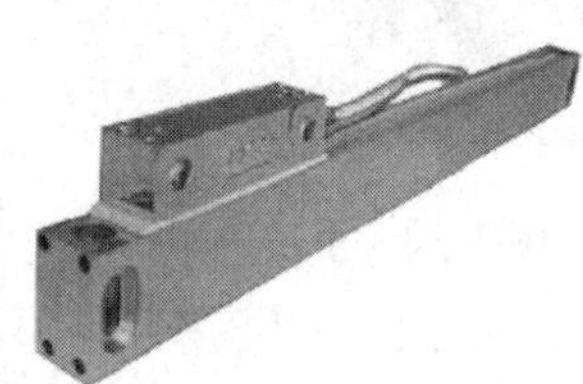

磁栅尺

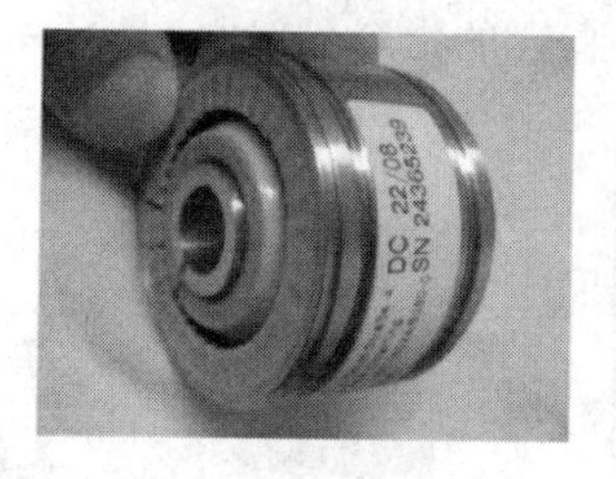

旋转变压器

激光干涉仪

图 1-7　常见的检测装置

数控机床根据有无检测装置，把数控机床分为开环数控机床(无检测装置)和闭环数控机床(有检测装置)。开环数控机床的控制精度主要取决于步进电机和丝杠的精度，加工精度不高。闭环数控机床的控制精度取决于检测装置的精度，根据检测装置的检测位置的不同，又可分为半闭环数控机床与全闭环数控机床：半闭环数控的检测装置通常安装在进给电机主轴上或丝杠一端，主要用于检测速度和位置；全闭环数控机床的检测装置通常安装在运动的末端件(如工作台等)，用于检测位置。

(5) 可编程控制器(PLC)。

可编程控制器是一种以微处理器为基础的通用型自动控制装置。数控机床的 PLC 一般分为内装型(集成型)PLC 和通用型(独立型)PLC，图 1-8 所示为通用型可编程控制器(PLC)。

图 1-8　通用型可编程控制器(PLC)

数控机床 PLC 在机床电气控制电路的协调下，可以接受 CNC 装置的控制代码 M(辅助功能)、S(主轴功能)、T(刀具功能)等顺序动作信息，对其进行译码，转换成相应的控制信号，可以控制主轴单元实现主轴转速控制，也可以控制辅助装置完成机床相应的开关动作(如卡盘的夹紧与松开、刀具的自动更换、切削液的开关、机械手的取送刀、主轴正反转及停止准停等动作)。另一方面，数控机床 PLC 可以接受机床控制面板(循环启动、进给保持和手动进给等)和机床侧(行程开关、压力开关、温控开关等)的输入/输出信号，一部分信号直接控制机床动作，一部分信号送往 CNC 装置，经处理后，输出指令控制 CNC 系统的工作状态和机床动作。

2) 机床本体

机床本体是数控机床的重要组成部分。机械部件的组成与普通机床相似，不同之处是数控机床结构简单、刚性好，传动系统采用滚珠丝杠代替普通机床的丝杠和齿条传动，主轴变速系统简化了齿轮箱，普遍采用变频调速和伺服控制。

机床本体一般由基础部件(如立柱、床身等)、主运动部件(如主轴组件、主轴箱)、进给运动部件(如工作台、拖板以及相应的传动机构)以及特殊装置(如刀具自动交换系统、工件自动交换系统)和辅助装置(如冷却润滑、排屑、转位和夹紧装置等)组成。

2. 数控机床的工作原理

数控机床的工作原理是：按照零件加工的技术要求和工艺要求，采用手工或计算机进行零件加工程序的编制，然后将编写好的加工程序输入到数控装置，数控装置根据输入的零件程序和操作指令进行相应的处理，输出位置控制指令到进给伺服驱动系统以实现刀具和工件的相对移动，输出速度控制指令到主轴伺服驱动系统以实现切削运动，输出指令到 PLC 以实现顺序动作的控制，通过控制机床的刀具更换，工件的夹紧与松开，冷却、润滑泵的开与关，使刀具、工件和其他辅助装置严格按照加工程序规定的顺序、轨迹和参数进行工作，从而加工出符合图纸要求的零件，如图 1-9 所示。

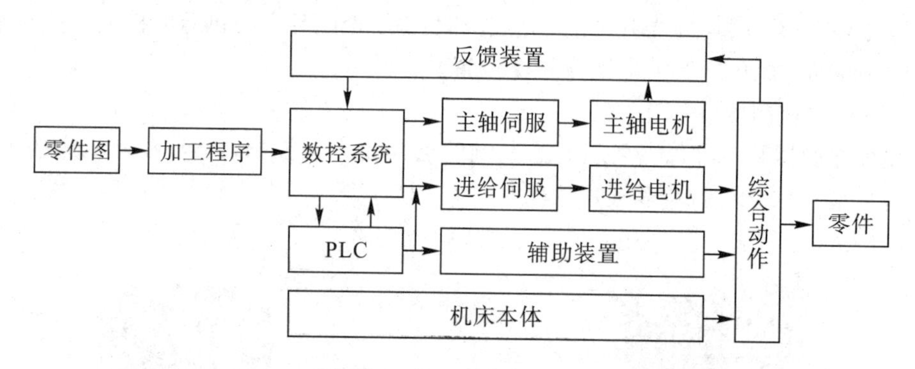

图 1-9 数控机床加工原理

3. 数控机床的分类

数控机床的种类很多，可以根据不同的分类方式进行分类。

1）按加工方式和工艺用途分类

（1）普通数控机床。

普通数控机床一般指在加工工艺过程中的一个工序上实现数字控制的自动化机床，如数控铣床、数控车床、数控钻床、数控磨床与数控齿轮加工机床等，如图 1-10 所示。它们与传统的通用机床相比，工艺用途相似，但它们的生产率与自动化程度比传统机床高，适合加工单件或小批量形状复杂的零件，

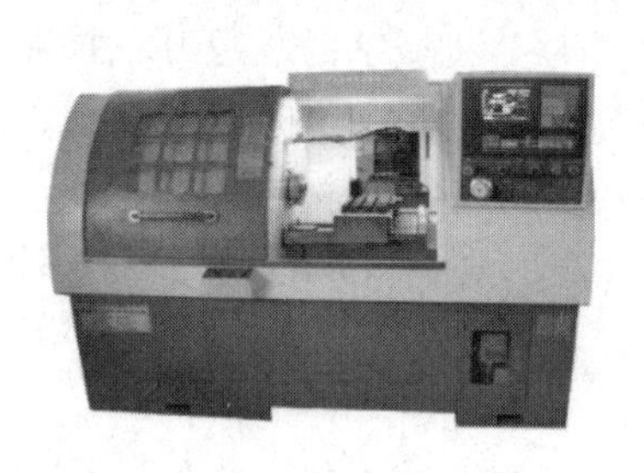

数控车床

数控铣床

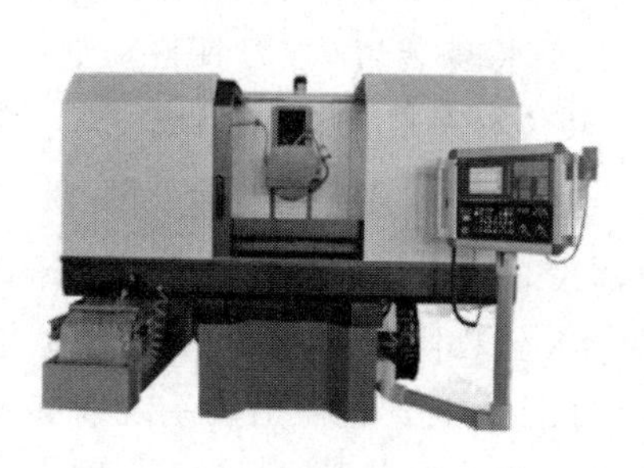

数控磨床

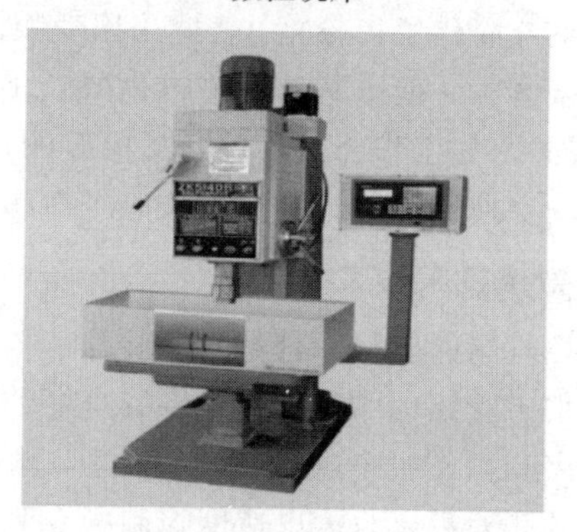

数控钻床

图 1-10 常见的普通数控机床

(2) 数控加工中心。

数控加工中心一般是在数控铣床的基础上加装刀库和自动换刀装置，构成一种带自动换刀装置的数控机床。数控加工中心的出现突破了一台机床只能进行单工种加工的传统概念，实行一次装夹，完成多工序加工。常见的数控加工中心如图 1－11 所示。

图 1－11　常见的数控加工中心

2) 按运动方式分类

(1) 点位控制数控机床。

数控系统只控制刀具从一点到另一点的准确位置，而不控制运动轨迹，各坐标轴之间的运动是不相关的，在移动过程中不对工件进行加工，如图 1－12 所示。这类数控机床主要有数控钻床、数控坐标镗床、数控冲床等。

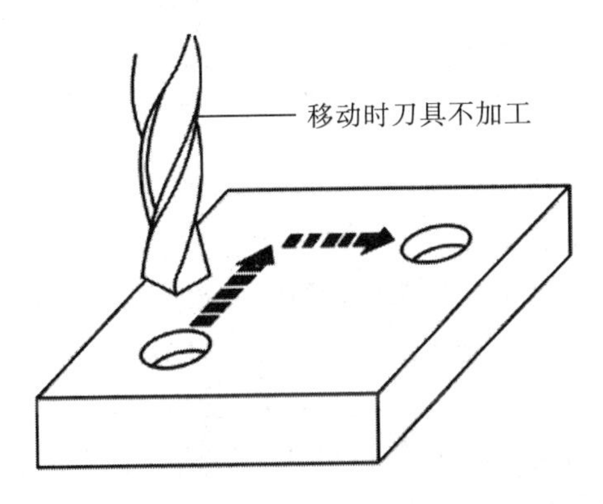

图 1－12　点位控制

(2) 直线控制数控机床。

数控系统除了控制点与点之间的准确位置外，还要保证两点间的移动轨迹为一条直线，并且对移动速度也要进行控制，如图 1－13 所示。这类数控机床主要有比较简易的数控车床、数控铣床、数控磨床等。

(3) 轮廓控制数控机床。

轮廓控制数控机床的特点是能够对两个或两个以上的运动坐标的位移和速度同时进行连续相关的控制，它不仅要控制机床移动部件的起点与终点坐标，而且要控制整个加工过程的每一点的速度、方向和位移量，故也称为连续控制数控机床，如图 1－14 所示。这类数控机床主要有数控车床、数控铣床、数控线切割机床、加工中心等。

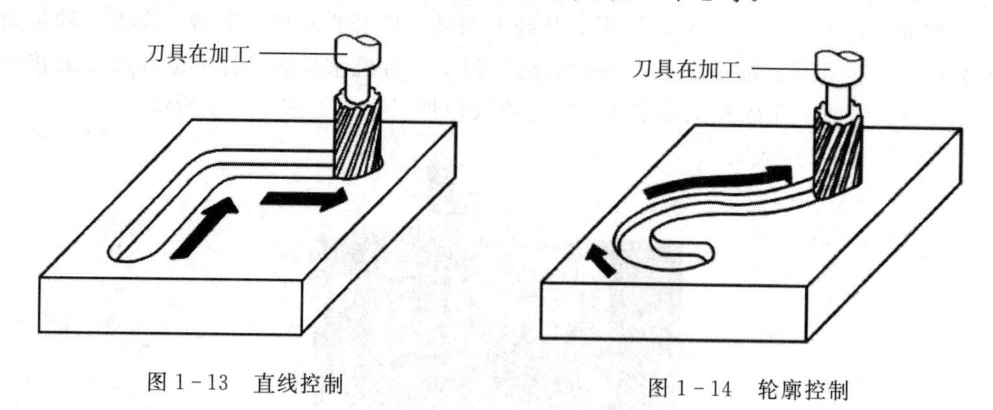

图 1-13 直线控制　　图 1-14 轮廓控制

3）按控制方式分类

（1）开环控制数控机床。

开环控制数控机床不带位置检测反馈装置，通常用步进电机作为执行机构。输入数据经过数控系统的运算，发出脉冲指令，使步进电机转过一个步距角，再通过机械传动机构转换为工作台的直线移动，移动部件的移动速度和位移量由输入脉冲的频率和脉冲个数所决定。该控制机床结构简单，调试方便，容易维修，成本较低，但速度与精度较低。开环控制原理如图 1-15 所示。

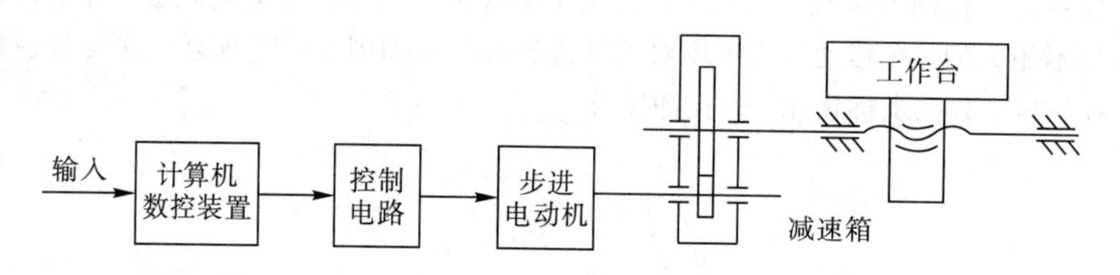

图 1-15 开环控制原理

（2）半闭环控制数控机床。

半闭环控制数控机床在电机的端头或丝杠的端头安装检测元件(如感应同步器或光电编码器等)，通过检测其转角来间接检测移动部件的位移，然后反馈到数控系统中。由于大部分机械传动环节未包括在系统闭环环路内，因此可获得相对稳定的控制特性。半闭环控制数控机床控制精度虽不如闭环控制数控机床，但调试比较方便，稳定性好，成本低，维修也较容易，因而被广泛采用。半闭环控制原理如图 1-16 所示。

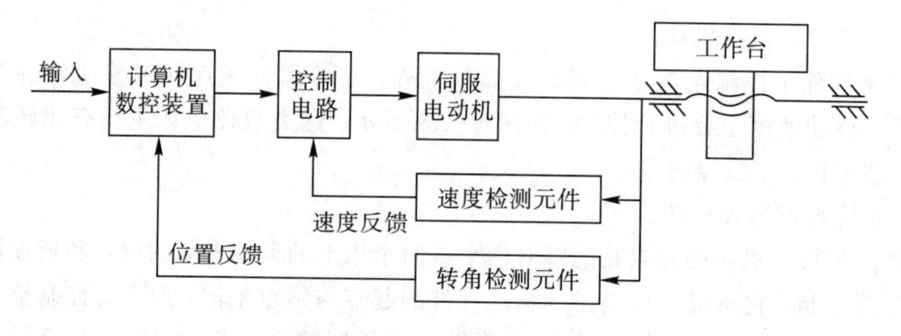

图 1-16 半闭环控制原理

（3）闭环控制数控机床。

闭环控制数控机床带有位置检测反馈装置，其位置检测反馈装置采用直线位移检测元件，直接安装在机床的移动部件上，将测量结果直接反馈到数控装置中，通过反馈可消除从电动机到机床移动部件整个机械传动链中的传动误差，最终实现精确定位。该控制机床加工精度高，移动速度快，但控制电路复杂，检测元件价格昂贵，因此调试和维修比较复杂，成本高。闭环控制原理如图 1－17 所示。

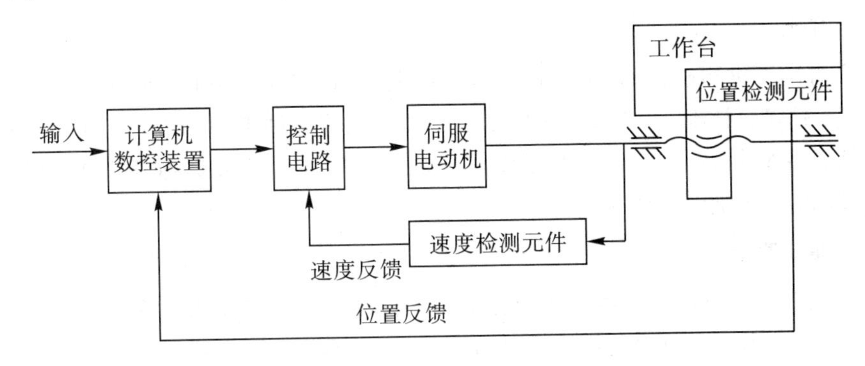

图 1－17　闭环控制原理

4. 数控机床的应用特点

数控机床由于其加工功能的特殊性，具有以下应用特点：

（1）适应性强。普通机床加工形状较为复杂的零件，一般需要很多工装，而数控机床相对比较简单，仅需要少量的工具与量具，一旦零件形状发生变化，只需修改相应的程序，即可在短时间内将新的零件加工出来。所以数控机床生产周期短，灵活性强，是多品种小批量生产和新产品研制的最佳选择。

（2）适合加工复杂形面的零件。由于计算机的超强计算能力，也给复杂零件的曲面计算带来了可能，因此对于航天、航空等领域的叶片等复杂零件的加工，数控机床有着得天独厚的优势。

（3）加工精度高，加工质量稳定。由于数控机床是按指令进行自动加工的，故减少了人为操作的主观误差，同时，数控机床的传动结构简化减少了传动的积累误差，机械结构的制造精度高，刚度与热稳定性好，也保证了零件的加工精度与加工质量。

（4）自动化程度高，生产效率高。数控机床对零件的加工是指机床按照指定的程序进行自动化加工，操作者的主要任务是装卸工件、操作键盘、过程性检测以及观察机床运行等。与普通机床加工相比，数控机床一般都具有良好的安全防护、自动排屑、自动冷却和自动润滑等装置，操作者的劳动强度与紧张程度都大为降低。同时，数控机床加工时，工件往往只需要一次装夹就可以完成所有的加工工序，定位时间、辅助时间以及其他非切削时间都得到有效控制，提高了生产效率。

（5）有利于生产管理的现代化。随着信息技术的发展，数控机床之间的数据通信成为必然，由此可以形成加工的控制网络。另外，随着机械手与机器人的介入，数控机床的加工过程更加“智能化”，为精益化管理奠定了良好的基础。

（6）成本高，调试和维修较复杂。数控机床涉及机械、信息处理、自动控制、伺服驱动、自动检测、软件技术等若干领域，集聚了很多高、新、尖先进技术，其成本必然远高于普通机床。同时，数控机床的结构特点也带来了维修与调试的复杂性。

【拓展阅读】

数控机床六大发展趋势

数控机床发展日新月异，随着电子科技的高速发展，数控机床发展呈现以下六大发展趋势。

1. 多功能化

配有自动换刀机构(刀库容量可达100把以上)的各类加工中心，能在同一台机床上同时实现铣削、镗削、钻削、车削、铰孔、扩孔、攻螺纹等多种工序加工，现代数控机床还采用了多主轴、多面体切削加工。数控系统实现数控机床之间的数据通信，也可以直接对多台不同类型的数控机床进行控制。

2. 高速度、高精度化

速度和精度是数控机床的两个重要指标，它直接关系到加工效率和产品质量。在高速度高精度方面，数控系统采用位数、频率更高的处理器，以提高系统的基本运算速度；采用超大规模的集成电路和多微处理器结构，提高了系统的数据处理能力，即提高插补运算的速度和精度；采用直线电动机直接驱动机床工作台的直线伺服进给方式，使其高速度和动态响应特性相当优越；采用前馈控制技术，使追踪滞后误差大大减小，从而改善拐角切削的加工精度。

3. 智能化

现代数控机床引进自适应控制技术，根据切削条件的变化，自动调节工作参数，使加工过程中能保持最佳工作状态，从而得到较高的加工精度和较小的表面粗糙度，同时也能提高刀具的使用寿命和设备的生产效率。同时具有自诊断、自修复功能，在整个工作状态中，系统随时对CNC系统本身以及与其相连的各种设备进行自诊断与检查。一旦出现故障，立即采用停机等措施，并进行故障报警，提示发生故障的部位及原因等，甚至可以自动使故障模块脱机，接通备用模块，以确保无人化工作环境的要求，未来的趋势是采用人工智能专家诊断系统。

4. 数控编程自动化

随着计算机应用技术的发展，目前CAD/CAM图形交互式自动编程已得到较多的应用，是数控技术发展的新趋势。它是利用CAD绘制的零件加工图样，再经计算机内的刀具轨迹数据进行计算和后置处理，从而自动生成NC零件加工程序，以实现CAD与CAM的集成。随着CIMS技术的发展，当前又出现了CAD/CAPP/CAM集成的全自动编程方式，它与CAD/CAM系统编程的最大区别是其编程所需的加工工艺参数不必由人工参与，而是直接从系统内的CAPP数据库获得。

5. 可靠性最大化

数控机床的可靠性一直是用户最关心的主要指标。数控系统将采用更高集成度的电路芯片，利用大规模或超大规模的专用及混合式集成电路，以减少元器件的数量来提高可靠性。通过硬件功能软件化，以适应各种控制功能的要求，同时采用硬件结构机床本体的模块化、标准化和通用化及系列化，既提高了硬件生产批量，又便于组织生产和质量把关。还通过自动运行启动诊断、在线诊断、离线诊断等多种诊断程序，实现对系统内硬件、软件和各种外部设备的故障诊断和报警。利用报警提示，及时排除故障；利用容错技术，对重要部件进行“冗余”设计，以实现故障自恢复；利用各种测试、监控技术，当发生生产超程、刀损、干扰、断电等各种意外时，自动进行相应的保护。

6. 控制系统小型化

数控系统小型化便于将机、电装置结合为一体。目前主要采用超大规模集成元器件、多层印刷电路板，采用三维安装方法，使电子元器件得以高密度安装，缩小系统占有的物理空间。

【巩固小结】

通过本任务的实施，能够明确数控机床的组成，知道数控机床的工作原理，对数控机床的分类、特点以及发展趋势有所了解，并能简单进行数控机床的操作。

1. 填空题(将正确答案填入空格内)

(1) 数控机床一般由________和机床本体两部分结合组成。

(2) 计算机数控系统是由输入/输出设备、________、可编程控制器、主轴驱动系统和进给驱动系统(含检测装置)等组成的一个整体系统。

(3) 数控系统操作装置主要由显示器、________、机床控制面板、手持单元等部分组成。

(4) MDI 键盘一般具有标准化的字母、数字和________，主要用于零件程序的编辑、参数输入、MDI 操作及系统管理等。

(5) 计算机数控系统的核心是________。

(6) 用于数控机床的 PLC 一般分为两类：________型 PLC 和________型 PLC。

2. 判断题(正确的打“√”，错误的打“×”)

(1) 现代数控机床上零件程序通常以文本格式存放。(　　)

(2) 数控机床必须应用控制介质向数控装置传递加工程序。(　　)

(3) 闭环数控机床的控制精度取决于电动机和丝杠的精度。(　　)

(4) 加工中心是在一般数控机床上加装一个刀库和自动换刀装置，构成一种带自动换刀装置的数控机床。(　　)

(5) 测量反馈装置安装在数控机床的数控装置上。(　　)

3. 选择题(将正确答案的代号填入括号内)

(1) 数控机床控制介质是指(　　)。

A. 零件图样和加工程序单　　B. 交流电

C. 穿孔带、磁盘和磁带、网络　　D. 光电阅读机

(2) 数控机床的数控装置包括(　　)。

A. 光电读带机和输入程序载体　　B. 进步电动机和伺服系统

C. 储存、运算、信息处理和输出单元　　D. 位移、速度传感器和反馈系统

(3) CNC 装置是指(　　)装置。

A. 自适应控制　　B. 直接数字控制　　C. 计算机数控　　D. 数控

(4) 数控机床中把脉冲信号转换成机床移动部件运动的组成部分称为(　　)。

A. 控制介质　　B. 数控装置　　C. 机床本体　　D. 伺服系统

(5) 测量与反馈装置的作用是(　　)。

A. 提高机床的安全性　　B. 提高机床的使用寿命

C. 提高机床的定位精度、加工精度　　D. 提高机床的灵活性

4. 简答题

(1) 检测反馈装置有何作用?

(2) 数控机床主要由哪几部分组成?

任务二　识别数控机床电气元件

【任务目标】

(1) 能够识别数控机床各电气元件;

(2) 能正确判断各电气元件是否正常;

(3) 能够正确选用数控机床电气元件。

【任务布置】

能准确说出各电气元件的名称、主要功能及应用，且能够根据电气元件原的理判定元件是否损坏，并根据要求正确选用。

元件准备：详见表 1-1。

工时：2。

任务要求：

(1) 能够正确说出各电气元件的名称;

(2) 能够根据要求正确选择所需的电气元件;

(3) 能够正确判别电气元件是否损坏。

表 1-1　数控电气元件清单

序号	代号	名 称	规　格	数 量
1	QF	断路器	40 A、30 A、1.6 A	各 2
2	KM	交流接触器	线圈电压 AC220V	2
3	KA	中间继电器	线圈电压 DC24V	2
4	TC	控制变压器	380 V/220 V/24 V	2
5	TC	隔离变压器	三相 380 V	2
6	FU	熔断器	3A	2
7	R	上拉电阻器	0.5 W/2 kΩ	2
8		导线	4 mm^2、1.5 mm^2、0.75 mm^2	各 2
9		信号电缆	10 芯绞合屏蔽电缆线	2

注：各电气元件需提供两个，正常件与损坏件各一个。

【任务评价】

数控机床电气元件选择评分标准

学号：　　　　　　　　　　　　　　　　　　　　　　　　姓名：

序号	项目	技术要求	配分	评分标准	自评	互评	教师评分
1	选择与判断	选择电气元件(随机按要求选择10个)	20	选错一个名称扣2分			
2		判断元件是否正常	20	判断错误一个扣2分			
3		各元件功能	20	说错一个扣2分			
4		各元件应用	10	说错一个扣2分			
5	其他	电气元件借还	5	借还不到位，酌情扣分			
		电气元件损坏	5	元件损坏，酌情扣分			
		文明生产	10	违者不得分			
		环境卫生	10	卫生不到位不得分			
总分			100				

【任务分析】

1. 典型电气元件识别

电气元件识别是数控电气装调技术的最基本技能，以下提供了一些电气元件的识别方法。

1）按钮的识别

以LA4－3H型按钮为例，如图1－18所示，具体识别过程参照表1－2。

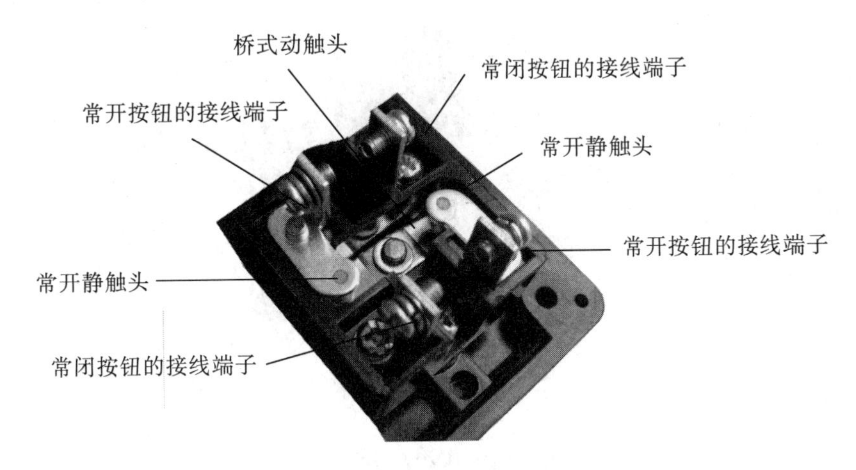

图1－18　LA4－3H型按钮(部分截图)

表 1-2　LA4-3H 型按钮的识别过程

序号	识别任务	识别方法	识别结果	要点提示
1	看三个按钮的颜色	看按钮帽的颜色	绿、黑、红	绿色、黑色为启动，红色为停止
2	逐一观察 3 个常闭按钮	先找到对角线上的接线端子	桥式动触头闭合在常闭静触头上	
3	逐一观察 3 个常开按钮	先找到另一个对角线上的接线端子	桥式动触头与静触头处于分断状态	
4	按下按钮，观察触头的动作情况	边按边看	常闭触头先断开，常开触头后闭合	动作顺序有先后
5	松开按钮，观察触头的复位情况	边松边看	常开触头先复位，常闭触头后复位	复位顺序有先后
6	检测判别 3 个常闭按钮的好坏	常态时，测量各常闭按钮的阻值	阻值均约为 0 Ω	若测量阻值与参考阻值不同，说明按钮已损坏或接触不良
		按下按钮后，再测量其阻值	阻值均为∞	
7	检测判别 3 个常开按钮的好坏	常态时，测量各常开按钮的阻值	阻值均为∞	
		按下按钮后，再测量其阻值	阻值均约为 0 Ω	

2）断路器的识别

以 DZ47 型断路器为例，如图 1-19 所示，具体识别过程参照表 1-3。

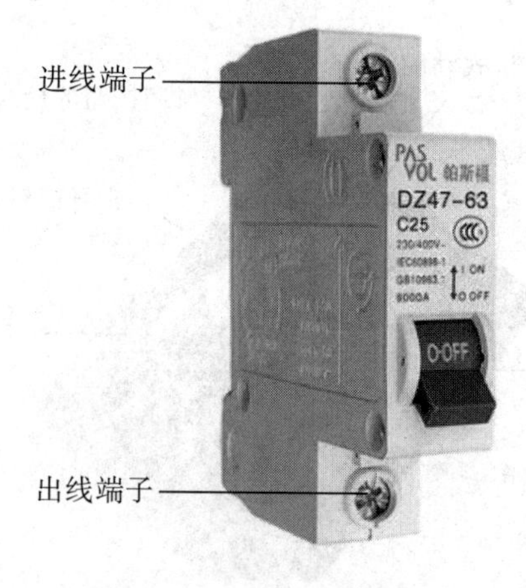

图 1-19　DZ47 型断路器

表 1－3　DZ47 型断路器的识别过程

序号	识别任务	识别方法	识别结果	要点提示
1	读空气开关的型号、规格	读的位置在空气开关表面	DZ47－63 C25	
2	观察空开数	看开关个数	1P、2P、3P	
3	观察空气开关	找到空气开关的接线端子	上方进线端下方出线端	
4	检测判别空开的好坏	断开开关时，测量开关的阻值	阻值均为∞	若测量阻值与参考阻值不同，说明按钮已损坏或接触不良
		合上开关时，测量开关的阻值	阻值均为 0 Ω	

3）熔断器的识别

以 RT18－32 型熔断器为例，如图 1－20 所示，具体识别过程参照表 1－4。

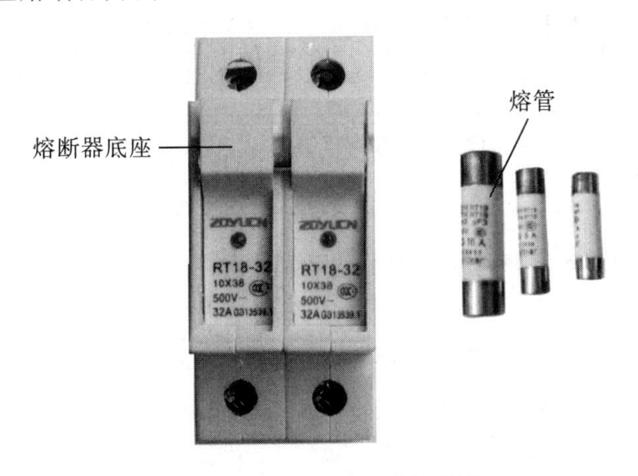

图 1－20　RT18－32 型熔断器

表 1－4　RT18－32 型熔断器的识别过程

序号	识别任务	识别方法	参考值	要点提示
1	熔断器的型号熔断器的规格	读的位置在熔断器底座的侧面或盖板上	RT18－32 380～ 32 A	使用时，规格选择必须正确
2	检测判别熔断器的好坏	选万用表 R×1 Ω 挡，调零后，两表棒分别搭接熔断器的上下接线端子	阻值为 0 Ω	若测量阻值为∞，说明熔体已熔断或盖板未卡好，造成接触不良
3	读熔管的额定电流	打开盖板，取出熔管	16 A	

4）交流接触器的识别

以 CJT1－10 型交流接触器为例，如图 1－21 所示，具体识别过程参照表 1－5。

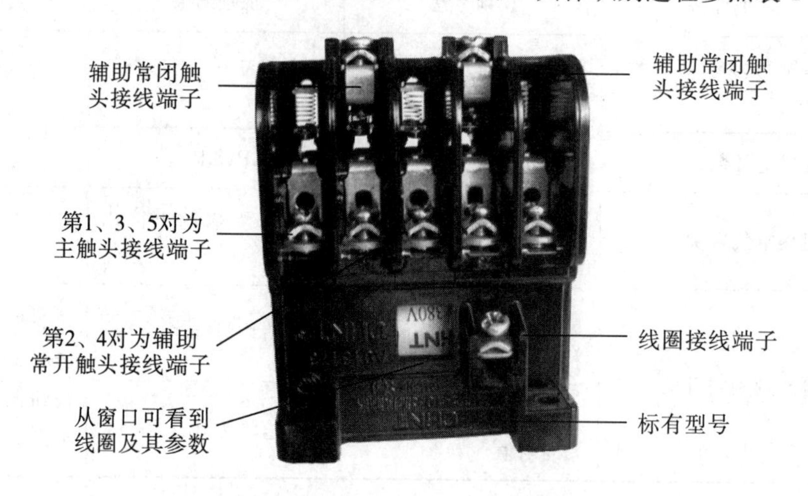

图 1－21 CJT1－10 型交流接触器

表 1－5 CJT1－10 型交流接触器的识别过程

序号	识别任务	识别方法	参考值	要点提示
1	读接触器的型号	读的位置在窗口侧的下方	CJT1－10	
2	读接触器线圈的额定电压	从接触器的窗口向里看	380 V 50 Hz	同一型号的接触器线圈有不同的电压等级
3	找到线圈的接线端子	见图 1－21	A1－A2	编号在接线端子旁
4	找到 3 对主触头的接线端子		1/L1－2/T1 3/L2－4/T2 5/L3－6/T3	编号在对应的接触器顶部
5	找到两对辅助常开触头的接线端子		23－24 43－44	编号在对应的接线端子外侧
6	找到两对辅助常闭触头的接线端子		11－12 31－32	编号在对应的接触器顶部
7	压下接触器，观察触头的吸合情况	边压边看	常闭触头先断开，常开触头后闭合	吸合时，常开常闭触头的动作顺序有先后

续表

序号	识别任务	识别方法	参考值	要点提示
8	释放接触器，观察触头的复位情况	边放边看	常开触头先复位，常闭触头后复位	释放时，常闭常开触头的复位顺序也有先后
9	检测判别 2 对常闭触头的好坏	常态时，测量各常闭触头的阻值	阻值均约为 0 Ω	若测量阻值与参考阻值不同，说明触头已损坏或接触不良
		压下接触器后，再测量其阻值	阻值均为∞	
10	检测判别 5 对常开触头的好坏	常态时，测量各常开触头的阻值	阻值均为∞	
		压下接触器后，再测量其阻值	阻值均约为 0 Ω	
11	检测判别接触器线圈的好坏	万用表置 R×100 Ω 挡调零后，测量线圈的阻值	阻值约为 1800 Ω 左右	若测量阻值过大或过小，说明线圈已损坏
12	测量各触头接线端子之间的阻值	万用表置 R×10 kΩ 挡调零后测量	阻值均为∞	说明所有触头都是独立的，没有电的直接联系

注：

① 接线端子标志 L 表示主电路的进线端子，标志 T 表示主电路的出线端子。

② 标志的个位数是功能数，1、2 表示常闭触头电路；3、4 表示常开触头电路。

③ 标志的十位数是序列数。

④ 不同类型或不同电压等级的线圈，其阻值不相等。

5）中间继电器的识别

以 JZX-22F(D)/4Z 型中间继电器为例，如图 1-22 所示，具体识别过程参照表1-6。

图 1-22　JZX-22F(D)/4Z 型中间继电器

表 1-6　JZX-22F(D)/4Z 型中间继电器的识别过程

序号	识别任务	识别方法	参考值	识别值	要点提示
1	读铭牌	读的位置在接触器顶部面罩上	标有型号、额定电压、电流等		
2	读线圈的额定电压	看线圈的标签	DC 24V		同一型号的接触器式继电器有不同的线圈电压等级
3	找到线圈的接线端子	看继电器的引脚	13-14		
4	找到四对常开触头的接线端子		1-5 2-6 3-7 4-8		编号在继电器的顶部面罩上
5	找到四对常闭触头的接线端子		1-9 2-10 3-11 4-12		
6	检测判别 4 对常闭触头的好坏	常态时，测量各常闭触头的阻值	阻值均约为 0 Ω		若测量阻值与参考阻值不同，说明触头已损坏或接触不良
7	检测判别 4 对常开触头的好坏	常态时，测量各常开触头的阻值	阻值均为∞		

6）行程开关的识别

以 LX19-111 型行程开关为例，如图 1-23 所示，具体识别过程参照表 1-7。

图 1-23　LX19-111 型行程开关

表 1－7　LX19－111 行程开关的识别过程

序号	识别任务	识别方法	参考值	要点提示
1	读行程开关的型号	读的位置在面板盖上	LX19－111	使用时，规格选择必须正确
2	读额定电压、额定电流		AC 380 V、DC 220 V、5 A	
3	拆下面板盖，观察常闭静触头	见图 1－23	桥式动触头与静触头处于闭合状态	
4	观察常开静触头		桥式动触头与静触头处于分离状态	
5	检测判别常闭静触头的好坏	常态时，测量常闭静触头的阻值	阻值约为 0 Ω	若测量阻值与参考阻值不同，说明触头已损坏或接触不良
		动作行程开关后，再测量其阻值	阻值为∞	
6	检测判别常开静触头的好坏	常态时，测量常开静触头的阻值	阻值为∞	
		动作行程开关后，再测量其阻值	阻值约为 0 Ω	

2. 导线使用

针对不同的电路，导线的截面积有不同的要求，对于数控机床，通常主电路导线为 4 mm^2，控制电路导线为 1.5 mm^2，按钮线为 0.75 mm^2，接地线截面至少 1.5 mm^2。

【安全提醒】

(1) 正确使用万用表。使用时应放平，指针指向零位，如指针没有指向零位，则需进行调零。根据测量对象将转换开关转到所需挡位上，选择合适的测量范围。测量直流电压时，一定分清正负极。当转换开关在电流挡位时，绝对不能将两个测棒直接跨接在电源上。万用表使用完毕后，应将转换开关转到测量高电压位置上，不得振动，以防受热、受潮等。

(2) 电气元件要分类摆放，按使用要求正确合理选用。

(3) 对损坏电气元件与正常元件要进行分类放置。

(4) 非工作需要，不得对电气元件进行拆卸。

(5) 各类导线应进行分类放置，对废导线应进行专门收集，放置到指定位置。

(6) 不得焚烧电线，以防污染。

【知识储备】

数控机床电气控制部分除数控系统外，还需要大量的低压电器元件进行组合，以实现一台机床所具有的功能。这些低压电器元件包括低压断路器、熔断器、接触器、中间继电器、热继电器、变压器、各种转换开关、行程开关、按钮、指示灯、各种检测开关等。低压电器常分为低压保护电器和低压控制电器两种。

1. 熔断器

熔断器广泛应用于低压配电线路和电气设备中，是一种最简单有效的保护电器，主要起短路及严重过载保护的作用。熔断器具有分断能力高，安装体积小，使用维护方便等优点，还可以使电路与电源隔离。

(1) 外形与符号。图 1-24 是 RT18 系列熔断器的外形与符号图。当电路发生短路故障时，通过熔断器的电流就可达到或者超过某一个电流规定值，熔管中的熔体熔断，从而分断电路，起到保护作用。熔断器符号如图 1-24(c)所示。

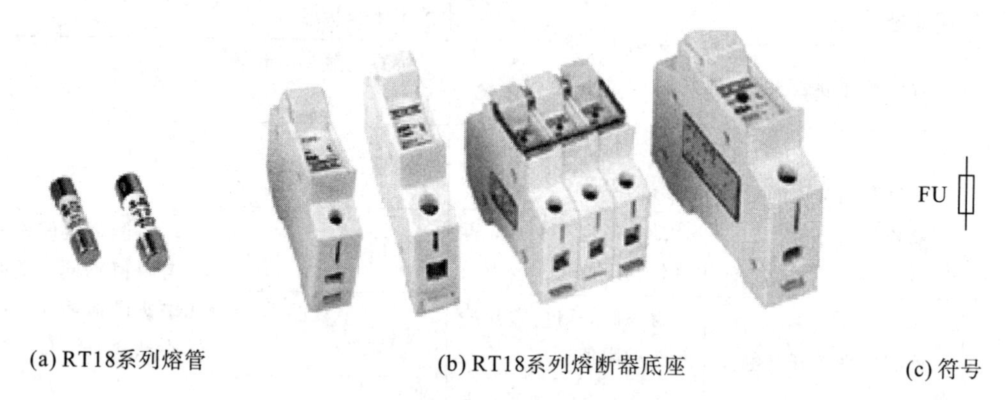

(a) RT18系列熔管　(b) RT18系列熔断器底座　(c) 符号

图 1-24　RT18 系列熔断器的外形与符号图

(2) 型号及其含义。RT 系列熔断器的型号及其含义如下：

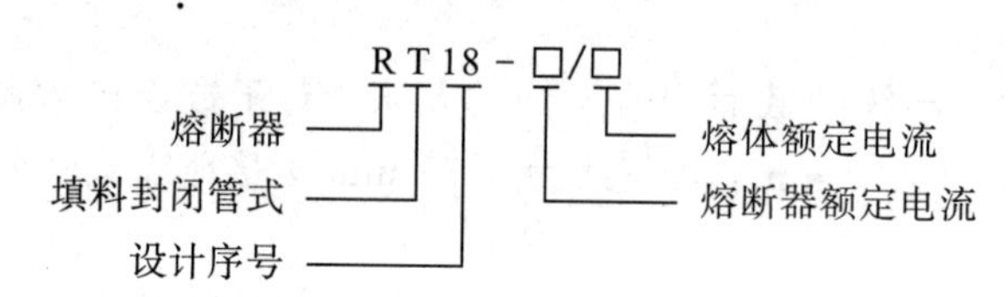

(3) 主要技术参数。RT 熔断器的主要技术参数见表 1-8。

表 1-8　RT 系列熔断器的主要技术参数

熔断器额定电压/V	熔断器额定电流/A	熔体额定电流等级/A	极限分断能力/kA
500	15	2、4、6、10、15	2
	60	20、25、30、35、40、50、60	3.5
	100	60、80、100	20
	200	100、125、150、200	50

2. 控制按钮

控制按钮又称按钮开关，是一种手动(一般用手指)操作，短时接通或分断小电流控制开关，主要用于远距离发布手动指令或信号，用以控制接触器、继电器等电磁装置，实现主电路的分合、功能转换或实现电气联锁，从而控制电动机或其他电气设备的运行。

为了标明各种按钮的作用，避免误动作，通常将按钮帽做成不同的颜色，以示区别。按钮的颜色有红、绿、黄、黑、蓝以及白、灰等多种。标准规定：停止和急停按钮的颜色必须是红色，启动按钮的颜色是绿色，启动和停止交替动作的按钮是黑白、白色或灰色。

(1) 外形与符号。图 1-25 是部分 LA 系列按钮的外形图。

图 1-25　部分 LA 系列按钮外形图

按钮一般由按钮帽、复位弹簧、桥式动触头、静触头和外壳等组成，如图 1-26 所示。当按钮未被按下时，桥式动触头与常开静触头断开，与常闭静触头闭合；当按钮被按下时，桥式动触头与常开静触头闭合，与常闭静触头断开。

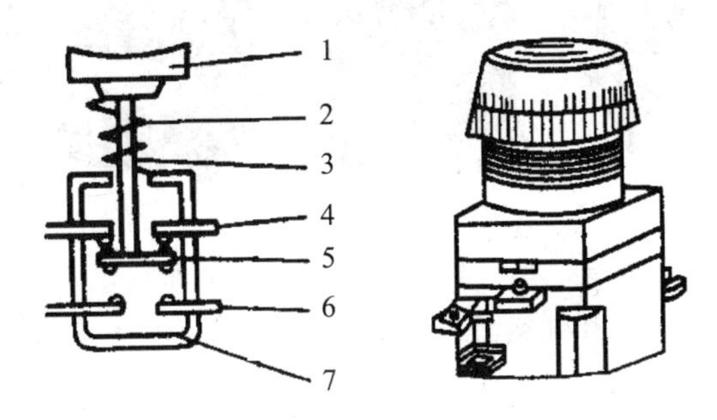

1—按钮帽；2—复位弹簧；3—支柱连杆；4—常闭静触头；5—桥式动触头；6—常开静触头；7—外壳

图 1-26　LA 系列按钮的结构图

按钮符号如图 1-27 所示。

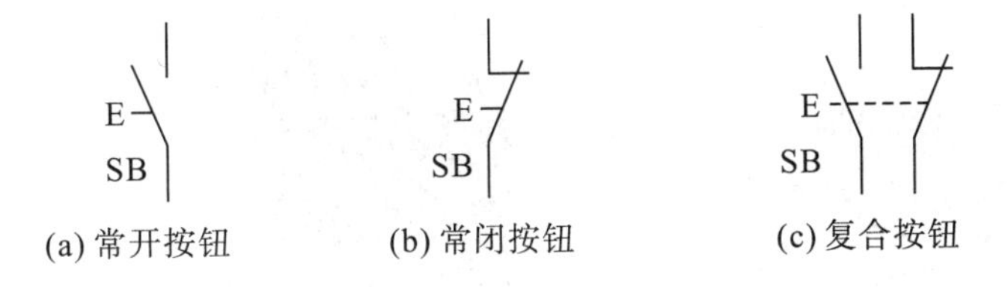

图 1-27　按钮的符号

(2) 型号及其含义。LA 系列按钮的型号及其含义如下：

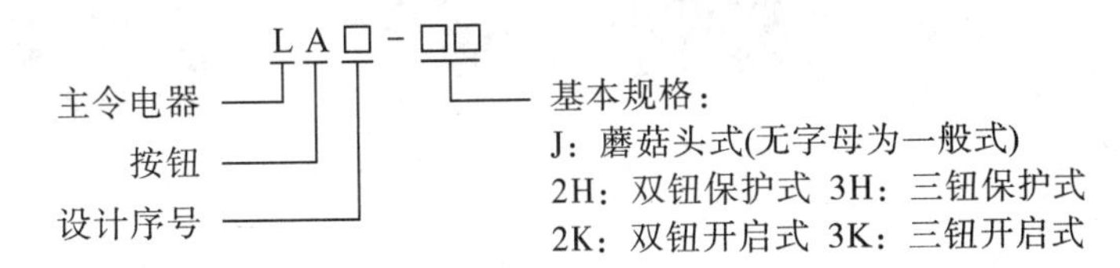

(3) 主要技术参数。LA 系列按钮的主要技术参数见表 1-9。

表 1-9　LA 系列按钮的主要技术参数

额定电压/V	额定电流/A	额定绝缘电压/V	约定发热电流/A	机械寿命
380	2.5	380	5	100 万次以上

3. 接触器

接触器是一种用来频繁地接通或断开交直流主电路及大容量控制电路的自动切换电器，主要用于控制电动机、电热设备、电焊机等。它不仅能实现远距离自动操作和欠电压释放保护功能，而且具有控制容量大、工作可靠、操作频率高、使用寿命长等优点，因而在电力拖动系统、自动控制电路中得到广泛的应用。

(1) 外形与符号。接触器按其线圈通过的电流种类不同，分为交流接触器和直流接触器。图 1－28 是 CJT1 系列部分接触器的外形图。

图 1－28　CJT1 系列部分接触器外形图

交流接触器由触头系统、电磁系统、灭弧装置及辅助结构部分等组成，如图 1－29 所示。当接触器的线圈得电时，其衔铁和铁芯吸合，从而带动其常闭触头断开、常开触头闭合；当接触器的线圈失电时，其衔铁和铁心释放，从而带动其常开触头复位断开、常闭触头复位闭合。

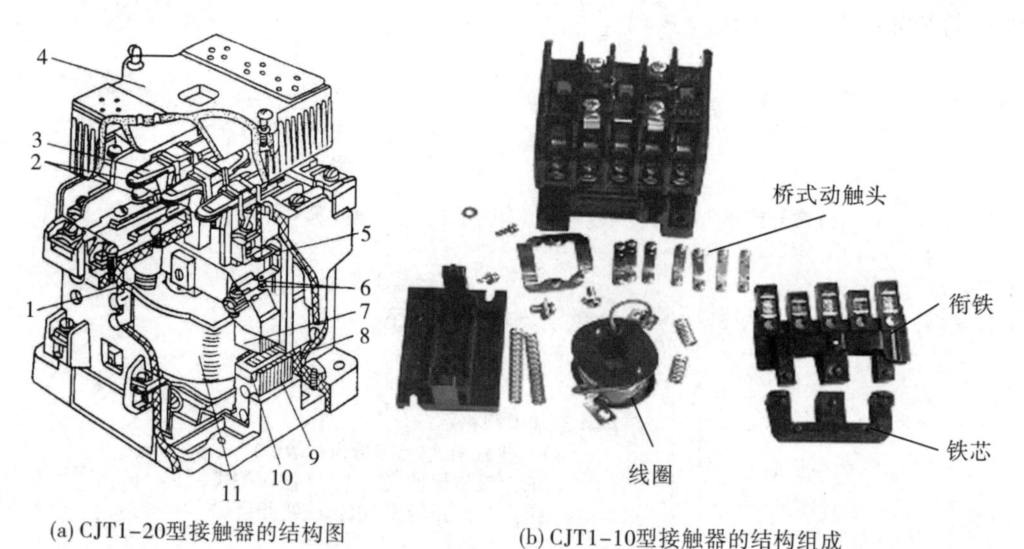

(a) CJT1-20型接触器的结构图　　(b) CJT1-10型接触器的结构组成

1—反作用弹簧；2—主触头；3—触点压力弹簧；4—灭弧罩；5—辅助常闭触头；6—辅助常开触头；7—动铁芯；8—缓冲弹簧；9—静铁芯；10—短路环；11—线圈

图 1－29　CJT1 系列交流接触器的结构图

接触器的符号如图 1－30 所示。

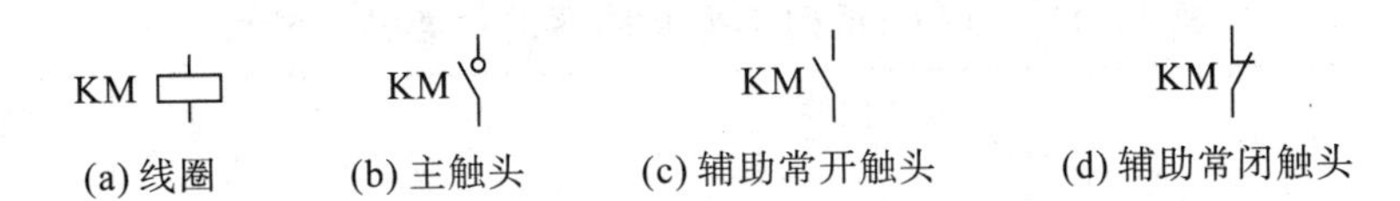

(a) 线圈　(b) 主触头　(c) 辅助常开触头　(d) 辅助常闭触头

图 1－30　接触器的符号

（2）型号及其含义。CJT1 系列交流接触器的型号及其含义如下：

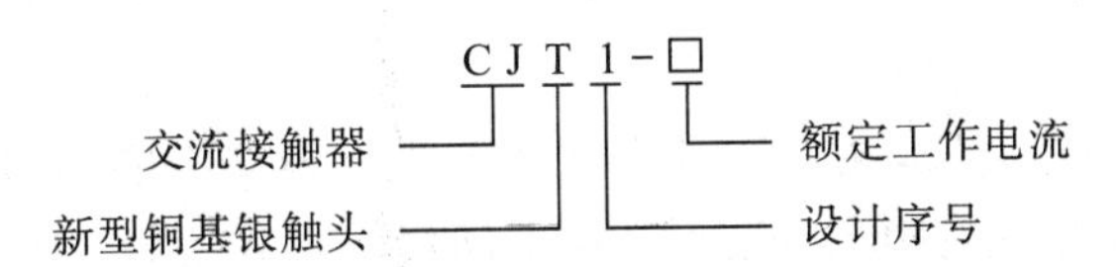

（3）主要技术参数。CJT1 系列交流接触器的主要技术参数见表 1－10。

表 1－10　CJT1 系列交流接触器的主要技术参数

线圈额定电压 Us 等级/V	电流等级/A	吸合电压	释放电压
36、110、127、220、380	10、20、60、100、150	(85%～110%)Us	(20%～75%)Us

4. 低压断路器(自动空气断路器、自动开关)

低压断路器是一种既有手动开关作用又能自动进行欠压、失压、过流、过载和短路保护的电器，又称自动空气开关，主要用于不频繁地接通和断开电路以及控制电动机运行，对电源线路及电动机等实行保护，当它们发生严重过载或者短路及欠压等故障时能自动切断电路，其功能相当于熔断器式开关与过欠热继电器等的组合，而且在分断故障电流后一般不需要变更零部件。

（1）外形与符号。数控机床常用的低压断路器有塑料外壳式断路器、框架式和漏电保护式断路器三种。图 1－31 是 DZ47 系列部分断路器的外形及其符号。

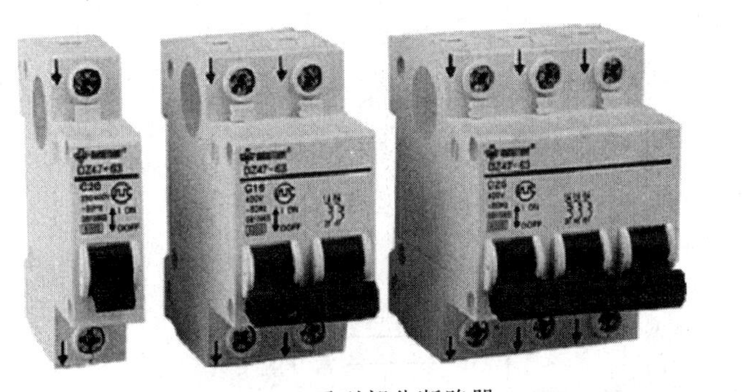

(a) DZ47系列部分断路器

QF

(b) 符号

图 1－31　DZ47 系列部分断路器的外形及其符号

（2）型号及其含义。DZ47 系列断路器的型号及其含义如下：

DZ 47 － 63/□

塑壳式断路器　设计序号　额定电流　极数

（3）主要技术参数。DZ47 系列小型断路器的主要技术参数见表 1－11。

表 1－11　DZ47 系列小型断路器的主要技术参数

额定电流/A	脱扣曲线			电流等级	额定扭矩
	B	C	D		
1～40	6	6	4.5	1～63	2.5
50，63	4.5	4.5	4.5		

5. 中间继电器

中间继电器为电压继电器，在电路中起到中间放大及转换的作用。即当电压继电器触点容量不够时，可借助中间继电器来控制，用中间继电器作为执行元件。中间继电器可被看成是一级放大器。

(1) 外形与符号。常用中间继电器的外形、图形符号及文字符号如图 1－32 所示。

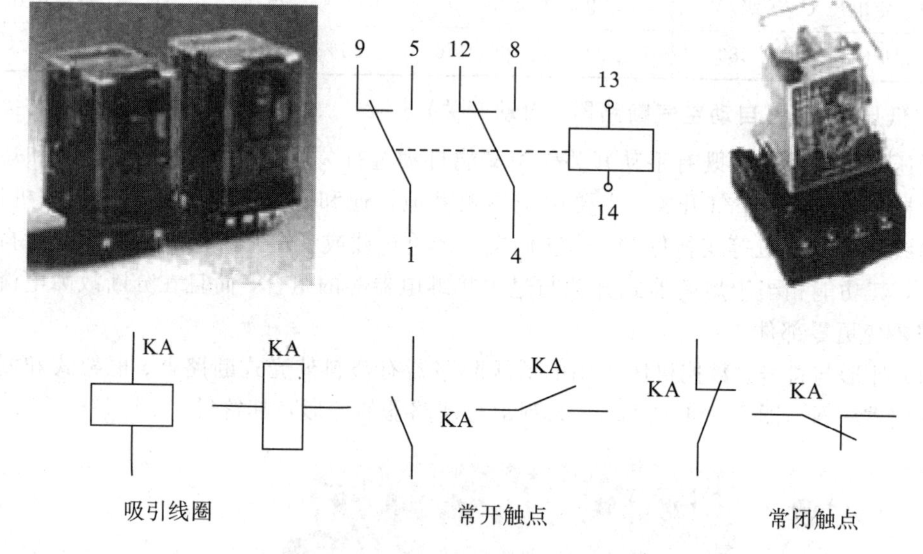

图 1－32　中间继电器的外形与符号

(2) 型号及其含义。JZ 系列中间继电器的型号及其含义如下：

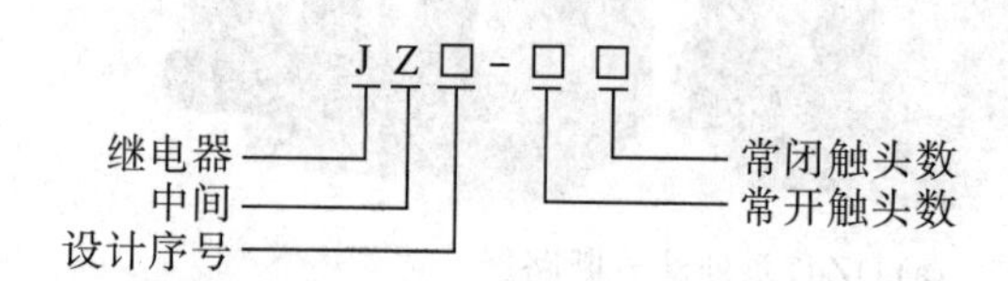

(3) 主要技术参数。JZ 系列中间继电器的主要技术参数见表 1－12。

表 1－12　JZ 系列中间继电器主要技术参数

触点的形式	绝缘电阻	额定功耗
2Z(C)、3Z(C)、4Z(C)	100MΩ(500VDC)	0.9W、1.8VA

6. 行程开关

行程开关是根据运动部件位置而切换电路的自动控制电器，用来控制运动部件的运动方向、行程大小或位置保护。如果把行程开关安装在工作机械各种行程终点处，限制其行程，它就称为限位开关或终端开关。因此，行程开关、限位开关和终端开关是同一开关，它们被广泛用于各类机床和起重机械，以控制这些机械的行程。

(1) 外形与符号。常见行程开关的外形如图 1-33 所示。在选择行程开关时，应根据被控制电路的特点、要求、生产现场条件和触点数量等因素进行考虑。常用的行程开关有 LX19、LX31、LX32、JLXK1 等系列产品。

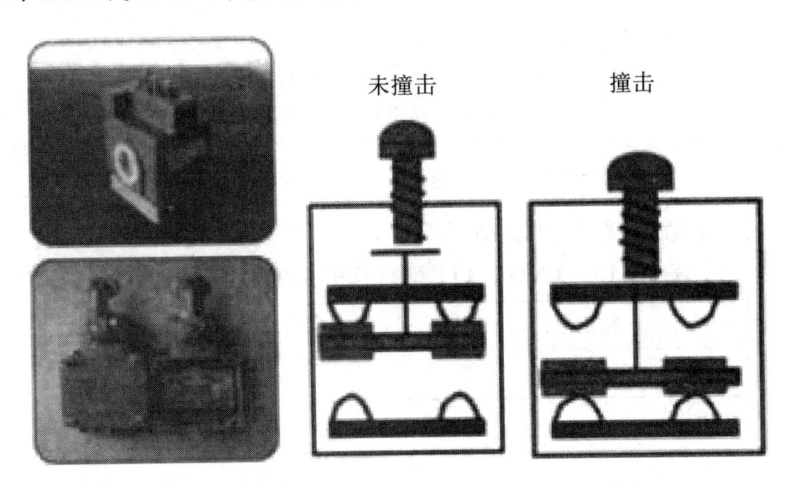

图 1-33　行程开关的外形

LX19-111 型行程开关由触头系统、操作机构和外壳组成，如图 1-34 所示。当生产机械的运动部件碰压行程开关的滚轮时，传动杠杆和转轴一起转动，转轴上的凸轮推动推杆使微动开关动作，使常闭触头断开，常开触头闭合。

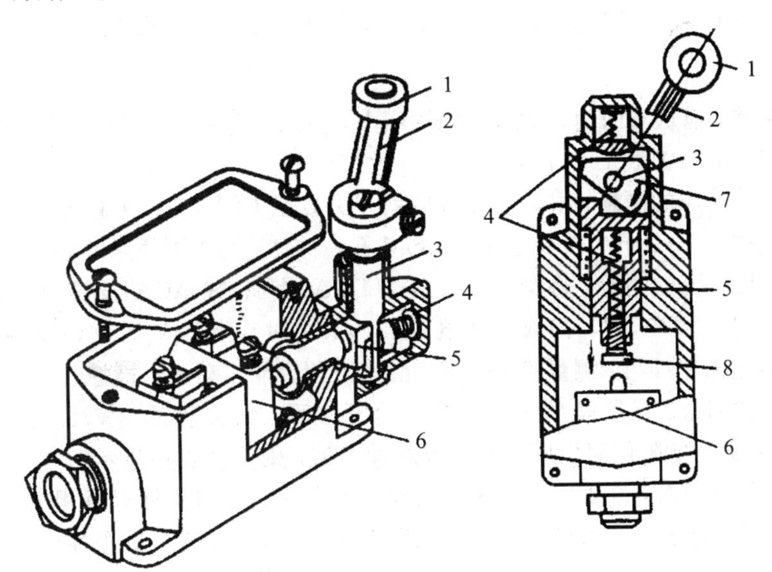

1—滚轮；2—杠杆；3—转轴；4—复位弹簧；5—撞块；6—微动开关；7—凸轮；8—调节螺钉

图 1-34　LX19-111 型行程开关的结构

常用行程开关的图形符号及文字符号如图 1-35 所示。

SQ　SQ　SQ

图 1-35　LX19-111 型行程开关符号

(2) 型号及其含义。LX 系列行程开关的型号及其含义如下：

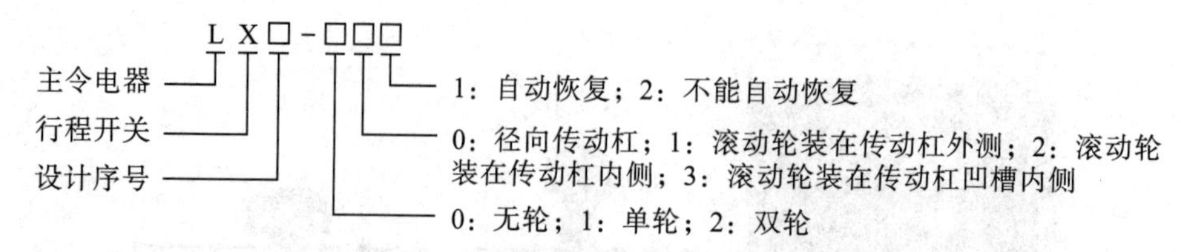

(3) 主要技术参数。LX19-111 型行程开关的主要技术参数见表 1-13。

表 1-13　LX19-111 型行程开关的主要技术参数

额定电压	AC 380V、DC 220V
额定电流/A	5A

【拓展阅读】

数字万用表的使用

数字万用表是一种多用途电子测量仪器，一般包含安培计、电压表、欧姆计等功能，主要功能就是对电压、电阻和电流进行测量，广泛应用于物理、电气、电子等测量领域。

以 VC9802 型数字万用表为例，简单介绍其使用方法和注意事项。

1. 使用方法

(1) 使用前，应认真阅读有关的使用说明书，熟悉电源开关、量程开关、插孔、特殊插口的作用。将电源开关置于 ON 位置。

(2) 交直流电压的测量。根据需要将量程开关拨至 DCV(直流)或 ACV(交流)的合适量程，红表笔插入 V/Ω 孔，黑表笔插入 COM 孔，将表笔与被测线路并联，读数即显示。

(3) 交直流电流的测量。将量程开关拨至 DCA(直流)或 ACA(交流)的合适量程，红表笔插入 mA 孔(<200 mA 时)或 10A 孔(>200 mA 时)，黑表笔插入 COM 孔，并将万用表串联在被测电路中即可。测量直流量时，数字万用表能自动显示极性。

(4) 电阻的测量。将量程开关拨至 Ω 的合适量程，红表笔插入 V/Ω 孔，黑表笔插入 COM 孔。如果被测电阻值超出所选择量程的最大值，则万用表将显示“1”，这时应选择更高的量程。测量电阻时，红表笔为正极，黑表笔为负极，这与指针式万用表正好相反。因此，测量晶体管、电解电容器等有极性的元器件时，必须注意表笔的极性。

2. 使用注意事项

(1) 如果无法预先估计被测电压或电流的大小，则应先拨至最高量程挡测量一次，再视情况逐渐把量程减小到合适位置。测量完毕，应将量程开关拨到最高电压挡，并关闭电源。

(2) 满量程时，仪表仅在最高位显示数字“1”，其他位均消失，这时应选择更高的量程。

(3) 测量电压时，应将数字万用表与被测电路并联。测电流时应与被测电路串联，测直流量时不必考虑正、负极性。

(4) 当误用交流电压挡去测量直流电压，或者误用直流电压挡去测量交流电压时，显示屏将显示“000”，或低位上的数字出现跳动。

(5) 禁止在测量高电压(220 V 以上)或大电流(0.5 A 以上)时换量程，以防止产生电弧，烧毁开关触点。

(6) 当显示“-”、“BATT”或“LOW BAT”时，表示电池电压低于工作电压。

【巩固小结】

通过本任务的实施，能够熟悉常用电气元件，掌握其型号及含义，熟悉其结构与符号，能够根据需要对所需电气元件进行正确选用，并能判别其是否损坏。

1. 填空题(将正确答案填入空格内)

(1) 空气断路器在使用过程中，实际电流大小要________空气断路器的额定电流。

(2) 熔断器是用于交、直流电器和电气设备的________、________保护。

(3) 接触器是在正常工作条件下，用来频繁地________电动机等主电路，并能________控制的开关电器。

(4) 接触器按驱动主触头接通或分断电流性质的不同分为________和________。

(5) 接触器的工作原理：接触器电磁线圈________后，在铁芯中产生________，于是在衔铁气隙处产生________，将衔铁吸合。

(6) 中间继电器的动作时间，有________与________两种。

2. 判断题(正确的打“√”，错误的打“×”)

(1) 在设计电动机的继电接触器控制系统时，一般不选用低压断路器。(　　)

(2) 漏电保护断路器不具备过载保护。(　　)

(3) 接触器是一种适合远距离频繁接触和分断交直流主电路的自动控制器。(　　)

(4) 位置开关又称限位开关或行程开关，作用与按钮开关不同。(　　)

3. 选择题(请将正确答案的代号填入括号内)

(1) 熔断器主要由(　　)、熔断管及导电部件等构成。

A. 底座　　B. 导轨　　C. 熔体　　D. 螺栓

(2) 断路器额定电流指脱扣器允许(　　)，即脱扣器额定电流。

A. 最大电流　　B. 长期通过的电流

C. 最小电流　　D. 平均电流

(3) 热继电器利用电流的(　　)原理来切断电路以保护电动机。

A. 热效应　　B. 电磁效应

C. 电感　　D. 电容

4. 简答题

(1) 低压熔断器的特点是什么？

(2) 接触器的工作原理是什么？

任务三 数控机床电气元件布置

【任务目标】

（1）掌握数控机床电气元件布置方法；
（2）熟悉电气工程图；
（3）能识读电气原理图。

【任务布置】

根据给定的机床电气元件，完成数据机床电气元件布置图，并讲明布置的理由。
工量具准备：电气元件、一字螺丝刀、十字螺丝刀、万用表等。
设备准备：电气控制柜(接线板)。
工时：2。
任务要求：
（1）能正确辨别机床电气元件；
（2）能正确判别电气元件损坏与否；
（3）能进行简单的电气元件布置，并能说明布置理由。

【任务评价】

数控机床电气元件布置评分标准

学号：　　　　　　　　　　　　　　　　　　　　姓名：

序号	项目	技术要求	配分	评分标准	自评	互评	教师评分
1	操作与调整	布置图绘制	10	准确、美观、科学合理，视实际给分			
2		各元件名称	10	说错一个元件扣2分			
3		各电气元件检测	10	检测错误，有一个扣2分			
4		电气元件布局整齐有序	10	布局不到位，酌情扣分			
5		布局理由说明	20	说明不到位，酌情扣分			
6		安放线槽及固定元件	10	安装不到位，酌情扣分			
7	其他	元件借还	5	借还不到位，酌情扣分			
		元件损坏	5	元件损坏，酌情扣分			
		文明生产	10	违者不得分			
		环境卫生	10	卫生不到位不得分			
总分			100				

【任务分析】

根据元件的布线连接方便以及散热等因素，来确定对应元件的具体安装位置。

(1) 绘制整机连接布置图。绘制时应遵循以下要求：

① 发热量大的元件要尽量跟其他元件隔开一定距离，便于散热，以防元件间相互影响。

② 电源变压器尽量安装在下方的进风口处。

③ 驱动器、变频器尽可能安装在同一区域，保持相互间的距离。

④ 继电器、接触器等信号控制器件尽量安装在同一区域，便于线路的连接。

(2) 摆放元件和线槽。将线槽和元件按布置图所示位置摆放在安装线路板上，摆放的位置要符合各元件的散热条件，摆放要整齐美观。

(3) 安装对应线槽。将线槽用螺钉固定在安装线路板上，安装要牢固，以防振动使其脱落，影响线路正常工作。

(4) 固定元件。安装好线槽后，根据元件布置图上的位置固定好相应的元件。

【安全提醒】

(1) 对各电气元件逐一进行检查，直至所有元件都检查无损后方可进行下一步。

(2) 在布置线槽和相关元件时，需要用到一字或十字螺丝刀，注意使用安全，不得手持工具追逐打闹。

(3) 不得用电气元件敲击其他物件，非工作需要，不得对电气元件进行拆卸。

(4) 安装螺钉要分类放置集中使用，注意选用螺钉的长短，以免过长伤手，过短元件不能固定等。

(5) 对损坏电气元件和非损坏元件要进行分类放置。

(6) 线槽切割要根据安装板的长度进行切割，并合理进行组合应用，减少材料浪费，多余的料头要集中处理放置。

【知识储备】

数控机床电气控制线路是由各种有触点的接触器、继电器、按钮、行程开关等组成的控制线路，为了准确表达数控机床电气控制系统的组成结构、工作原理及安装、调试、维修等技术要求，需要用统一的工程语言来表示，这种统一的工程语言就是电气工程图。常用的电气工程图有三类：电气原理图、电气安装接线图、电气元件布置图。电气工程图是根据国家电气制图标准绘制的，标准中规定了图形符号、文字符号以及规定的画法。

1. 电气工程图

1) 图形符号

国家电气图形符号标准 GB/T4728—1999 规定了电气图中图形符号的画法，该标准与国家电气制图标准 GB/T6988.4 于 2002 年 1 月 1 日正式贯彻执行。国家标准中规定的图形符号基本与国际电工委员会(IEC)发布的有关标准相同。图形符号由符号要素、限定符号、一般符号以及常用的非电操作控制的动作符号(如机械控制符号等)，根据不同的具体器件情况组合构成。常用电器的分类及其图形符号、文字符号如表 1－14 所示。国家标准除给出各类电气元件的符号要素、限定符号和一般符号以外，也给出了部分常用图形符号以及组合图形符号示例。

表 1-14　常用电器的分类及其图形符号、文字符号

分类	名称	图形符号文字符号
A 组件部件	启动装置	A SB1 SB2 KM KM HL
B 电量与非电量变换	扬声器	B（将非电量变换非电量）
	传声器	B（将电量变换成成电量）
C 电容器	一般电容器	C
	极性电容器	+ C
	可变电容器	C
D 二进制元件	与门	D &
	或门	D ≥1
	非门	D
E 其他	照明灯	EL
F 保护器件	欠电流继电器	I< FA
	过电流继电器	I> FA
	欠电压继电器	U< FA
	过电压继电器	U> FA
	热继电器	FR FR FR FR FR
	熔断器	FU
G 发电机	交流发电机	G ~
	直流发电机	G

续表一

分类	名称	图形符号文字符号
G 电源	电源	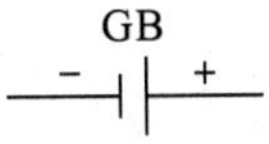GB − +
H 信号器件	电喇叭	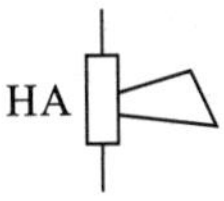HA
	蜂鸣器	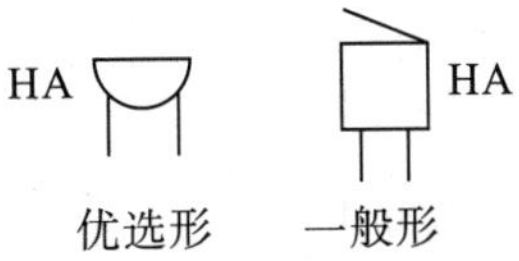HA HA 优选形 一般形
	信号灯	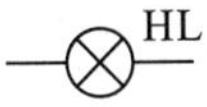HL
I		（不使用）
J		（不使用）
K 继电器、接触器	通用继电器	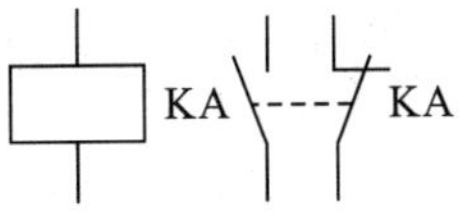KA KA
	断电延时型时间继电器	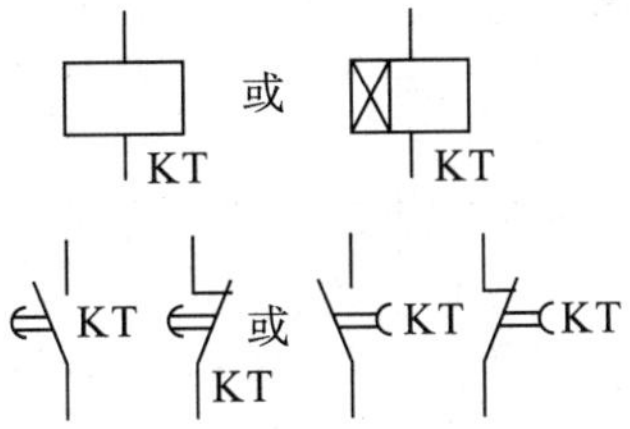或 KT KT KT 或 KT KT KT
	通电延时型时间继电器	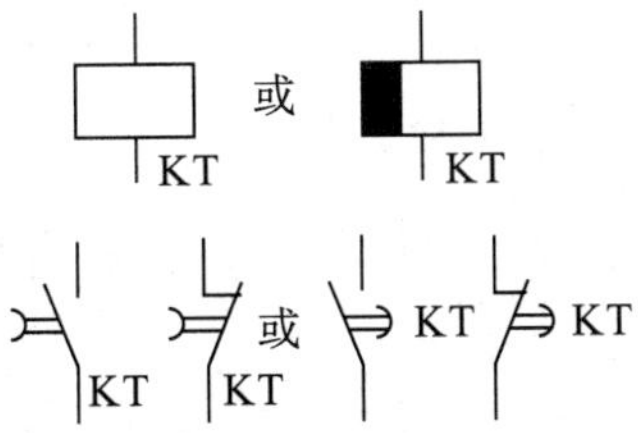或 KT KT 或 KT KT KT KT

分类	名称	图形符号文字符号
K 继电器、接触器	中间继电器	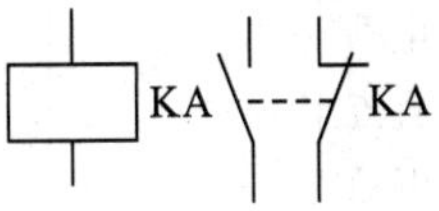KA KA
	接触器	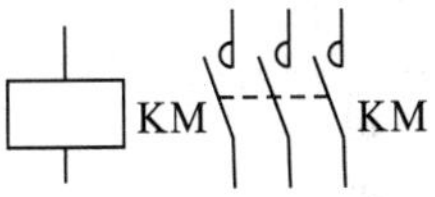KM KM
L 电容器、电抗器	电感器	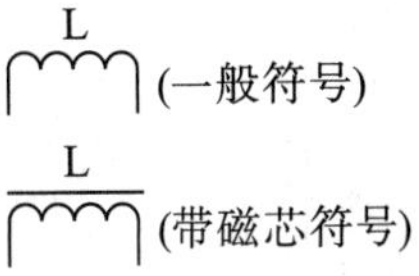L (一般符号) L (带磁芯符号)
	可变电感器	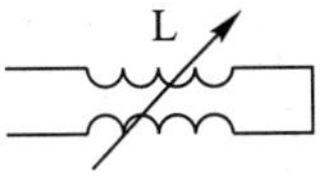L
	电抗器	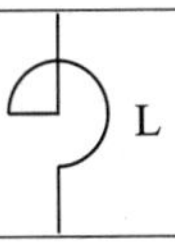L
M 电动机	笼型电动机	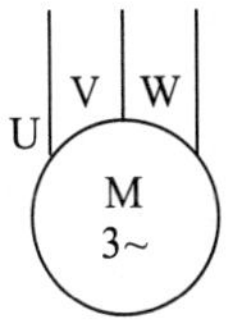U V W M 3~
	绕线型电动机	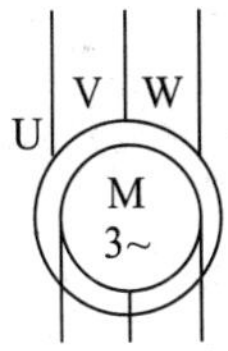U V W M 3~
	他励直流电动机	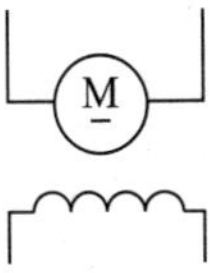M
	并励直流电动机	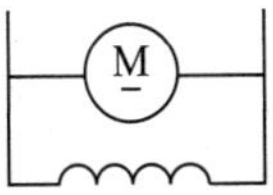M

续表二

分类	名称	图形符号文字符号	分类	名称	图形符号文字符号
M电动机	串励直流电动机	M	P测量设备试验设备	电压表	PV V
	三相异步电动机	M		有功功率表	kM PW
	永磁直流电动机	M		有功电度表	kW·h PJ
N模拟元件	运算放大器	▷ ∞ N − + +	Q电力电路开关器件	断路器	QF
	反相放大器	N ▷ 1 + −		隔离开关	QS
	数—模转换器	#/U N		刀熔开关	QS
	模—数转换器	U/# N		手动开关	QS QS
O		不使用		双投刀开关	QS
P测量设备试验设备	电流表	PA A		组合开关、旋转开关	QS

续表三

分类	名称	图形符号文字符号
Q电力电路开关器件	负荷开关	QL
R电阻器	电阻	R
	固定抽头电阻	R
	可变电阻	R
	电位器	RP
	频敏变阻器	RF
S控制、记忆、信号电路开关器件选择器	按钮	SB
	急停按钮	SB
	行程开关	SQ
	压力继电器	p SP p
S控制、记忆、信号电路开关器件选择器	液位继电器	SL SL SL SL
	速度继电器	SV n SV n SV
	选择开关	SA
	接近开关	SQ
	万能转换开关、凸轮控制器	SA 2 1 0 1 2 1 2 3 4
T变压器、互感器	单相变压器	T 形式1 形式2
	自耦变压器	T 形式1 形式2
	三相变压器	T 形式1 形式2

续表四

分类	名称	图形符号文字符号	分类	名称	图形符号文字符号
T变压器、互感器	电压互感器	电压互感器与变压器图形符号相同，文字符号为TV	X端子插头插座	插头	优选型 其他型 XP
	电流互感器	形式1 形式2 TA		插座	优选型 其他型 X
U调制器、变换器	整流器	U		插头插座	优选型 其他型 X
	桥式全波整流器	U		连接片	接通时 断开时 XB
	逆变器	U	Y电器操作的机械器件	电磁铁	或 YA
	变频器	f_1 f_2 U		电磁吸盘	或 YH
V电子管、晶体管	二极管	V		电磁制动器	M YB
	三极管	PNP型 V NPN型 V		电磁阀	或 或 YV
	晶闸管	阳极侧受控 V 阴极侧受控 V	Z滤波器、限幅器、均衡器	滤波器	Z
W传输通道、波导、天线	导线、电缆、母线	W		限幅器	Z
	天线	W		均衡器	Z

因为国家标准中给出的图形符号例子有限，所以在实际使用中可通过已规定的图形符号适当组合进行派生。图 1-36 给出了单个断路器的图形符号，它是由多种限定符号、符号要素和一般符号组合而成的。

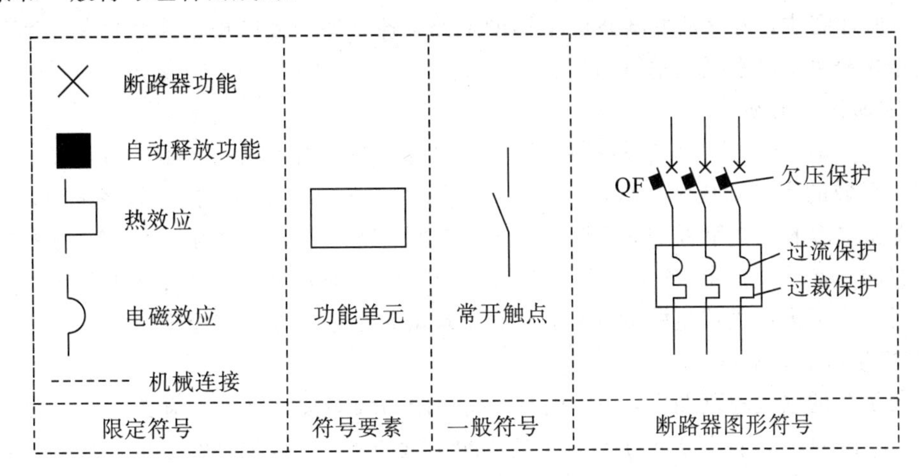

图 1-36　单个断路器图形符号的组成

2）文字符号

国家标准 GB/T7159—1987《电气技术中的文字符号制定通则》规定了电气工程图中的文字符号，分别为基本文字符号和辅助文字符号。基本文字符号分为单字母符号和双字母符号两类：单字母符号表示电气设备、装置和元件的大类，例如 K 为继电器类器件；双字母符号由一个表示大类的单字母与另一个表示器件某些特性的字母组成，例如 KA 表示继电器类器件中的中间继电器，KM 表示继电器类器件中控制电动机的接触器。

2. 电气原理图

电气原理图是根据电气动作原理绘制而成的，用来表示电气的动作原理，用于分析动作原理和排除故障，不考虑电气设备的电气元件的实际结构和安装位置，电气原理图是编制电气安装接线图的重要依据。

电气原理图的绘制规则执行国家标准 GB6988.1—2008。

1）电气原理图的绘制

(1) 电气原理图一般由主电路和辅助电路两部分组成，分两部分画出。主电路就是从电源到电动机的大电流通过的路径。辅助电路包括控制电路、照明电路、信号电路及保护电路等，一般由继电器的线圈和触点、接触器的线圈和触点、按钮、照明灯、信号灯、控制变压器等组成。一般主电路用粗实线表示，画在左边(或上部)，辅助电路用细实线表示，画在右边(或下部)。

(2) 电气原理图中的所有元件不画出实际外形图，而采用国家标准规定的图形符号和文字符号表示。同一电器的各个部件可根据需要画在不同的地方，但必须用相同的文字符号标注。当使用同一类型电器时，可在文字符号后加注阿拉伯数字序号来区分。

(3) 电气原理图中，所有接触器触点都按未通电或没有外力的作用时的开闭状态画出。如继电器、接触器的触点，按线圈未通电的状态画；按钮、行程开关的触点按不受力作用时的状态画；控制器按手柄处于零位时的状态画；断路器和隔离开关按断开位置画；保护类元件按设备处在正常工作状态画。

(4) 原理图中，有直接点联系的交叉导线的连接点，要用黑圆点表示。无直接点联系的交叉导线，交叉点不能画黑圆点。

(5) 原理图中，无论是主电路还是辅助电路，各元件一般应按动作顺序从上到下、从左到右依次排列，可水平或垂直布置。

2) 图面区域的划分

图面区分时，竖边从上到下用英文字母，横边从左到右用阿拉伯数字分别编号，分区代号用该区域的字母和数字表示，如A3、C4。图中上方和下方的阿拉伯数字是图区横向编号，右边和左边的英文字母是图区竖向编号，它们是为了便于检索电气线路，方便阅读分析而设置的。有时，要横向编号的下方写有“总开关”、“伺服强电”、“刀架电动机”等字样，表明它对应的下方原件或电路的功能，以利于理解整个电路的工作原理。

3) 符号位置的索引

在较复杂的电气原理图中，对继电器、接触器的线圈文字符号下方要标注其触点位置的索引，而在触点文字符号下方要标注其线圈位置的索引。接触器和继电器线圈与触点的从属关系，应用附图表示，即在原理图中相应线的下方，给出触点的图形符号，并在其下面注明相应的索引代号。有时也可采用省去触点图形符号的表示法。符号位置的索引，用部件代号、页次、图区编号的组合索引法，索引代号介绍如下：

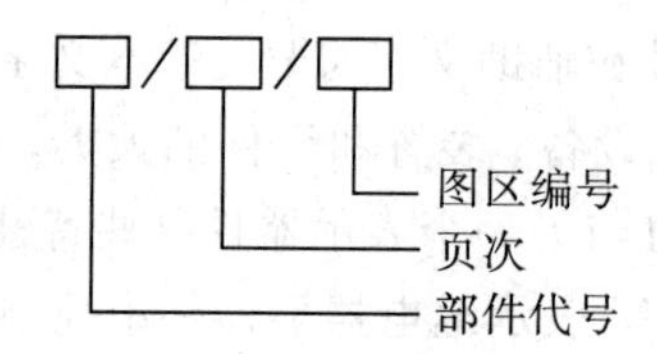

4) 电气原理图中技术数据的标注

电气原理图中的技术数据除在电气元件明细表中标明外，有时也用小字体注在其图形符号的旁边。如伺服变压器旁边小字标注“0.22 kV·A，380 V·AC/220 V·AC”，分别表示伺服变压器的容量为220 V·A，一次电压为380 V交流，二次电压为220 V交流。

原理图中必须给出导线的线号，线号可根据电源的类型来设置。导线的颜色有标准，通常交流电源线用红色，零线用白色，直流电源线用蓝色，接地线用黄绿双色线，且应接到接地铜排上。

5) 电气原理图的阅读方法

读电气原理图时要先从主电路入手，掌握电路中电器的动作规律，根据主电路的动作要求来看与此相关的辅助电路等，步骤介绍如下。

(1) 分析主电路。

① 看设备所用电源。一般设备多用三相电源(380 V、50 Hz)，也有用直流电源的设备。

② 分析主电路有几台电动机，分清它们的用途、类别(笼型异步电动机、绕线转子异步电动机、直流电动机或是同步电动机)。

③ 分清各台电动机的动作要求，如启动方式、转动方式、调速及制动方式，各台电动机之间是否有相互制约关系。

（2）分析控制电路。

了解主电路后，即可分析控制电路等辅助电路。由于存在着各种不同类型的生产机械，故它们对电力拖动也就提出了各式各样的要求，表现在电路图上有各不相同的控制及辅助电路。

① 首先分析控制电路的电源电压。一般生产机械，如仅有一台或较少电动机拖动的设备，其控制电路比较简单。为了减少电源种类，控制电路的电压也常采用交流 380 V，可直接由主电路引入。对于采用多台电动机拖动且控制要求又比较复杂的生产设备，控制电压采用交流 110 V 或 220 V，此时的交流控制电压应由隔离变压器供给。

② 了解控制电路中所采用的各种继电器、接触器的用途，若采用了一些特殊结构的继电器，则还应了解它们的动作原理。只有这样，才能理解它们在电路中的运用和用途。

③ 控制电路总是按动作顺序画在两条垂直或水平的直线之间。因此，也就可从左到右或从上而下地进行分析。对于较复杂的控制电路，还可将其分成几个功能来分析，如启动部分、制动部分、循环部分等。

④ 对于控制电路的分析必须随时结合主电路的动作要求来进行，只有全面了解主电路对控制电路的要求后，才能真正掌握控制电路的动作原理。不可孤立地看待各部分的动作原理，而应注意各个动作之间是否有相互制约的关系，如电机正、反转之间设有机械或电气连锁等。辅助电路中所包含的照明和信号电路比较简单。信号灯是用来指示生产机械动作状态的，工作过程中可使操作者随时观察，掌握各运动部件的状况，判别工作是否正常。

3. 电气元件布置图

电气元件布置图主要用来表明各种电气元件在机械设备上和电气控制柜中的实际位置，为机械电气控制设备的制造、安装、维修提供必要的资料。各电气元件的安装位置是由机床的结构和工作要求决定的。比如：电动机要和被拖动的机械部件在一起，行程开关应放在要取得信号的地方，操作元件要放在操纵台及悬挂操纵箱等操作方便的地方，一般电气元件应放在控制柜内，等等。

4. 电气安装接线图

电气安装接线图称电气装配图，是用规定的图形符号，根据原理图，按电气元件相对位置绘制的实际接线图，它清楚地表明了各电气元件的相对位置和它们之间的电路连接的详细信息，主要是为了安装电气设备和电气元件时进行配线或检查维修电气控制线路故障服务的。

《电气技术用文件的编制 第 1 部分：规则》(GB6988. 1—2008)中详细规定了电气安装接线图的编制规则，主要内容如下：

（1）在接线图中，一般都应标出项目的相对位置、项目代号、端子间的电气连接关系，端子号、线号、线缆类型、线缆截面积等。

（2）同一控制盘上电气元件可直接连接，而控制盘内元件与外部元件连接时必须通过端子板。

（3）接线图中各电气元件的图形符号与文字符号均应以原理图为准，并保持一致。

（4）互连接线图中的互连关系可用连续线、中断线或线束表示，连接导线应注明导线根数、导线截面积等。一般不表示导线实际走线路径，施工时根据实际情况选择最佳走线方式。

【拓展阅读】

数控机床的电气控制系统

数控机床的电气控制系统，主要由数控系统(CNC)、伺服系统(包括进给伺服和主轴伺服)、机床强电控制系统(包括可编程控制系统和继电器接触器控制系统)等组成，如图1-37所示。

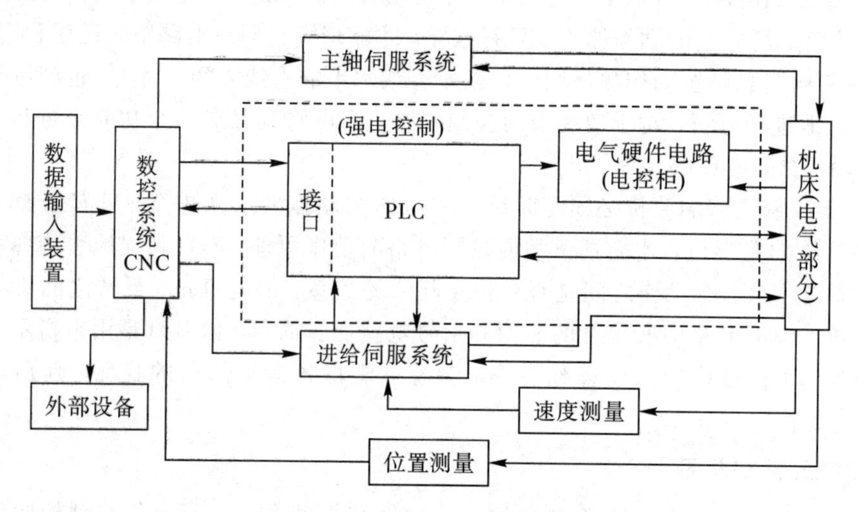

图1-37 数控机床电气控制系统

数控系统是数控机床电气控制系统的中枢，它可以自动地对输入到数控机床内部的所有数控加工程序进行处理，同时将这些数控加工程序分成两大类的控制量，分别输出。第一类为连续控制量，这一类的控制量将被输送到伺服系统；第二类为离散的开关控制量，这一类的控制量将被输送到数控机床的强电控制系统。

伺服系统分进给伺服系统和主轴伺服系统两部分。进给伺服系统由进给伺服电机和进给伺服装置两部分组成，其作用是用来驱动数控机床各坐标轴的切削，同时还为数控机床提供在其切削过程中所需的转矩和运转速度。主轴伺服系统由主轴电路和主轴伺服装置两部分组成，其功能是用来实现对主轴转速的调节和控制作用，有时在不同的伺服装置中，还含有主轴定向控制的功能。

机床的强电控制系统，它除了具有对机床的辅助运动和辅助动作的控制功能外，同时还包括对保护开关、各种行程极限开关和操作面板上所有器件的监测及控制功能。

【巩固小结】

通过本任务的实施，进一步熟悉数控机床所用的电气元件，能够正确判断电气元件损坏与否，掌握电气工程图所用图形符号与文字符号的含义，能够正确分析电气原理图，能够绘制电气安装布置图，能准确地进行电气元件布置。

1. 填空题(将正确答案填入空格内)

(1) 为了准确表达数控机床电气控制系统的________、________及安装、调试、维修等技术要求，需要用统一的________来表示，这种统一的________就是电气工程图。

(2) 常用的电气工程图有三类：________、________、________。

(3) 电气工程图中的文字符号分别为________和________。

(4) 导线的颜色有标准，通常交流电源线用________，零线用________，直流电源线用________，接地线用________。

2. 判断题(正确的打"√"，错误的打"×")

(1) 电气安装接线图是编制电气原理图的重要依据。(　　)

(2) 一般主电路用细实线表示，画在右边(或上部)，辅助电路用粗实线表示，画在左边(或下部)。(　　)

(3) 电气原理图中，同一电器的各个部件可根据需要画在不同的地方，但必须用相同的文字符号标注。(　　)

(4) 电气原理图中，所有接触器触点都按通电或有外力的作用时的开闭状态画出。(　　)

(5) 原理图中，无论是主电路还是辅助电路，各元件一般应按动作顺序从上到下、从左到右依次排列，可水平或垂直布置。(　　)

3. 选择题(将正确答案的代号填入括号内)

(1) 辅助电路包括(　　)、照明电路、信号电路及保护电路等。

A. 控制电路　　B. 软启动器

C. 接触器　　D. 热继电器

(2) 主电路是从(　　)到电动机的电路，其中有刀开关、熔断器、接触器主触头、热继电器发热元件与电动机。

A. 主电路　　B. 电源

C. 接触器　　D. 热继电器

(3) 电气原理图由(　　)组成。

A. 主电路与控制电路　　B. 辅助电路

C. 控制电路　　D. 主电路与辅助电路

4. 简答题

(1) 绘制电气元件布置图时应遵循哪些原则？

(2) 电气安装接线图的编制规则有哪些？

项目二　数控机床辅助功能电路的安装与调试

任务一　照明电路的安装与调试

【任务目标】

(1) 熟悉照明电路的构成和工作原理；
(2) 能正确绘制和识读照明电路原理图、布置图；
(3) 掌握机床照明电路的安装与检修工艺；
(4) 能正确安装和调试照明电路。

【任务布置】

根据给定的电气元件及数控机床照明电路电气原理图(见图 2-1)，完成数控机床照明电路的安装，并对照明功能进行调试。

元件准备：详见表 2-1。

工时：2。

任务要求：

(1) 根据图纸要求，正确选择元件，并安装到安装接线板上；
(2) 所有元件连接应与电气图纸一致；
(3) 元件布置、布线应合理规范；
(4) 导线线径和颜色应符合图纸要求；
(5) 正确选用冷压端头，端头压接规范、牢固可靠；
(6) 导线与元件连接处需穿号码管，号码管的标号应清晰规范与图纸一致；
(7) 能用万用表进行自检，照明灯两端接线正确；
(8) 能正确通电调试照明电路，并实现其功能。

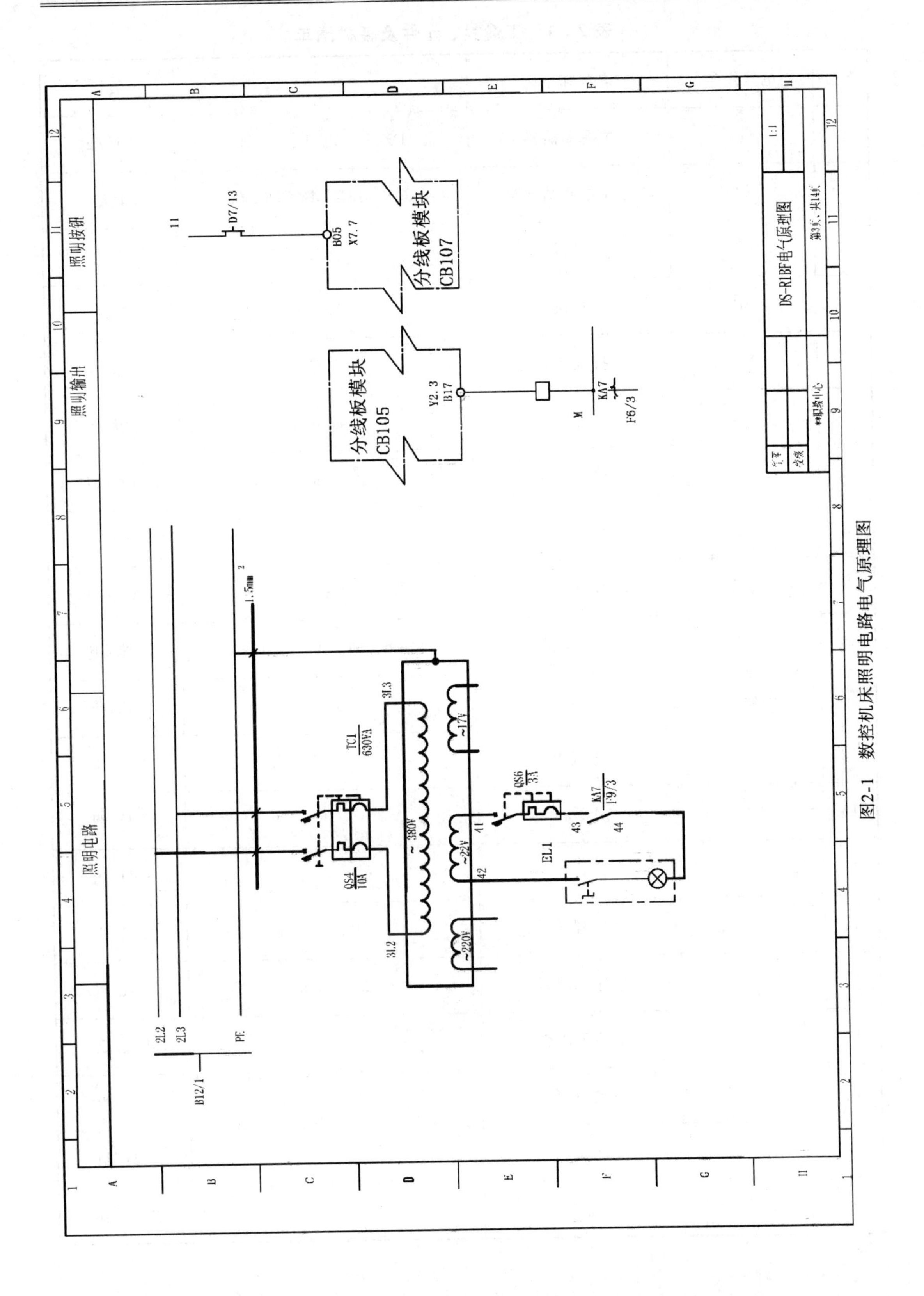

图2-1　数控机床照明电路电气原理图

表 2－1　工量具、元件及耗材清单

序号	电气代号	名称和用途	型　号	数量
1	QS	电源断路器	DZ47 C10/2P、C3/1P	1 只/组
2	KA	小型中间继电器	JQX－13F/MY4 DC24V	1/组
3	EL	照明灯	JC2	1 只
4	SB	按钮	LA3－03	1 只
5	XT	接线端子	TD15	2 米/组
6	导线	蓝色	0.75 mm^2	1 卷/组
7	导线	黄绿双色	2.5 mm^2	1 卷/组
8	端子	U 形冷压端子	1－3	100 只/组
9	端子	U 形冷压端子	2－4	100 只/组
10	卡轨	金属卡槽	和接触器、断路器、继电器配合	2 米/组
11	号码管	号码管	1.5	1 米/组
12		剥线钳		1 只/组
13		压线钳		1 只/组
14		斜口钳		1 只/组
15		一字螺丝刀	1.5/2.5/5 mm	1 只/组
16		十字螺丝刀	2.5/5 mm	1 只/组
17		数字万用表		1 只/组
18		绝缘胶布		1 圈/组
19		记号笔		1 只/组
20		扎带		20 根/组

【任务评价】

数控机床照明电路的电气安装与调试评分标准

学号：　　　　　　　　　　　　　　　　　　　　　　　　　　　　　姓名：

序号	项目	技术要求	配分	评分标准	自评	互评	教师评分
1	电气元件选择与检测	正确选择电气元件;对电气元件质量进行检验	10	元件选择不正确，每个扣1分； 元件错检或漏检，每个扣1分			
2	电气元件布局与安装	按照图纸要求，正确利用工具安装电气元件，要求元件布局合理，安装准确、牢固	10	元件布局不合理，每个扣1分； 元件安装不牢固，每个扣1分； 安装时漏装螺钉，每个扣1分			
3	工量具使用及保护	工量具规范使用，不能损坏，摆放整齐	10	仪器仪表损坏，扣5分； 工具、器材摆放凌乱，扣3分；			
4	布线	接线正确，导线两端套编码管，压端子；端子连接牢靠；同方向连线进行绑扎时，线路应清晰不凌乱，无错接和漏接现象	20	不按电路图接线，每处扣3分； 接点松动、露铜过长，每处扣2分； 损伤导线绝缘或线芯，每根扣1分； 错接或漏接，每根扣2分； 漏装或套错编码套管，每处扣1分			
5	功能检测	用万用表检测各电路的阻值	20	照明电路阻值不正确，每处扣5分； 继电器线圈阻值不正确，每处扣5分			
		通电调试电路	10	通电检测一次不成功扣10分			
6	其他	清点元件	5	未清点实训设备及耗材，扣2分			
		团队合作	5	分工不明确，成员不积极参与，酌情扣分			
		文明生产	5	出现没有穿戴防护用品、带电操作等违反安全文明生产规程的，不得分			
		环境卫生	5	卫生不到位不得分			
总分			100				

【任务分析】

1. 识读电气原理图

如图 2-1 所示为数控机床照明控制电路，它是用按钮、继电器来控制照明灯的电路。电路中涉及的电气元件有中间继电器 KA、按钮 SB、照明灯 EL。其工作原理为合上空开 QS6，按下面板照明按钮，PMC（数控机床内置式 PLC，是 FANUC 数控系统为区别于 SIMENSE数控系统的 PLC 而专门命名的）输入触点 X7.7 闭合，使输出信号 Y2.3 接通中间继电器 KA7 线圈，KA7 常开触点闭合，与照明灯接通，控制照明灯的亮灭。

2. 选配、检测电气元件

（1）电气元件选择。根据项目任务要求，选择 1 个单相空气开关和 1 个两相空气开关、1 个小型中间继电器、1 个照明灯、1 个按钮。

在数控机床照明中，一般采用移动式 36 V 变压器照明电源，但在使用过程中，经常会出现短路现象而烧坏熔断器、变压器等，如果采用继电器作为变压器的开关，则可以避免上述情况发生。电路如图 2-1 所示，接通开关 QS6，按下照明按钮，变压器二次侧输出 22 V，使继电器 KA 吸合，当照明电路变压器出现短路故障时，继电器线圈电压为零，KA 断电释放，照明电路得到保护。

（2）电气元件规格的检查。核对各电气元件的规格与图纸要求是否一致，如单相空气开关的电流容量，小型中间继电器的电压等级、照明灯的额定电源等，不符合要求的应更换或调整。

（3）电气元件的检测。观察电气元件的外观是否清洁完整、外壳有无碎裂、零部件是否齐全有效等，观察电气元件的触头有无熔焊粘连、氧化锈蚀等现象。在不通电的情况下，用万用表检查继电器各触头的分、合情况及线圈的阻值，检测按钮的常开、常闭触头。

3. 安装电气元件

根据电气原理图将电气元件固定在电柜上。电气元件要摆放均匀、整齐、紧凑、合理。紧固各元件时应用力均匀，紧固程度适当，做到既要使元件安装牢固，又不使其损坏。各元件的安装位置间距要合理，以便于元件的更换。

4. 布线

（1）选线。照明电路采用 BVR 0.75 mm^2（蓝色）的导线，接地线采用 BVR 2.5 mm^2（绿/黄双色线）的导线。

（2）导线处理。按接线图规定的方位，在规定好的电气元件之间测量所需的长度，截取适当长短导线，剥去两端绝缘外皮。为保证导线与端子接触良好，使用多股芯线时要将线头绞紧，必要时可用烫锡处理，严禁损伤线芯和导线绝缘。

（3）接线端子的处理。将成型的导线套上线号管，根据接线端子的情况，压好对应的端子。接线端子应紧固好，必要时加装弹簧垫圈紧固，防止电器动作时因振动而松脱。接线过程中注意按照图纸核对，防止错接，必要时用万用表校线。在同一接线端子内压接两根以上导线时，可以只套一个线号管；当导线截面不同时，应将截面大的放在下层，截面小的放在上层。

(4) 接线。按照照明电路安装接线图在电柜上接线。从电源端起，根据电气原理图，按线号顺序接线。布线应该平宜、整齐、合理，接点牢固，不得松动。

5. 自检

(1) 逐一检查端子接线线号。对照原理图与接线图，从电源端开始逐段核对端子接线的线号，排除漏接、错接现象，重点检查控制线路中易接错的线号。

(2) 检查端子接线是否牢固。检查所有端子上接线的接触情况，用手一一摇动、拉拨端子上的接线，不允许有松脱现象，以避免通电试车时因虚接造成的事故，将故障排除在通电之前。

(3) 使用万用表检测。使用万用表检测安装的电路，如三相电源对地电阻测量、相间电阻，单相电源对地电阻，24 V直流电源的对地电阻，两极电阻，等等，若与正确值不符，应根据电路图检查是否有错线、掉线、错位或短路等。如在检查控制电路上，将万用表表笔分别搭接在Y2.7与B17上，读数应为1.7 kΩ。

6. 通电调试

(1) 检查熔断器中熔体的规格。

(2) 安装控制板与机床主体航插的连接，注意每个航插不要接错。

(3) 接通电源，合上电源开关，利用验电笔检查照明电路是否正常通电。

按下照明按钮，观察照明灯是否正常，是否符合电路功能要求。若有异常，立即停车断电检查。

【安全提醒】

(1) 一般禁止带电检查，若需带电检查，必须在教师现场监护的情况下进行。如需试车，也应在教师现场监护下进行，并做好记录。

(2) 照明灯有LED灯，还有白炽灯，在进行接线时要注意观察其接线端子的区别。

(3) 切勿用湿手触摸灯头、灯泡。

【知识储备】

1. 电动机

电动机(Electric Machinery)俗称“马达”，是指依据电磁感应定律实现电能转换或传递的一种电磁装置。

电动机在电路中用字母M(旧标准用D)表示，它的主要作用是产生驱动转矩，作为用电器或各种机械的动力源，发电机在电路中用字母G表示，它的主要作用是将机械能转化为电能。

电动机的分类很多，可以根据工作电源性质、结构与原理、启动与运行等方式进行分类。

1) 电动机的分类

(1) 按工作电源种类分类。

电动机按工作电源种类，可分为直流电动机和交流电动机。直流电动机按结构及工作原理可划分为无刷直流电动机和有刷直流电动机。交流电动机还可划分为单相电动机和三相电动机。

(2) 按结构和工作原理分类。

电动机按结构和工作原理，可分为直流电动机、异步电动机、同步电动动机。同步电动机可划分为永磁同步电动机、磁阻同步电动机和磁滞同步电动机。异步电动机可划分为感应电动机和交流换向器电动机。

(3) 按启动与运行方式分类。

电机按启动与运行方式，可分为电容启动式单相异步电动机、电容运转式单相异步电动机、电容启动运转式单相异步电动机和分相式单相异步电动机。

(4) 按用途分类。

电机按用途，可分为驱动用电动机和控制用电动机。

驱动用电动机可分为电动工具(包括钻孔、抛光、磨光、开槽、切割、扩孔等工具)用电动机、家电(包括洗衣机、电风扇、电冰箱、空调器、录音机、录像机、影碟机、吸尘器、照相机、电吹风、电动剃须刀等)用电动机及其他通用小型机械设备(包括各种小型机床、小型机械、医疗器械、电子仪器等)用电动机。

控制用电动机又分为步进电动机和伺服电动机等。

(5) 按转子的结构分类。

电动机按转子的结构，可分为笼型感应电动机(旧标准称为鼠笼型异步电动机)和绕线转子感应电动机(旧标准称为绕线型异步电动机)。

(6) 按运转速度分类。

电动机按运转速度，可分为高速电动机、低速电动机、恒速电动机、调速电动机。低速电动机又分为齿轮减速电动机、电磁减速电动机、力矩电动机和爪极同步电动机等。

2) 异步电动机

异步电动机又称"感应电动机"，即转子置于旋转磁场中，在旋转磁场的作用下，转子获得一个转动力矩，转子通常多呈鼠笼状。定子是电动机中不转动的部分，主要任务是产生一个旋转磁场。交流电通过数对电磁铁，使其磁极性质循环改变，相当于一个旋转的磁场。依据所用交流电的种类，异步电动机分为单相异步电动机和三相异步电动机。单相异步电动机用在如洗衣机、电风扇等，三相异步电动机则作为工厂的动力设备来使用。

(1) 单相异步电动机。

单相异步电动机就是只需单相交流电源供电的电动机。单相异步电动机由定子、转子、轴承、机壳、端盖等构成。定子由机座和带绕组的铁芯组成。铁芯由硅钢片冲槽叠压而成，槽内嵌装两套空间互隔 90°电角度的主绕组(也称运行绕组)和辅绕组(也称启动绕组或副绕组)，主绕组接交流电源，辅绕组串接离心开关 S 或启动电容、运行电容等之后，再接入电源。转子为笼型铸铝转子，它是将铁芯叠压后用铝铸入铁芯的槽中的，并一起铸出端环，使转子导条短路成鼠笼型。

单相异步电动机的主要特点：定子上装有两相绕组，两相绕组回路中的阻抗性质不同，两相电流有一定的相位差，理想的相位差为 90°。通常单相异步电动机是按其启动方法进行分类的，常见的启动方法有分相启动和罩极启动。

(2) 三相异步电动机。

三相异步电动机由定子和转子两个基本部分组成，定、转子之间留有气隙，另外还有端盖、轴承及风机等部件，如图 2－2 所示。定子主要由定子铁芯、定子绕组和机座组成，转子主要由转子绕组和转子铁芯组成。定子铁芯一般由 0.35～0.5 mm 厚表面具有绝缘层的硅钢片冲制、叠压而成，在铁芯的内圆冲有均匀分布的槽，用以嵌放定子绕组。三相绕组由三个在空间互隔 120°、对称排列的结构完全相同的绕组连接而成，这些绕组的各个线圈按一定规律分别嵌放在定子各槽内。如图 2－2 所示。

1
2
3
4
5
7
6
8
11
15
14
13
12
10
9

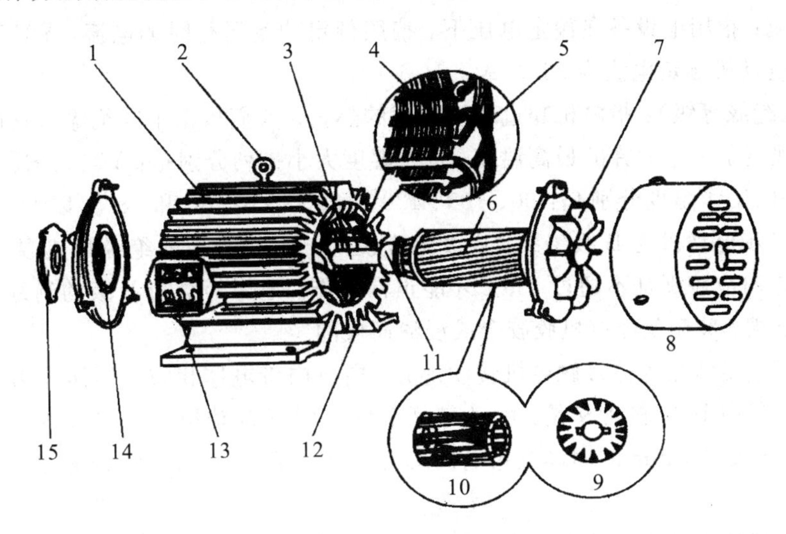

1—散热筋；2—吊环；3—转轴；4—定子铁芯；5—定子绕组；6—转子；7—风扇；8—罩壳；
9—转子铁芯；10—笼型绕组；11—轴承；12—机座；13—接线盒；14—端盖；15—轴承盖

图 2－2　三相异步电动机的结构图

① 三相异步电动机铭牌识读。

变频主轴电路中使用的电动机通常为三相异步电动机。将电动机接入电路之前，首先要正确识读电动机的铭牌。常用的三相异步电动机的铭牌如图 2－3 所示，从铭牌中可以获得以下信息。

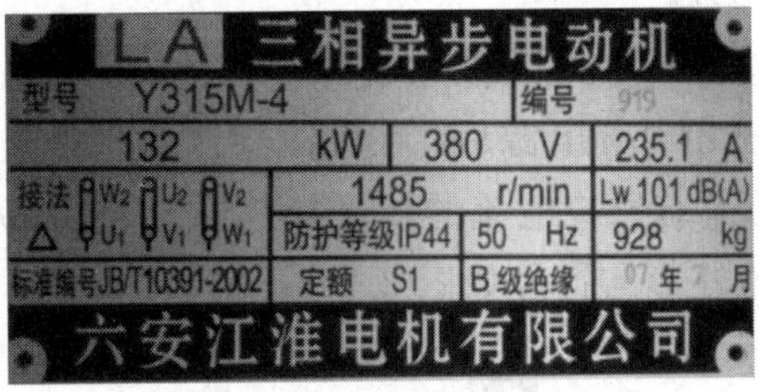

LA 三相异步电动机
型号 Y315M-4
编号 919
132 kW 380 V 235.1 A
接法 W2 U2 V2 U1 V1 W1 △
1485 r/min
Lw 101 dB(A)
防护等级IP44
50 Hz
928 kg
标准编号JB/T10391-2002
定额 S1
B级绝缘
07 年 月
六安江淮电机有限公司

图 2－3　三相异步电动机铭牌

型号：该三相异步电动机的型号为“Y315M－4”，其中“Y”表示 Y 系列鼠笼式异步电动机（YR 表示绕线式异步电动机），“315”表示电机的中心高为 315 mm，“M”表示中机座（L 表示长机座，S 表示短机座），“4”表示 4 极电机（即极对数为 2）。有些电动机型号在机座代号后面还有一位数字，代表铁芯号，如 Y132S2－2 型号中 S 后面的“2”表示 2 号铁芯长（1 为 1 号铁芯长）。

额定功率：电动机在额定状态下运行时，其轴上所能输出的机械功率称为额定功率。Y315M－4 型鼠笼式三相异步电动机的额定功率为 132 kW。

额定速度：在额定状态下运行时的转速称为额定转速。Y315M－4 鼠笼式三相异步电动机的额定转速为 1485 r/min。

额定电压：指电动机在额定功率运行状态下，电动机定子绕组上应加的线电压值，Y 系列电动机的额定电压都是 380 V。凡功率小于 3 kW 的电机，其定子绕组均为星形连接，4 kW 以上都是三角形连接。

额定电流：指用电设备在额定电压下，按照额定功率运行时的电流。Y315M－4 鼠笼式三相异步电动机额定电流为 235.1A。

温升(或绝缘等级)：指电机超过环境温度的热量。人们根据不同绝缘材料耐受高温的能力，对其规定了 7 个允许的最高温度，按照温度大小排列分别是：Y、A、E、B、F、H 和 C，它们允许的工作温度分别是：90、105、120、130、155、180 和 180℃以上。Y315M－4 鼠笼式三相异步电动机为 B 级绝缘，B 级绝缘说明该电机采用的绝缘耐热温度为 130℃，即该电机工作时应该保证不超过 130℃才能正常工作。绝缘等级为 B 级的绝缘材料，主要是由云母、石棉、玻璃丝经有机胶胶合或浸渍而成的。

防护等级：指防止人体接触电机转动部分、电机内带电体和防止固体异物进入电机内的防护等级。其中 IP44 的含义是：IP 为特征字母，为“国际防护”的缩写；第一个 4 表示 4 级防固体(防止大于 1 mm 的固体进入电机)；第二个 4 表示 4 级防水(任何方向溅水应无害影响)。

接法：电机绕组引出端的连接方式为△(三角形) 或 Y (星形)接法。Y315M－4 鼠笼式三相异步电动机为△(三角形)接法。

LW 值：指电动机的总噪声等级。LW 值越小，表示电动机运行的噪声越低，噪声单位为 dB。

工作制：指电动机的运行方式。一般分为“连续”(代号为 S1)、“短时”(代号为 S2)、“断续”(代号为 S3)，Y315M－4 鼠笼式三相异步电动机为连续运行方式。

额定频率：电动机在额定功率运行状态下，定子绕组所接电源的频率，叫额定频率。我国规定的额定频率为 50 Hz。

② 三相笼型异步电动机的工作原理。

当三相定子绕组通入三相对称电源后，在气隙中产生一个旋转磁场，此旋转磁场切割转子导体，产生感应电流。流有感应电流的转子导体在旋转磁场的作用下产生转矩，使转子旋转。三相异步电动机的外形与符号如图 2－4 所示。

图 2－4　三相异步电动机的外形与符号

③ 定子绕组的出线端子。

拆下接线盒，可看到如图 2-5 所示的三相对称定子绕组的出线端子，其编号分别为 U1-U2、V1-V2 与 W1-W2。若将定子绕组连接成 Y 形，则为 U2、V2 和 W2 短接，U1、V1 和 W1 接线电压为 380 V 的三相电源，如图 2-6 所示。若将定子绕组连接成△形，则 U2 与 V1、V2 与 W1、W2 与 U1 短接，U1、V1 和 W1 接线电压为 380 V 的三相电源，如图 2-7 所示。

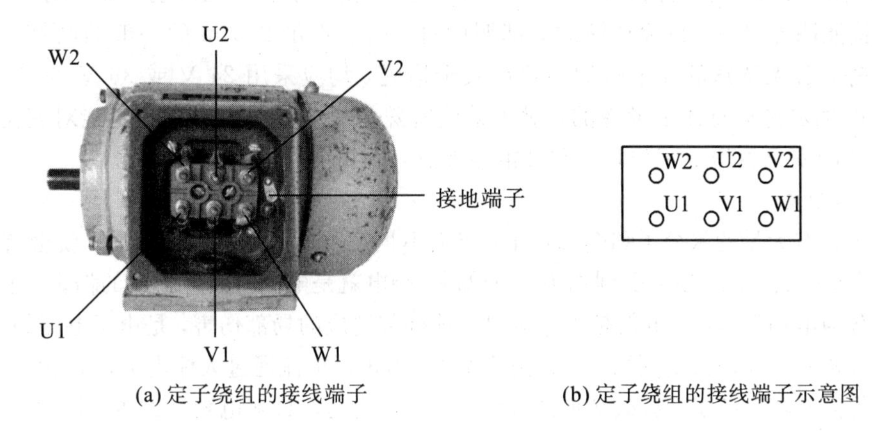

(a) 定子绕组的接线端子　　(b) 定子绕组的接线端子示意图

图 2-5　三相异步电动机的接线端子

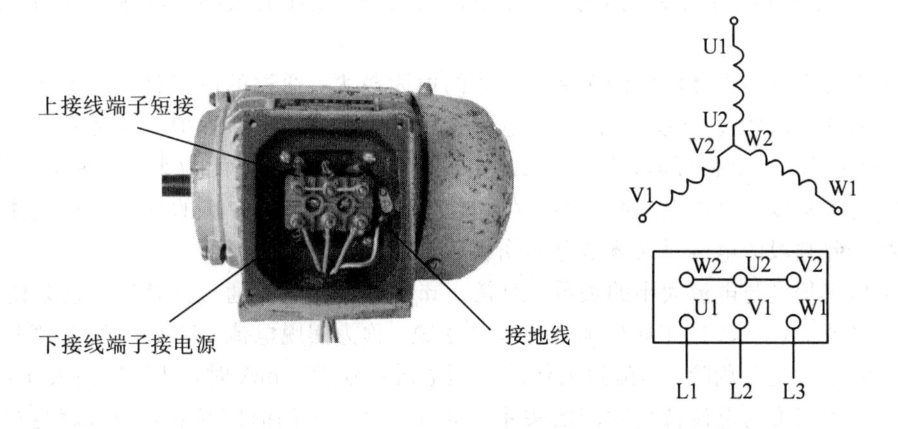

图 2-6　三相异步电动机的 Y 形连接

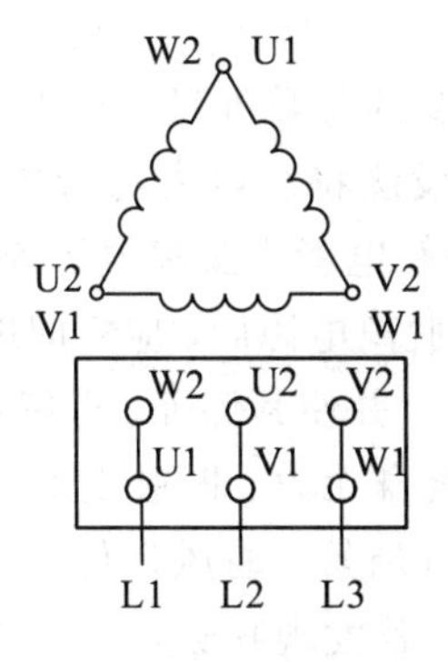

图 2-7　三相异步电动机的三角形连接

2. 安全用电

1）安全电压

安全电压是指在不带任何防护设备的条件下，当人体接触带电体时对人体各部分组织均不会造成伤害的电压值。我国有关标准规定，12 V、24 V 和 36 V 三个电压等级为安全电压级别，分别适用于不同的应用场合。在湿度大、空间狭窄、行动不便、周围有大面积接地导体的场所(如金属容器内、矿井内、隧道内等)并使用手提照明灯的，应采用 12 V 安全电压。手提照明器灯具、危险环境的局部照明灯、高度不足 2.5 m 的一般照明灯，携带式电动工具等，若无特殊的安全防护装置或安全措施，均应采用 24 V 或 36 V 的安全电压，安全电压的规定是从总体上考虑的，对于某些特殊情况或某些人也不一定绝对安全。所以即使在规定的安全电压下工作，也不可粗心大意，而要小心用电。

2）人体触电

人体中含有大量的水分子和金属粒子，当人不慎触及电源或带电导体时，就会有电流流过人体，从而造成触电，使人受到伤害。简单讲，触电就是电流对人体造成的伤害，触电对人体的伤害分为电伤和电击。电伤是指电流对人体外部造成的局部伤害，是由于电流的热效应、化学效应或机械效应使人受到灼伤、烙伤等伤害。电击是电流通过人体内部，使心脏、神经系统或肺部等内部器官组织受到破坏而造成的伤害，这也是造成触电死亡的主要原因。

3）触电程度与相关因素

触电的危险程度与人体电阻的大小、电流的频率、电流的大小和电流持续的时间等因素有关。

(1) 伤害程度与人体电阻的关系。人体的电阻越大，通过的电流越小，伤害程度也越轻。由于人的皮肤状况不同，使得人体电阻在很大范围内变化。一般干燥环境下，人体电阻在 2 kΩ 左右；皮肤出汗时，约为 1 kΩ 左右；皮肤有伤口时，约为 800 Ω 左右。

(2) 伤害程度与电流频率的关系。直流电和频率为 50 Hz 左右的交流电对人体的伤害最大，高于此频段的电流对人体触电的伤害程度明显减轻。

(3) 伤害程度与电流大小的关系。通常 1 mA 的工频电流通过人体时，就会使人产生不舒服的感觉；10 mA 的工频电流人体尚可摆脱，称为摆脱电流；50 mA 的工频电流通过人体时，就会有生命危险；当流过人体的工频电流达到 100 mA 时，就足以使人死亡。

(4) 伤害程度与电流持续时间的关系。电流通过人体的时间越长，伤害就越严重。我国规定安全电流为工频 30 mA，触电时间不超过 1 s，即 30 mA · s。

4）触电急救

当发生触电事故时，要进行必要的急救处理。首先要使触电者迅速脱离电源，把触电者接触的带电设备的开关断开，或设法将触电者与带电设备脱离。在脱离电源中，救护人员既要救人，也要注意保护自己，在触电者未脱离电源前，救护人员不准直接用手触及触电者，避免自身触电。其次，在触电者脱离电源后，应立即进行现场急救。正确的抢救原则为触电者脱离电源后，应立即移到通风处，并使其仰卧，迅速判定触电者是否有心跳、呼吸。

(1) 触电者神志清醒，但感到全身无力、四肢发麻、心悸、出冷汗、恶心或一度昏迷，但未失去知觉，应将触电者抬到空气新鲜、通风良好的地方舒适地躺下休息，让其慢慢地恢复正常。要时刻注意保温和观察，若发现呼吸与心跳不规则，应立刻设法抢救。

(2) 触电者呼吸停止但有心跳，应用口对口人工呼吸法抢救。

(3) 触电者心跳停止但有呼吸，应用胸外心脏按压法与口对口人工呼吸法抢救。

(4) 触电者呼吸、心脏均已停止，需同时进行胸外心脏按压法与口对口人工呼吸法抢救。

(5) 千万不要给触电者打强心针或拼命摇动触电者，也不要用木板来挤压，以及强行拖拉触电者，以使触电者的情况更加恶化。抢救过程要不停地进行，在送往医院的途中也不能停止抢救。

当抢救者出现面色好转、嘴唇逐渐红润、瞳孔缩小、心跳和呼吸恢复正常时，即为抢救有效的特征。

【拓展阅读】

试　电　笔

1. 试电笔的分类

试电笔也叫测电笔，简称“电笔”，是一种电工工具，用来测试电线中是否带电。试电笔可分为螺丝刀试电笔、感应式试电笔、数显式试电笔。

螺丝刀试电笔形状为一字螺丝刀，既可以用作试电笔，也可以用作一字螺丝刀，如图2-8所示。感应式试电笔采用感应式测试，无需物理接触，可检查控制线、导体和插座上的电压或沿导线检查断路位置，如图2-9所示。

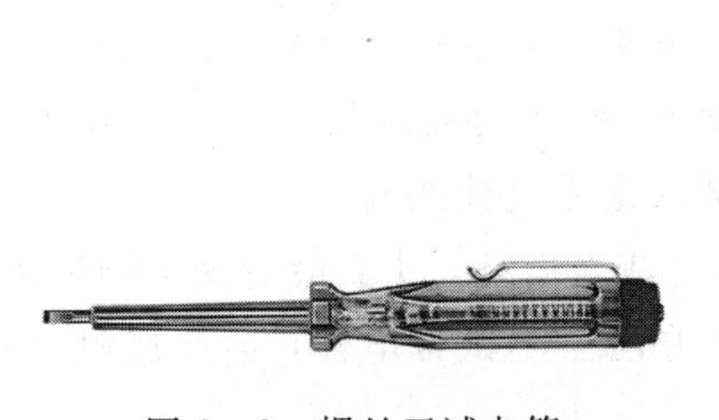

图2-8　螺丝刀试电笔

图2-9　感应式试电笔

数显式试电笔上面分为直接测量按钮和感应电按钮。使用时，如果要接触物体测量，就用拇指轻轻按住直接测量按钮(离笔尖最远的那个)，再用金属笔尖接触物体测量。如果想知道物体内部或带绝缘皮电线内部是否有电，就用拇指轻触感应按钮(离笔尖最近的那个)，如果试电笔显示闪电符号，就说明物体内部带电；反之，就不带电，如图2-10所示。

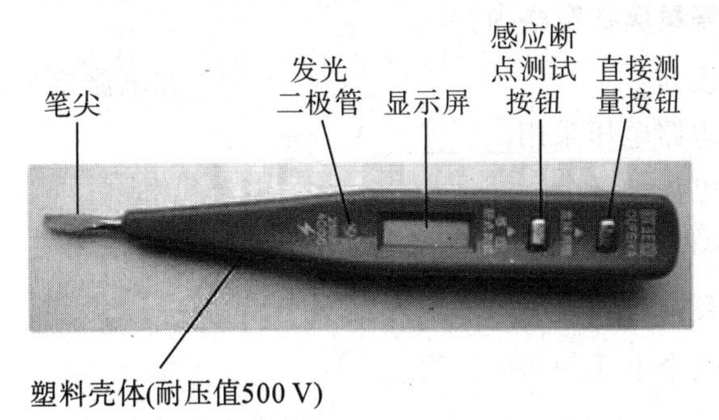

图2-10　数显式试电笔

2. 试电笔的结构与原理

试电笔一般由笔尖金属体、电阻、氖管、笔筒(小窗)、弹簧和笔尾的金属体组成，如图2-11所示。用试电笔测试带电体时，只要带电体、电笔、人体和大地构成通路，并且带电体与大地之间的电位差超过一定数值(例如60伏)，电流小于1 mA，试电笔之中的氖管就会发光(其电位不论是交流还是直流)，而人体没有感觉。这就表明被测物体带电，并且超过了一定的电压强度。

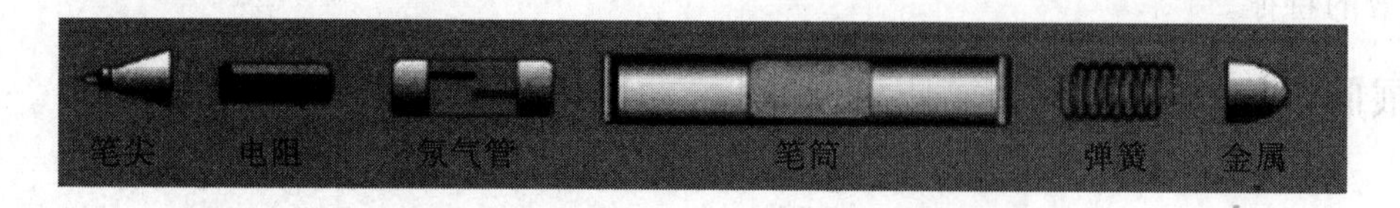

图2-11 试电笔的结构

使用试电笔时一定要注意它们的适用范围，决不能超压使用，超压使用会发生触电事故，特别是高压情况下，更加危险。

3. 试电笔的正确使用方法

普通试电笔常做成钢笔式结构或小型螺丝刀结构。它的前端是金属探头，后部塑料外壳内装有氖泡、安全电阻和弹簧，尾端有金属触点，使用时手必须触及金属触点。

使用试电笔时，人手接触电笔的部位一定是试电笔顶端的金属，而绝对不是试电笔前端的金属探头。使用试电笔要使氖管小窗背光，以便看清它测出带电体带电时发出的红光。握好试电笔以后，一般用大拇指和食指触摸顶端金属，用笔尖去接触测试点，并同时观察氖管是否发光。如果试电笔氖管发光微弱，切不可就断定带电体电压不够高，也许是试电笔或带电体测试点有污垢，也可能测试的是带电体的地线，这时必须擦干净测电笔或者重新选测试点。反复测试后，氖管仍然不亮或者微亮，才能最后确定测试体确实不带电。试电笔的使用方法极为重要，用错误的握笔方法去测试带电体，会造成触电事故，因此必须要特别留心。

【巩固小结】

通过本任务的实施，了解安全用电知识，会进行触电急救，能够知道机床照明电路的原理，并能进行数控机床照明电路的安装。

1. 填空题(将正确答案填在空格内)

(1) 触电的危险程度与________、________、________和电流持续的时间等因素有关。

(2) 一般机床照明电路电压采用________ V。

(3) 电动机按工作电源种类分，可分为________电动机和________电动机。________电动机按结构及工作原理可划分为无刷直流电动机和有刷直流电动机。

2. 选择题(将正确答案的代号填入括号内)

(1) 下列不是我国安全电压的是(　　)。

A. 12 V　　B. 24 V

C. 36 V　　D. 50 V

(2) 称为摆脱电流的是(　　)。

A. 10 mA　　B. 30 mA

C. 40 mA　　D. 50 mA

(3) Y315M－4 中“Y”表示 Y 系列(　　)。

A. 鼠笼式异步电动机　　B. 绕线式异步电动机

C. 电机机座长度　　D. 磁极

3. 判断题(正确的打“√”，错误的打“×”)

(1) LW 值越小表示电动机运行的噪声越高。(　　)

(2) 人体的电阻越大，通过的电流越大，伤害程度也越重。(　　)

(3) 我国规定安全电流为工频 50 mA，触电时间不超过 1 s。(　　)

(4) 使用试电笔时一定要注意它们的适用范围，绝不能超压使用。(　　)

4. 问答题

(1) 对触电者正确的抢救方法是什么?

(2) 触电的危险程度与哪些因素相关?

任务二　润滑、冷却电路的安装与调试

【任务目标】

(1) 熟悉润滑、冷却电路的构成和工作原理；

(2) 能正确绘制和识读润滑、冷却电路原理图、布置图；

(3) 掌握机床润滑、冷却电路的安装与检修工艺；

(4) 能正确安装和调试润滑、冷却电路。

【任务布置】

根据给定的电气元件及数控机床润滑、冷却电路电气原理图，如图 2－12 和图 2－13 所示，完成数控机床润滑、冷却电路的安装，并对润滑、冷却功能进行调试。

工量具准备：详见表 2－2。

工时：4。

任务要求：

(1) 根据图纸要求，正确选择元件，并安装到安装接线板上；

(2) 所有元件连接应与电气图纸一致；

(3) 元件布置、布线应合理规范；

(4) 导线线径和颜色应符合图纸要求；

(5) 正确选用冷压端头，端头压接规范、牢固可靠；

(6) 导线与元件连接处需穿号码管，号码管的标号应清晰规范与图纸一致；

(7) 能用万用表进行自检，润滑主电路和润滑、冷却控制电路接线正确；

(8) 能正确通电调试润滑、冷却电路，并实现其功能。

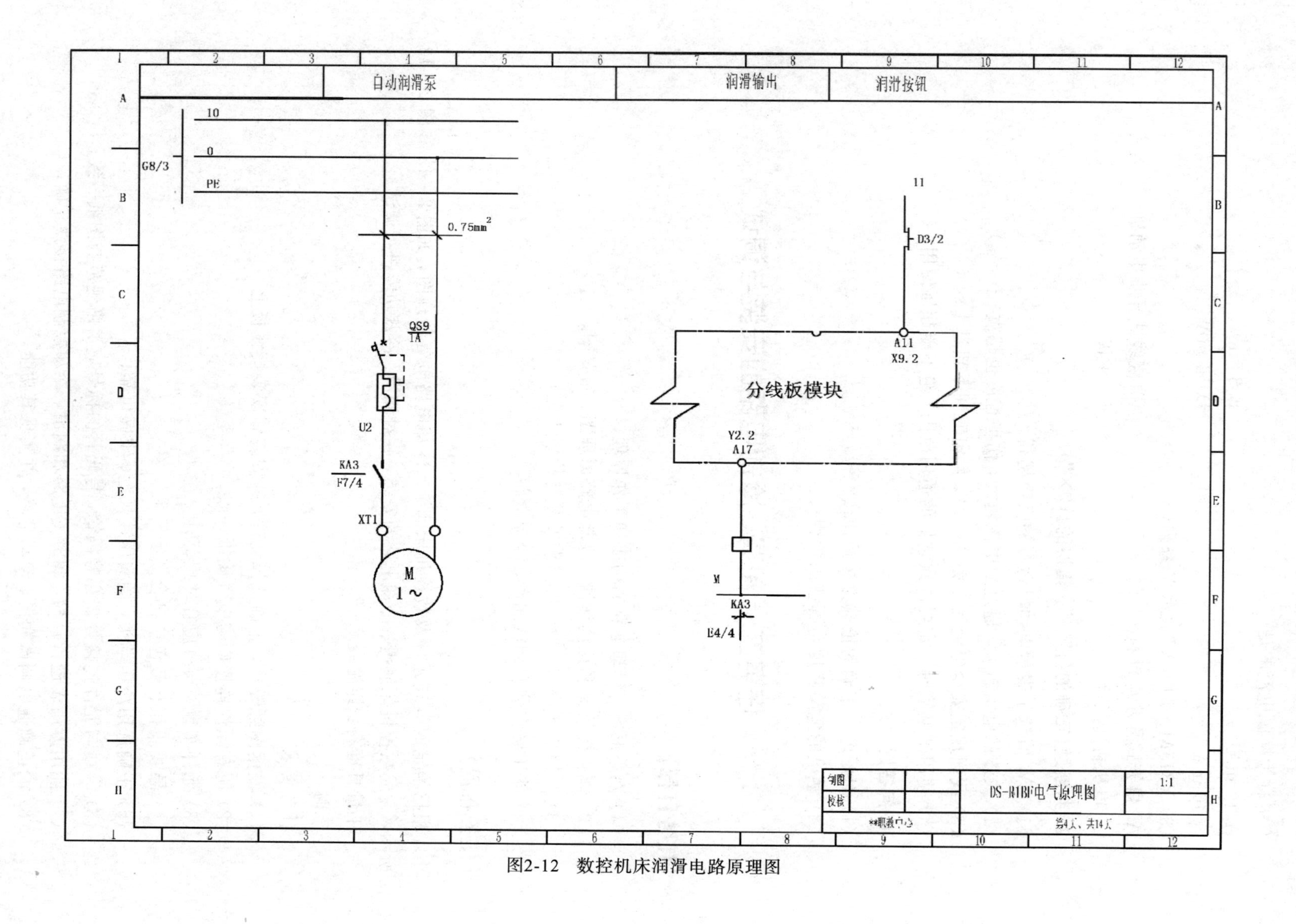

图2-12 数控机床润滑电路原理图

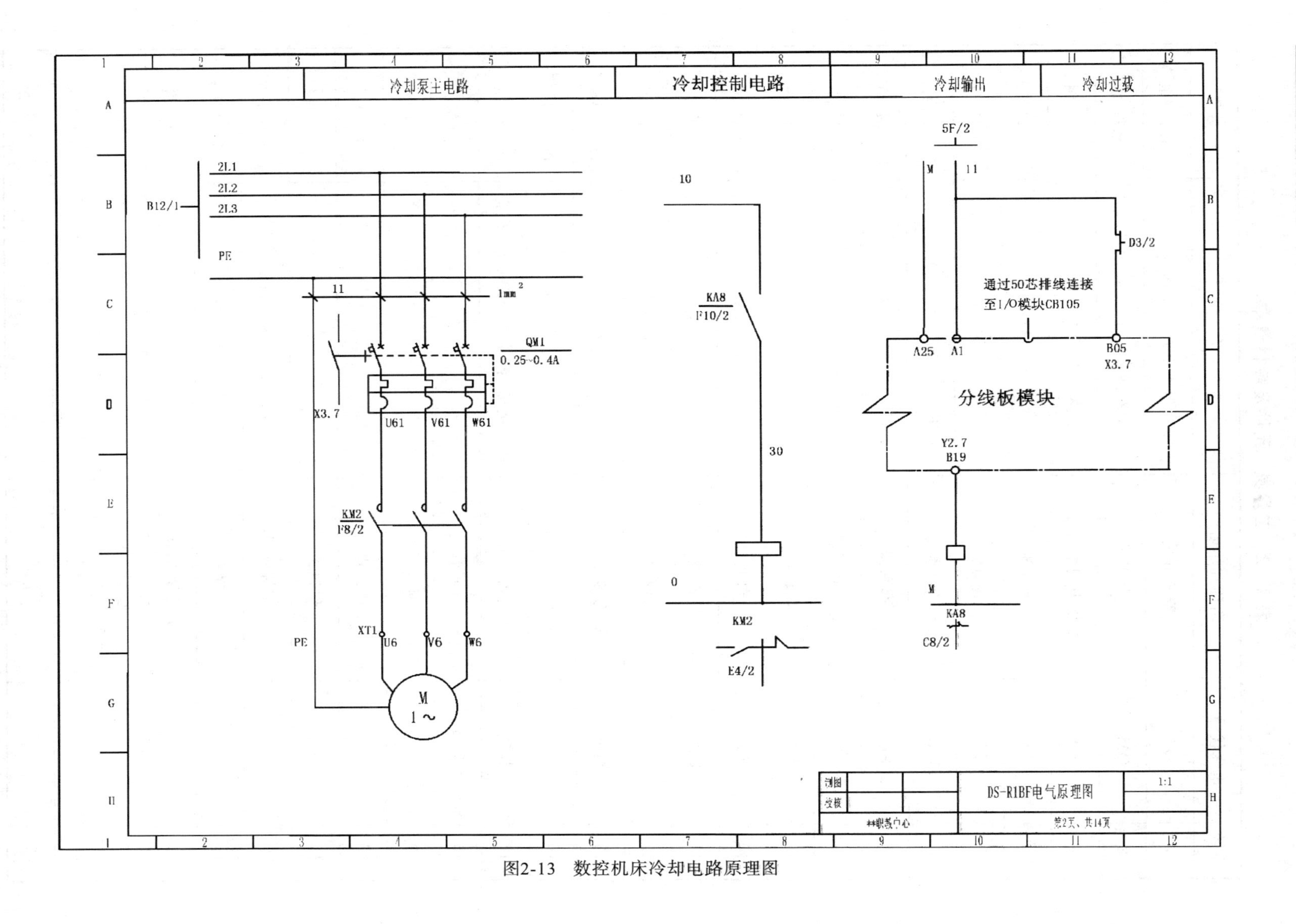

图2-13　数控机床冷却电路原理图

表 2-2 工量具、元件及耗材清单

序号	电气代号	名称和用途	型　号	数量
1	QS	空气开关	DZ47　C1/1P	1 只/组
2	QM	空气开关	DZ108-20 0.25～0.4 A	1 只/组
3	KA	小型中间继电器	JQX-13F/MY4 DC 24 V	2 只/组
4	M	电动机	Y-112M-4	1 台/组
5	M	电动机	Y802-4	1 台/组
6	KM	交流接触器	西门子 3TB40 22-0X 220	1 只/组
7	FU	熔断器	RT18-30	2 只/组
8	A2	I/O 转接板		1 只/组
9	XT	接线端子	TD15	2 米/组
10	导线	红色	0.75 mm^2	1 卷/组
11	导线	蓝色	0.75 mm^2	1 卷/组
12	导线	黄绿双色	2.5 mm^2	1 卷/组
13	端子	U 形冷压端子	1-3/2-4	各 100 只/组
14	端子	针形冷压端子	0.75/1.5	各 100 只/组
15	卡轨	金属卡槽	和接触器、断路器、继电器能配合	2 米/组
16	号码管	号码管		1.5 米/组
17		剥线钳		1 只/组
18		压线钳		1 只/组
19		斜口钳		1 只/组
20		一字螺丝刀	1.5/2.5/5 mm	各 1 只/组
21		十字螺丝刀	2.5/5 mm	各 1 只/组
22		数字万用表		1 只/组
23		绝缘胶布		1 圈/组
24		记号笔		1 只/组
25		扎带		40 根/组

【任务评价】

数控机床润滑、冷却电路的电气安装与调试评分标准

学号：　　　　　　　　　　　　　　　　　　　　　　　　姓名：

序号	项目	技术要求	配分	评分标准	自评	互评	教师评分
1	电气元件选择与检测	正确选择电气元件;对电气元件质量进行检验	10	元件选择不正确，每个扣1分； 元件错检或漏检，每个扣1分			
2	电气元件布局与安装	按照图纸要求，正确利用工具安装电气元件，要求元件布局合理，安装准确、牢固	10	元件布局不合理，每个扣1分； 元件安装不牢固，每个扣1分； 安装时漏装螺钉，每个扣1分			
3	工量具使用及保护	工量具规范使用，不能损坏，摆放整齐	10	仪器仪表使用不规范，扣5分； 仪器仪表损坏，扣5分； 工具、器材摆放凌乱，扣3分			
4	布线	接线正确，导线两端套号码管，压端子；端子连接牢靠；同方向连线进行绑扎时，线路应清晰不凌乱，无错接和漏接现象	20	不按电路图接线，每处扣3分； 接点松动、露铜过长，每处扣2分； 损伤导线绝缘或线芯，每根扣1分； 错接或漏接，每根扣2分； 漏装或套错号码管，每处扣1分			
5	功能检测	用万用表检测各电路的阻值	10	电路阻值不正确，每处扣5分			
		通电调试电路	20	通电检测一次不成功扣20分			
6	其他	清点元件	5	未清点实训设备及耗材，扣2分			
		团队合作	5	分工不明确，成员不积极参与，酌情扣分			
		文明生产	5	出现没有穿戴防护用品、带电操作等违反安全文明生产规程的，不得分			
		环境卫生	5	卫生不到位不得分			
总分			100				

【任务分析】

1. 识读电气原理图

图 2－12 所示为机床润滑控制电路，它是用按钮、继电器来控制电动机运转的最简单的正转控制电路。该电路中涉及的元件有电源空气开关 QS、中间继电器 KA、单相电动机 M。该电路的工作原理：合上电源开关 QS9，按下面板的润滑按钮 SB22，分线板 X9.2 触点闭合，使输出信号 Y2.2 接通中间继电器 KA3 线圈，KA3 常开触头闭合与 M 电动机接通，启动润滑电动机运行。

图 2－13 所示为机床冷却控制电路，它是用接触器和继电器来控制电动机运转的正转控制电路。该电路中涉及的元件有电源空气开关 QM1、中间继电器 KA、交流接触器 KM、三相交流电动机 M。其工作原理是：合上空开 QM1，按下面板冷却按钮，其常开触点闭合，使输出信号 Y2.7 接通中间继电器 KA8 线圈，KA8 常开触点闭合，接触器 KM2 线圈得电，KM2 主常开触点闭合，于是 AC 220 V 通过 KM2 主触点与电动机接通，启动冷却电动机运行。再次按下冷却按钮，冷却电动机停止运行。当冷却电动机发生过载时 X3.7 闭合，使输出信号 Y2.7 断开，KA8 线圈断开的同时 KM2 主触点分断，冷却电动机停止运行，程序出现报警。

2. 选配、检测电气元件

(1) 电气元件选择。根据本项目任务要求，可选择 1 个单相空气开关、2 个小型中间继电器、2 个熔断器、1 个带过载保护的断路开关、1 个交流接触器、1 台单相异步电动机、1 台三相异步电动机、1 个按钮等。

以润滑电路为例，电气元件选择介绍如下。

电源开关的选择：电源开关 QS 的选择主要考虑电动机 M 的额定电流和启动电流，而在控制变压器 TC 二次侧的接触器及继电器线圈、照明灯和显示灯在 TC 一次侧产生的电流相对来说较小，因而可不作考虑。已知电动机 M 的额定电流为 0.43 A，由于润滑电动机 M 的功率较小，而且又是短时间工作，因而电源开关的额定电流选 3 A 左右。

中间继电器的选择：由于润滑电动机的额定电流较小，大小为 0.43 A，所以电动机都可以选用普通的 JQX－13F/MY4 型直流中间继电器代替接触器进行控制，每个中间继电器常开常闭触头各有 4 个，额定电流为 5 A，线圈电压为 DC 24 V。

断路器的选择：断路器 QS9 对润滑电动机 M 进行短路保护和过载保护，润滑电动机 M 的额定电流为 0.43 A。对于单相电动机，断路器通过的电流不需太大，因此应选用 1 P、1 A 的单相断路器。

按钮的选择：本电路中按钮为启动按钮，因此选择黑色或绿色的。

(2) 电气元件规格的检查。核对各电气元件的规格与图纸要求是否一致，如：单相空气开关的电流容量，断路保护开关的电流容量、交流接触器的额定电压、小型中间继电器的电压等级、单相电动机的型号、电动机的额定电压和电机的接法、熔断器的容量等，不符合要求的应更换或调整。

(3) 电气元件的检测。观察电气元件的外观是否清洁完整，外壳有无碎裂，零部件是否齐全有效等。观察电气元件的触头有无熔焊粘连、氧化锈蚀等现象；在不通电的情况下，用万用表检查交流接触器及继电器各触头的分、合情况及线圈的阻值，检测按钮的常开、常闭触头，测量三相异步电动机的各相对地绝缘电阻等。

3. 安装电气元件

根据电气原理图将电气元件固定在电柜上。电气元件要摆放均匀、整齐、紧凑、合理。紧固各元件时应用力均匀，紧固程度适当，做到既要使元件安装牢固，又不使其损坏。各元件的安装位置间距合理，便于元件的更换。

4. 布线

(1) 导线选择。根据电动机容量选配电路导线，本任务为模拟安装，主电路导线可采用截面积为 BVR 0.75 mm^2 的铜芯线(红色)，控制电路导线可采用截面积为 BVR 0.75 mm^2 的铜芯线(蓝色)，接地线一般采用的截面积不小于 BVR 2.5 mm^2(黄/绿双色)。

(2) 线槽配线。本电路采用线槽配线安装，线槽配线是通过线槽走线的，导线全装在线槽内，故操作者不必太多考虑交叉问题，只需按照线号的先后顺序进行配线安装。配线时各个接线端子引出导线的走向应以元件的中心线为界线，中心线以上的导线进入元件上方的行线槽；中心线以下的导线进入元件下方的行线槽。槽外走线要合理，美观大方，横平竖直，避免交叉；同时要将进入走线槽内的导线完全置于线槽内，尽可能避免交叉，装线的容量不应超过总容量的 70%。

(3) 接线端子的制作与固定。制作接线端子，严禁损伤线芯和导线绝缘，将成型的导线套上线号管，方可制压对应的端子。接线端子应紧固好，必要时加装弹簧垫圈紧固，防止电器动作时因振动而松脱。在同一接线端子内压接两根以上导线时，可以只套一个号码管，当导线截面不同时，应将截面大的放在下层，截面小的放在上层。接线过程中注意按照图纸核对，防止错接，必要时用万用表校线。

(4) 安装控制电路。安装时注意交流接触器、继电器的常开触头、常闭触头容易混淆，容易错位或接错，注意继电器线圈的进出线容易接反。

(5) 安装主电路。依次安装单相电机的 U 相、0 号线和 PE 线，三相电动机的 U、V、W 和 PE 线，安装工艺要求与控制电路一样。

5. 自检

(1) 逐一检查端子接线线号。对照原理图与接线图，从电源端开始逐段核对端子接线的线号，排除漏接、错接现象，重点检查控制线路中易接错的线号。

(2) 检查端子接线是否牢固。检查所有端子上接线的接触情况，用手一一摇动、拉拨端子上的接线，不允许有松脱现象，以避免通电试车时因虚接造成事故，将故障排除在通电之前。

(3) 使用万用表检测。使用万用表检测安装的电路，若与阻值不符，应根据电路图检查是否有错线、掉线、错位或短路等情况。

在润滑控制电路中，主电路的检查程序是：万用表调至 R×10 挡，调零后，将万用表表笔依次分别跨接在接线端子 10 号线与 U2 处，读数应为∞；合上空气开关 QS，10 号线与 U2 之间的读数应为 0 Ω。控制电路的检查程序是：万用表调至 R×10 挡，调零后，将万用表表笔分别跨接在 X 与 A11 上，读数应为∞；万用表调至 R×100 挡，调零后，按下按钮 SB_{22}，读数应为 0 Ω，将万用表表笔分别跨接在 A17 与 M 端，万用表读数应为 1.7 kΩ。

在冷却控制电路中，主电路的检查程序是：将万用表表笔依次分别跨接在接线端子 U6、

V6、W6 处，读数应为∞；合上 QM1，U6、V6、W6 之间的读数为 0Ω。控制电路的检查程序是：将万用表表笔分别搭接在 X 与 B05 上，读数应为 0Ω，按下断路器，QM1 过载读数应为∞。

6. 通电调试

（1）检查熔断器中熔体的规格。

（2）安装控制板与机床主体航插连接，注意每个航插不要接错。

（3）接通电源，合上电源开关，用万用表检查启动电压是否正常。

按下润滑按钮，观察润滑继电器是否正常，是否符合电路功能要求。观察润滑电动机的工作情况，若有异常，立即停车断电检查。使用同样的方式，按下冷却按钮进行调试。

【安全提醒】

（1）一般禁止带电检查，若需带电检查，必须在教师现场监护的情况下进行。如需试车，也应在教师现场监护下进行，并做好记录。

（2）电动机的金属外壳必须可靠接地。接至电动机的导线，必须穿在导线通道内加以保护，或采用坚韧的四芯橡皮线或塑料护套线进行临时通电校验。

（3）数控机床的好多故障都是因为接线端子压不紧而使其接触不良造成的，因此在接线时要注意观察。

【知识储备】

1. 润滑系统

数控机床的润滑系统主要对主轴传动部分、轴承、滚珠丝杠及机床导轨等运动部件进行润滑。它可起到减小摩擦阻尼、降低发热、减少零件磨损及防锈、减震等作用，对提高机床的加工精度、延长机床的使用寿命等都起着十分重要的作用。

1）系统组成

采用润滑油润滑的系统一般组成如图 2-14 所示，系统通常由供油装置、过滤装置、油量分配装置、控制装置、管路及附件等部件组成。

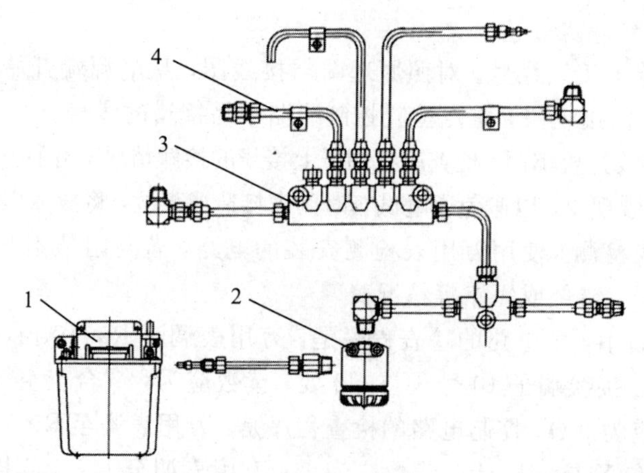

1—供油及控制装置；2—过滤装置；3—油量分配装置；4—管路与附件

图 2-14 润滑系统的组成

(1) 供油装置：可为润滑系统提供一定流量和压力的润滑油，大部分数控机床需要采用电动润滑泵、气动润滑泵、液动润滑泵等自动供油装置。

(2) 过滤装置：用于油液或油脂的过滤，油液润滑系统通常使用滤油器过滤，油脂润滑系统通常采用滤脂器过滤。

(3) 油量分配装置：可将供油装置提供的润滑油，按不同润滑部件实际所需的油量分配到各润滑点，油量分配装置包括计量件、控制件等。

(4) 控制装置：具有润滑时间、润滑周期、润滑压力等参数的自动控制以及润滑油位、润滑压力的检测与报警等功能，通常由润滑周期和时间的调节、控制器、液位、压力检测开关等器件组成。

(5) 管路及附件：管路由各种连接接头、润滑管(软管和硬管)、管夹等器件组成，润滑附件有压力表、空气滤清器等。

2) 润滑系统的类型

数控机床的润滑系统按照工作介质可分为油液润滑、油脂润滑两类。油液润滑系统较常用，其按油量分配装置的形式又可分单线阻尼式、递进式和容积式三类，其中容积式润滑系统较常用。

(1) 单线阻尼式润滑系统。单线阻尼式润滑系统简称 SLR 系统，它可把油泵提供的润滑油按一定的比例分配到各润滑点，润滑点的供油量由计量控制件按比例控制供油，其控制比可达 1∶128。单线阻尼式润滑系统的结构紧凑、使用灵活、操作维护方便，其润滑点数量可根据机床的实际需要增减，且某点发生阻塞时，不会影响到其他润滑点的正常使用。单线阻尼式润滑系统适合于机床润滑量相对较少，并需要进行周期性润滑的场合。

(2) 递进式润滑系统。递进式润滑系统简称 PRG 系统，它以递进式分配器作为油量分配装置，系统供油时，分配器中的活塞可按一定的顺序进行差动往复运动，各出油点按一定顺序依次出油。润滑点的出油量主要取决于递进式分配器中活塞行程与截面积，若某一点产生堵塞，则下一个出油口就不会动作。

(3) 容积式润滑系统。容积式润滑系统简称 PID 系统，它是一种用于周期性自动润滑的集中润滑系统，系统以定量分配器作为油量分配装置控制润滑点的供油量，广泛用于机床、轻工机械、包装印刷机械等设备的润滑控制，它是数控机床使用最为广泛的润滑系统。

3) 润滑材料

凡是能够在做相对运动的摩擦表面间起到抑制摩擦、减少磨损的物质，都可称为润滑材料。润滑材料通常划分为以下四类：

(1) 液体润滑材料。这类材料主要是矿物油和各种植物油、乳化液和水等。近年来性能优异的合成润滑油发展很快，得到广泛的应用，如聚醚、二烷基苯、硅油、聚全氟烷基醚等。

(2) 塑性体及半流体润滑材料。这类材料主要是由矿物油及合成润滑油通过稠化而成的各种润滑脂。

(3) 固体润滑材料。如石墨、二硫化铝、聚四氟乙烯等。

(4) 气体润滑材料。如空气、氮气和二氧化碳等气体。气体润滑材料目前主要用于航空、航天及某些精密仪表的气体静压轴承上。

矿物油和由矿物油稠化而得的润滑脂是目前使用最广泛、使用量最大的两类润滑材料，主要是因为其来源稳定且价格相对低廉。乳化液主要用作机械加工和冷轧带钢时的冷却润滑液，而水只用于某些塑料轴瓦(如胶木)的冷却润滑。固体润滑材料是一种新型的很有发展前途的润滑材料，可以单独使用或做润滑油脂的添加剂。

4) 润滑方式

由于数控机床在运转过程中，既有高速运动，又有低速运动，既有重载的部位，又有轻载的部位，因此通常采用分散润滑与集中润滑、油液润滑与油脂润滑相结合的综合润滑方式对数控机床的各个部位进行润滑。分散润滑是指在数控机床的各个润滑点用独立、分散的润滑装置进行润滑，集中润滑是指利用一个统一的润滑系统对多个润滑点进行润滑。数控机床上常用的润滑方式有油脂润滑和油液润滑两种形式。

(1) 油脂润滑。

油脂润滑不需要润滑设备，工作可靠，不需要经常添加和更换油脂，维护方便，但摩擦阻力大。采用油脂润滑时，油脂的封入量一般为润滑空间容积的1/3，切忌过多，油脂过多会加剧运动部件的发热。采用油脂润滑方式时，必须在结构上采取有效的密封措施，以防冷却液或润滑油流入而使油脂失去功效。油脂润滑方式一般采用高级锂基油脂润滑，当需要添加或更换油脂时，其名称和牌号可查阅机床使用说明书。数控机床的主轴轴承、滚珠丝杠支承轴承及低速(<35 m/min)运行的直线滚动导轨常采用油脂润滑，而滚珠丝杠螺母副可采用油脂润滑，也可采用油液润滑。

(2) 油液润滑。

油液润滑按工作方式的不同，可分为油浴润滑、定时定量润滑、循环油润滑、油雾润滑及油气润滑等。数控机床中高速运动的直线滚动导轨、贴塑导轨及变速齿轮等多采用油液润滑。

① 油浴润滑方式。油浴润滑方式就是使轴上的零件(如齿轮、甩油盘等)浸入在油池中，当轴回转时通过齿轮或甩油盘将润滑油带到相应的表面进行润滑。该方法简单可靠，但应注意轴转速不宜过高，油池油位也不宜过高，常用于数控机床主轴箱的润滑冷却。

② 定时定量润滑方式。定时定量润滑方式一般采用集中润滑系统，通过一个润滑油供给源把一定压力的润滑油通过各主、次油路上的分配器，按所需的油量分配到各润滑点。定时定量润滑系统具备润滑时间、次数的监控和故障报警以及停机等功能，以实现润滑系统的自动控制。定时定量润滑方式无论润滑点的位置高低和距离油泵远近，各点的供油量稳定，且该方式润滑周期的长短及供油量可调整，从而减少了润滑油的消耗，易于自动报警，润滑可靠性高。定时定量润滑方式润滑效率高，使用方便可靠，润滑油不被重复使用，有利于提高机床的寿命，被广泛应用于各类数控机床。

③ 循环油润滑方式。数控机床发热量大的部件常采用循环油润滑方式。这种润滑方式是利用油泵把油箱中的润滑油经管道和分油器等元件送至各润滑点，用过的润滑油液返回油箱，经过冷却和过滤后供循环使用。这种润滑方式供油充足，便于润滑油压力、流量和温度的控制与调整，常用于加工中心等数控机床主轴箱的润滑冷却。

④ 油雾润滑方式。油雾润滑方式是利用经净化处理的高压气体将润滑油雾化后喷射到润滑部位的润滑方式。雾状油液吸热性好，能以较少的油液获得较充分的润滑，常用于数控机床高速主轴轴承的润滑，但需注意避免油雾被吹出而污染环境。

⑤ 油气润滑方式。油气润滑方式是利用压缩空气将小油滴输送到需润滑的部位的。油气润滑中的润滑油未被雾化，而是呈滴状进入润滑点，因此避免了油雾润滑对环境的污染，且润滑油可回收，有效降低了润滑油的消耗。油气润滑具有良好的降低润滑点温度的效果，始

终保持摩擦副处于润滑状态。数控机床和加工中心的高速主轴适合采用油气式润滑系统。

2. 冷却系统

冷却系统在金属加工中的作用是冷却刀具和工件，控制摩擦和减少刀具磨损以及帮助排屑，从而提高加工表面质量和表面精度。

1）冷却系统的分类

冷却系统根据不同的作用及应用场合，可分为以下三种：

（1）兼有刀具冷却及冲刷作用的外部冷却系统，它是普通机械加工中使用最广泛的一种冷却方式。

（2）从刀具内部直接将冷却液输送到切削区，同时冷却刀具及工件，称为刀具内部冷却系统。

（3）主要起冲刷清洗作用的大流量冷却系统。

在现代数控机床中，通常要求同时具有以上三种冷却系统的功能。

2）冷却系统的组成

机床冷却系统是由冷却泵、出水管、回水管、开关及喷嘴等组成的，冷却泵安装在机床底座的内腔里，冷却泵将切削液从底座内储液池打至出水管，然后经喷嘴喷出，对切削区进行冷却。

数控机床冷却的控制完全是由数控系统中的 PMC 来实现的。冷却电路 PMC 程序如图 2-15 所示。

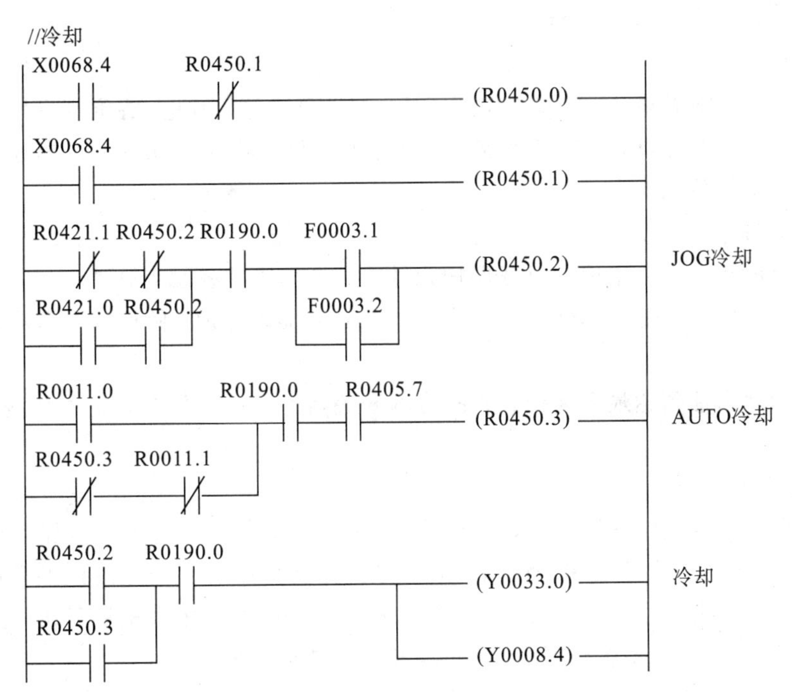

图 2-15　冷却电路 PMC 程序

3）冷却系统的切削液

在数控机床中，用于冷却的主要是切削液。切削液是一种用在金属切削、磨削加工过程中，用来冷却和润滑刀具和加工件的工业用液体。切削液由多种超强功能助剂经科学复合配合而成，同时具备良好的冷却性能、润滑性能、防锈性能、除油清洗功能、防腐功能、易稀释特点，并且具备无毒、无味、对人体无侵蚀、对设备不腐蚀、对环境无污染等特点。

切削液的冷却作用通过它和因切削而发热的刀具(或砂轮)、切屑和工件间的对流和汽化作用，把切削热从刀具和工件处带走，从而有效地降低切削温度，减少工件和刀具的热变形，保持刀具硬度，提高加工精度和刀具耐用度。切削液的冷却性能和其导热系数、比热、汽化热以及黏度(或流动性)有关。水的导热系数和比热均高于油，因此水的冷却性能要优于油。

【拓展阅读】

数控机床润滑系统的维护和保养

机床润滑系统的维护和保养，对于提高机床加工精度、延长机床使用寿命等都有着十分重要的作用。在润滑系统的电气控制方面仍存在以下问题：一是润滑系统工作状态的监控。数控机床控制系统中一般仅设油箱油面监控，以防供油不足，而对润滑系统易出现的漏油、油路堵塞等现象，不能及时做出反应。二是设置的润滑循环和给油时间单一，容易造成浪费。数控机床在不同的工作状态下，需要的润滑剂量是不一样的，如在机床暂停阶段比加工阶段所需要的润滑油量要少。为保证机床机械部件得到良好的润滑，要时刻监控润滑系统的工作状况，并且还可以根据机床的工作状态，自动调整供油、循环时间，以节约润滑油，可采取以下方式进行维护保养。

1. 润滑系统工作状态的监控

润滑系统中除了因油料消耗，油箱油过少而使润滑系统供油不足外，常见的故障还有油泵失效、供油管路堵塞、分流器工作不正常、漏油严重等。因此，在润滑系统中可以设置以下检测装置，用于对润滑泵的工作状态实施监控，可以避免机床在缺油状态下工作，以防影响机床性能和使用寿命。

1）过载检测

在润滑泵的供电回路中使用过载保护元件，并将其热过载触点作为 PMC 系统的输入信号，一旦润滑泵出现过载，PMC 系统即可检测到并加以处理，使机床立即停止运行。

2）油面检测

当油箱内润滑油到达最低油位，油面检测开关随即动作，并将此信号传送给 PMC 系统进行处理。

3）压力检测

机床采用递进式集中润滑系统，只要系统工作正常，每个润滑点都能保证得到预定的润滑剂。一旦润滑泵工作不正常、失效，或者是供油回路中有一处出现供油管路堵塞、漏油等情况，系统中的压力就会显现异常。在润滑泵出口处安装压力检测开关，并将此开关信号输入 PMC 系统，在每次润滑泵工作后，检查系统内的压力，一旦发现异常则立即停止机床工作，并产生报警信号。

2. 润滑时间及润滑次数的控制

为了使机床运动副的磨损减小，在运动副表面必须保持适当的润滑油膜。数控机床运动副需要的润滑油量不是太多时，过量供油与供油不足同样有害，不仅浪费，而且会产生附加热量，甚至造成污染，所以采用连续供油方式既不经济也不合理。因此，润滑系统需采用定期、定量的周期工作方式。

集中润滑系统可以配置微处理器，专门用于设定润滑泵停止的时间和每次的供油时间，以控制润滑泵的工作时间与频率。但机床在不同的工作状态下，如刚刚通电初始工作阶段、加工运行阶段和调整检测工件时的机床暂停阶段，对润滑油的需求量各不相同，此时若通过控制润滑泵工作的时间来调节提供的润滑油量就显然不合理了。

可以采取措施，让控制系统能根据机床的具体工作情况自动调整润滑泵的工作频率和每次的工作时间，在机床暂停时适当减少供油量，而在机床初始工作时适当增加。

现将润滑泵的工作状态分成三类，分别设置润滑泵的工作时间和频率。

1）开机初始阶段

机床开机，润滑泵即刻开始工作，连续供油一段时间，此时润滑泵工作的时间比正常状态下的要长，以便在短时间内提供足够的润滑油，使机床导轨上迅速形成一层油膜。润滑泵运行时间由 PMC 程序中的 TMRB 指令设定。

2）加工运行阶段

机床开机以后，经过空载运行预热后，进入稳定工作状态。控制系统控制润滑泵间歇工作，以保证机床导轨能够得到定期、定量的润滑。润滑泵每次工作的时间和其停止的时间由 PMC 程序中的 TMR 指令设定。TMR 设定的时间参数，用户可以在 PMC 数据窗口中根据需要适当调整。

3）暂停阶段

工件待加工或加工完毕时，机床往往处于暂停工作状态，润滑油的需求量相应减少，因此，需要及时调整控制方式，适当延长润滑泵停止工作的时间，以减少其工作频率，从而减少油品消耗。在 FANUC 0i 数控系统中提供了信号 MVX(F102.0)、MVY(F102.1)、MVZ(F102.3)，用于反映机床各轴的移动状态。如果该信号状态为“0”，则表明相应机床轴静止不动；如果所有移动轴均静止不动，则表明机床此时处于暂停工作状态。所以，只要上述所有信号状态都为“0”，那么 PMC 程序自动改变润滑泵工作及停止时间。

3. 润滑报警信号的处理

1）压力异常

数控机床中润滑系统为间歇供油工作方式。因此，润滑系统中的压力采用定期检查方式，即在润滑泵每次工作以后检查，如果出现故障(如漏油、油泵失效、油路堵塞，就会使润滑系统内的压力突然下降或升高)，此时应立即强制机床停止运行，进行检查，以免事态扩大。

2）油面过低

采用“提醒—警告—暂停/禁止自动运行”的报警处理方式，一旦油箱内油过少，不仅在操作面板上有红色指示灯提示，在屏幕上也同时显示警告信息，提醒操作人员。如果该信号在规定的时间内没有消失，则让机床迅速进入进给暂停状态，操作人员往油箱内添加足够的润滑油后，只需要按“循环启动”按钮，就可以解除此状态，让机床继续暂停前的加工操作。

【巩固小结】

通过本任务的实施，能够知道润滑、冷却电路的组成及润滑冷却系统的类型，并能进行数控机床润滑、冷却电路的安装。

1. 填空题(将正确答案填入空格内)

(1) 电动机是指依据________定律实现________能转换或传递的一种电磁装置，在电路中常用字母________表示。

(2) 电动机按工作电源种类分，可分为直流电动机和交流电动机。直流电动机按结构及工作原理可划分为________直流电动机和________直流电动机，交流电机还可划分为________相电动机和________相电动机。

(3) 采用润滑油润滑的系统一般通常由供油装置、________、________、________、________、管路及附件等部件组成。

(4) 机床冷却系统是由________、________、________、________及喷嘴等组成的。

(5) 数控机床的润滑系统按照工作介质可分为________润滑、________润滑两类，________润滑系统较常用。

2. 选择题(将正确答案的代号填入括号内)

(1) 单线阻尼式润滑系统润滑点的供油量由计量控制件控制按比例供油，其控制比为(　　)。

A. 1∶128　　B. 1∶148　　C. 1∶118　　D. 1∶138

(2) 常用于加工中心等数控机床主轴箱的润滑冷却方式是(　　)。

A. 循环油润滑方式　　B. 油雾润滑方式

C. 油气润滑方式　　D. 定时定量润滑方式

(3) 下列不属于按油量分配装置的油液润滑系统是(　　)

A. 单线阻尼式油液润滑系统　　B. 递进式油液润滑系统

C. 容积式油液润滑系统　　D. 油浴式油液润滑系统

3. 判断题(正确的打"√"，错误的打"×")

(1) 切削液通常应具备良好的冷却性能、润滑性能、防锈性能、除油清洗功能、防腐功能、易稀释等特点。(　　)

(2) 油脂润滑需要专用的润滑设备，工作可靠，不需要经常添加和更换油脂，维护方便，摩擦阻力小。(　　)

(3) 单相电动机常用在工厂的动力设备上，三相电动机则常用在如洗衣机、电风扇等设备上。(　)

(4) 在同一接线端子内压接两根以上导线时，可以只套一个号码管，当导线截面不同时，应将截面大的放在下层，截面小的放在上层。(　　)

4. 简答题

(1) 简述三相异步电动机的工作原理。

(2) 简述润滑系统的作用。

(3) 简述常见的润滑方式。

(4) 简述切削液的冷却作用。

项目三　主轴电路的电气安装与调试

任务一　变频主轴电路的电气安装与调试

【任务目标】

（1）能说出数控机床变频主轴的工作原理；

（2）学会变频主轴的连接方法；

（3）能正确对变频主轴进行参数设置与调整。

【任务布置】

根据变频主轴电路电气原理图，如图 3－1 所示，完成变频主轴电路的安装，并对变频主轴功能进行调试。

元件及工量具准备：详见表 3－1。

工时：4。

任务要求：

（1）根据图纸要求，正确选择元件，并安装到安装接线板上；

（2）所有元件连接应与电气图纸一致；

（3）元件布置、布线应合理规范；

（4）导线线径和颜色应符合图纸要求；

（5）正确选用冷压端头，端头压接规范、牢固可靠；

（6）导线与元件连接处需穿号码管，号码管的标号应清晰规范与图纸一致；

（7）能够根据变频器说明书对变频主轴进行功能调试。

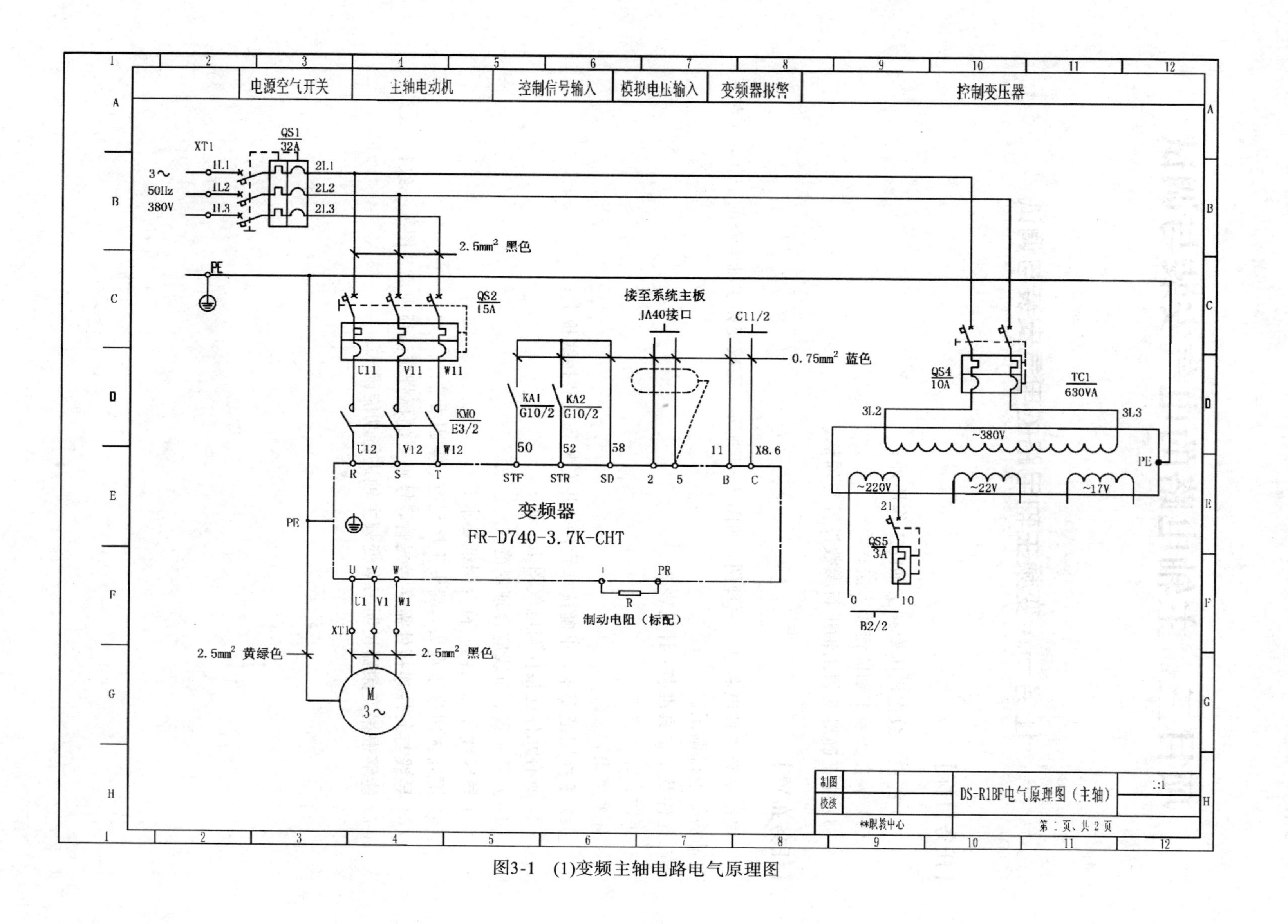

图3-1 (1)变频主轴电路电气原理图

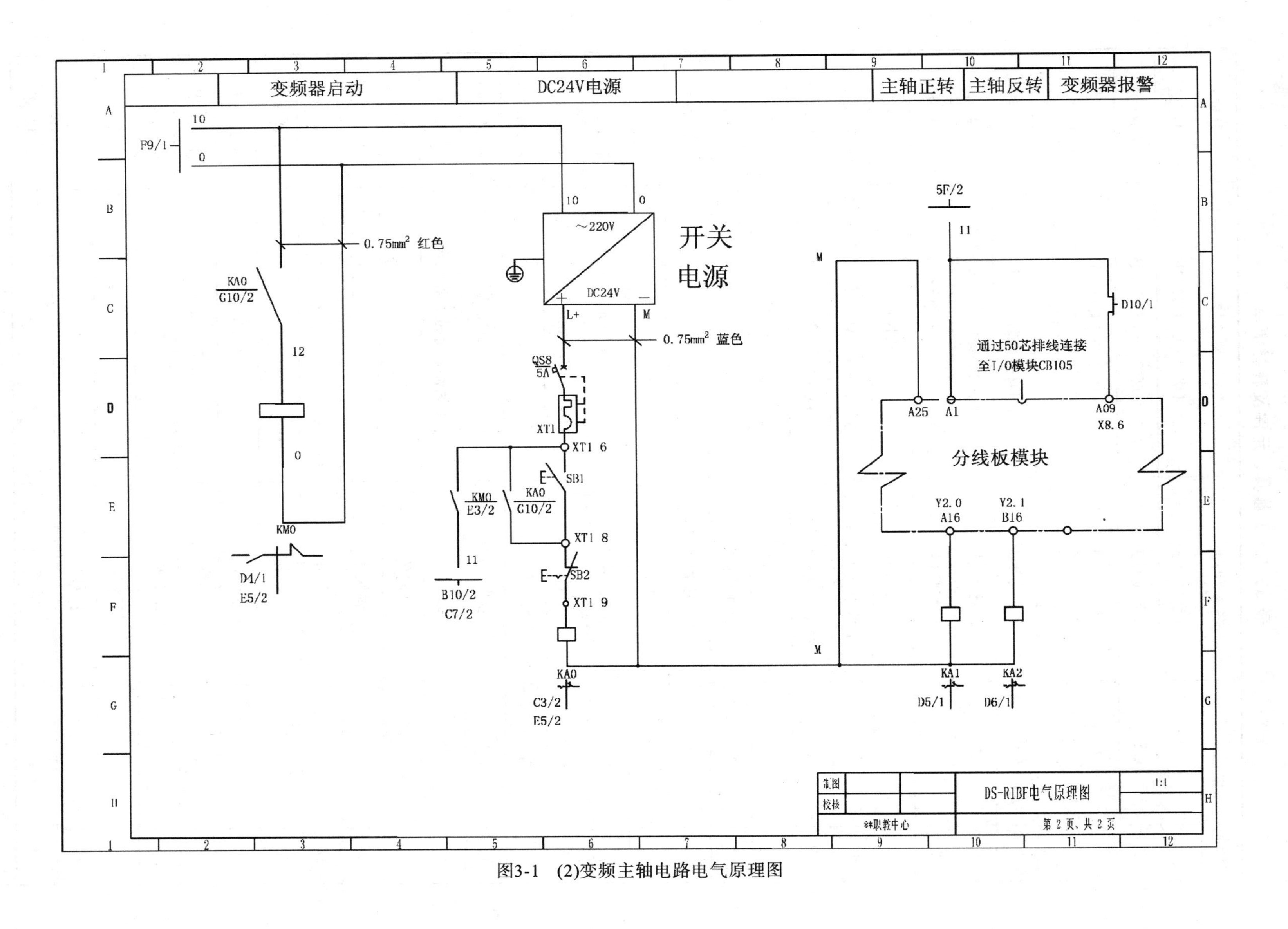

图3-1　(2)变频主轴电路电气原理图

表 3-1 工量具、元件及耗材清单

序号	电气代号	名称和用途	型 号	数量
1	QS	空气开关	DZ47-60 C32/3P	1 只/组
2	QS	空气开关	DZ47-60 C15/3P	1 只/组
3	QS	空气开关	DZ47-60 C10/2P	1 只/组
4	QS	空气开关	DZ47-60 C5/1P	1 只/组
5	QS	空气开关	DZ47-60 C3/1P	1 只/组
6	KM	接触器	西门子 3TB40 22-0X 220V	1 只/组
7		变频器	FR-D740-3.7K-CHT	1 只/组
8	TC	变压器	JBK3	1 只/组
9	KA	小型中间继电器	JQX-13F/MY2 DC24V	2/组
10	KA	小型中间继电器	JQX-13F/MY4 DC24V	1/组
11	A1	开关电源	S-145-24	1/组
12	A2	I/O 转接板		1/组
13	XT	接线端子	TD15	2 米/组
14	导线	黑色	2.5 mm^2	1 卷/组
15	导线	红色/蓝色	0.75 mm^2	各 1 卷/组
16	导线	黄绿双色	2.5 mm^2	1 卷/组
17	端子	U 形冷压端子	1-3/2-4	各 1 袋/组
18	端子	针形冷压端子	7508/1508	各 1 袋/组
19	卡轨	金属卡槽	接触器、断路器等配合	2 米/组
20	号码管	号码管	1.5	1 米/组
21		剥线钳		1 只/组
22		压线钳		1 只/组
23		斜口钳		1 只/组
24		一字螺丝刀	1.5/2.5/5 mm	各 1 只/组
25		十字螺丝刀	2.5/5 mm	各 1 只/组
26		数字万用表		1 只/组
27		绝缘胶布		1 圈/组
28		记号笔		1 只/组
29		扎带		20 根/组

【任务评价】

变频主轴电路的电气安装与调试评分标准

学号： 姓名：

序号	项目	技术要求	配分	评分标准	自评	互评	教师评分
1	电气元件选择与检测	正确选择电气元件;对电气元件质量进行检验	10	元件选择不正确，每个扣1分；元件错检或漏检，每个扣1分			
2	电气元件布局与安装	按照图纸要求，正确利用工具安装电气元件，要求元件布局合理，安装准确、牢固	10	元件布局不合理，每个扣1分；元件安装不牢固，每个扣1分；安装时漏装螺钉，每个扣1分			
3	工量具使用及保护	工量具规范使用，不能损坏，摆放整齐	10	仪器仪表使用不规范，扣5分；仪器仪表损坏，扣5分；工具、器材摆放凌乱，扣3分			
4	布线	接线正确，导线两端套号码管，压端子；端子连接牢靠；同方向连线进行绑扎时，线路应清晰不凌乱，无错接和漏接现象	30	不按电路图接线，每处扣3分；接点松动、露铜过长，每处扣2分；损伤导线绝缘或线芯，每根扣1分；错接漏接，每根扣2分；漏装或套错号码管，每处扣1分			
5	功能检测	主轴正转、反转、停转功能正常；主轴转速误差在10%以内	20	正转、反转、停转功能一项不正常扣5分；转速超差扣5分			
6	其他	清点元件	5	未清点实训设备及耗材，扣2分；			
		团队合作	5	分工不明确，成员不积极参与，酌情扣分			
		文明生产	5	出现没有穿戴防护用品、带电操作等违反安全文明生产规程的，不得分			
		环境卫生	5	卫生不到位不得分			
总分			100				

【任务分析】

FANUC 数控系统主轴控制主要有两大类：一类是系统输出模拟量控制，称为模拟主轴控制；另一类是系统输出串行数据控制，称为串行主轴控制。模拟主轴控制指 FANUC 数控系统输出模拟电压控制主轴，模拟电压范围为 0～10 V。主轴电动机一般选用普通异步电动机或变频电动机，常用的主轴调速器是变频器，主轴调速器控制的是主轴电动机驱动，实现主轴的启动、停止、正/反转以及调速等。

变频主轴电路的线路连接主要围绕变频器进行，分主电路、控制电路两部分。任务中变频器为三相 400 V 的三菱通用型变频器，型号为 FR－D740－3.7K－CHT，电动机输出功率为 3.7 kW。

1. 变频器主电路分析

从电气原理图 3－1 可以看出，变频器输入电源为 380 V、50 Hz 的交流电，从端子排 XT1 引入，依次通过空开 QS1、QS2、接触器 KM0 的主触头，接至变频器的 R/L1、S/L2、T/L3 端子。

变频器电源可以采用单相电源输入，也可以采用三相电源输入。电源线连接至 R/L1、S/L2、T/L3，不需要考虑相序。特别注意不要错接至 U、V、W，否则会损坏变频器。变频器主电路端子接线图如图 3－2 所示。

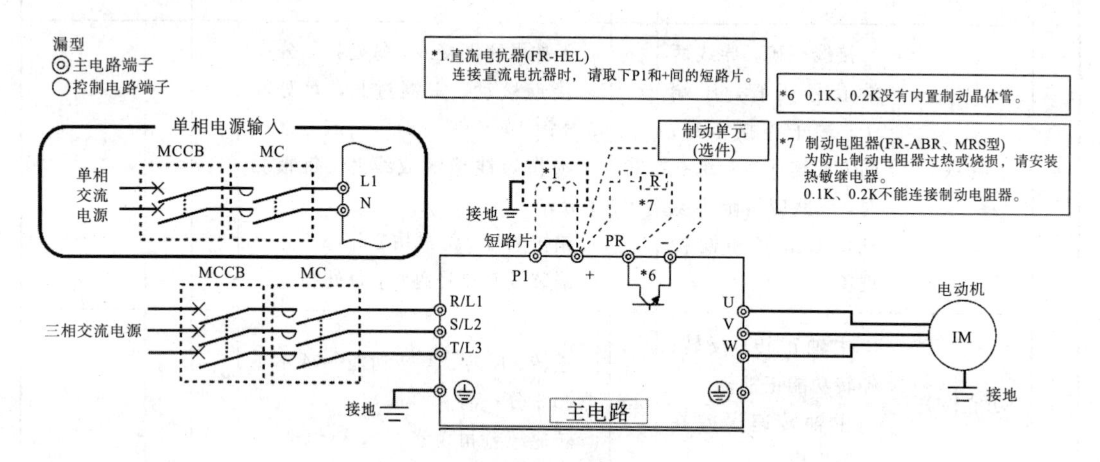

图 3－2 变频器主电路端子接线图

变频器输出为电压、频率可变的交流电，从变频器的 U、V、W 端子，接至电动机相应端子。变频电动机的转速由变频器输出交流电的频率决定。接通信号时，电动机的转动正方向从负载轴方向看为逆时针方向，如电动机转向不对，只需将 U、V、W 输出到电动机的线任意两相互换即可。

在端子＋和 PR 间连接选购的制动电阻器(FR－ABR、MRS)，建议使用○形端子，如图 3－3 所示。

为防止再生制动器用晶体管损坏时制动电阻器(MRS)、高频度用制动电阻器(FR－ABR)过热烧损，建议使用通过热敏继电器切断变频器一次侧电源的电路，如图 3－4 所示。

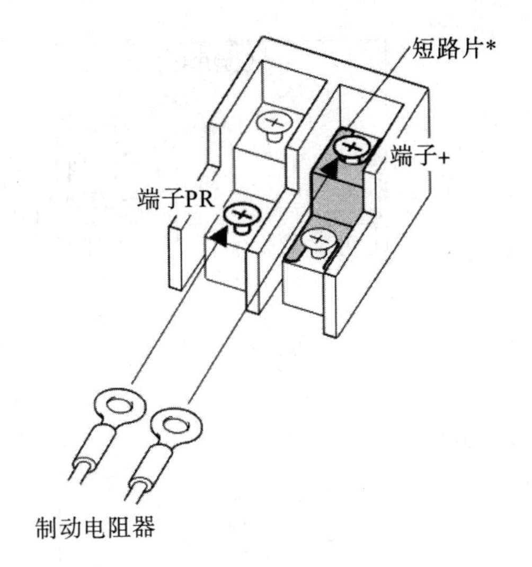

图 3-3　制动电阻安装图

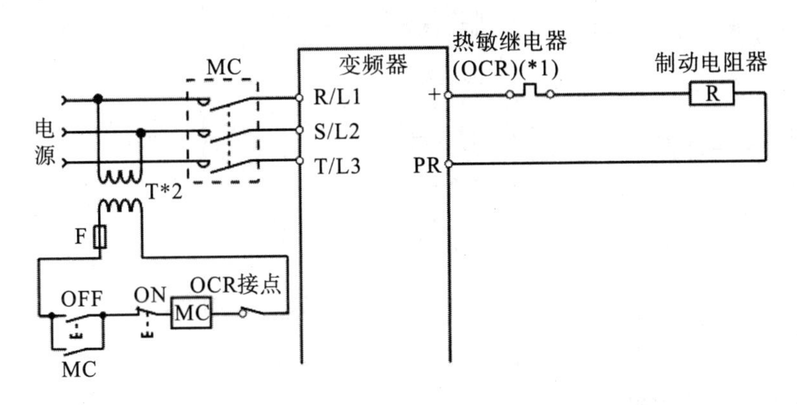

图 3-4　制动电路原理图

在端子＋和 P1 间保留短路片，或者拆下端子＋和 P1 间的短路片，连接直流电抗器。端子螺丝使用 M4 螺丝，按照规定紧固到位，一般转矩为 1.5 N·m，通常拧紧但不要过紧。如果没拧紧，会导致短路或误动作；拧得过紧，会损坏螺丝或单元，从而导致短路或误动作。电源及电动机接线的压接端子推荐使用带绝缘套管的端子。为了防止触电，变频器和电动机必须接地，变频器接地要使用○形接地端子，接地线尽量用粗线，接线尽量短，接地点尽量靠近变频器。

2. 变频器控制电路分析

接到变频器的控制信号主要有转速控制、转向控制和故障输出。图 3-5 中 2、5 端口接系统主板输出模拟信号，电压为直流 0～10 V，该信号起控制主轴转速的作用。STF、STR、SD 端口接转向控制信号，该信号起控制主轴转向的作用。B、C 端口接变频器故障信号。直流 24 V 电源输入 B 端口，变频器内部 B、C 之间为变频器故障控制通断的软触点，C 端口接分线板的 A09 号端口，用于向系统内部 PLC 输入变频器故障信号。端子 SD、SE 以及端子 5 是输入/输出信号的公共端端子，不要接地。

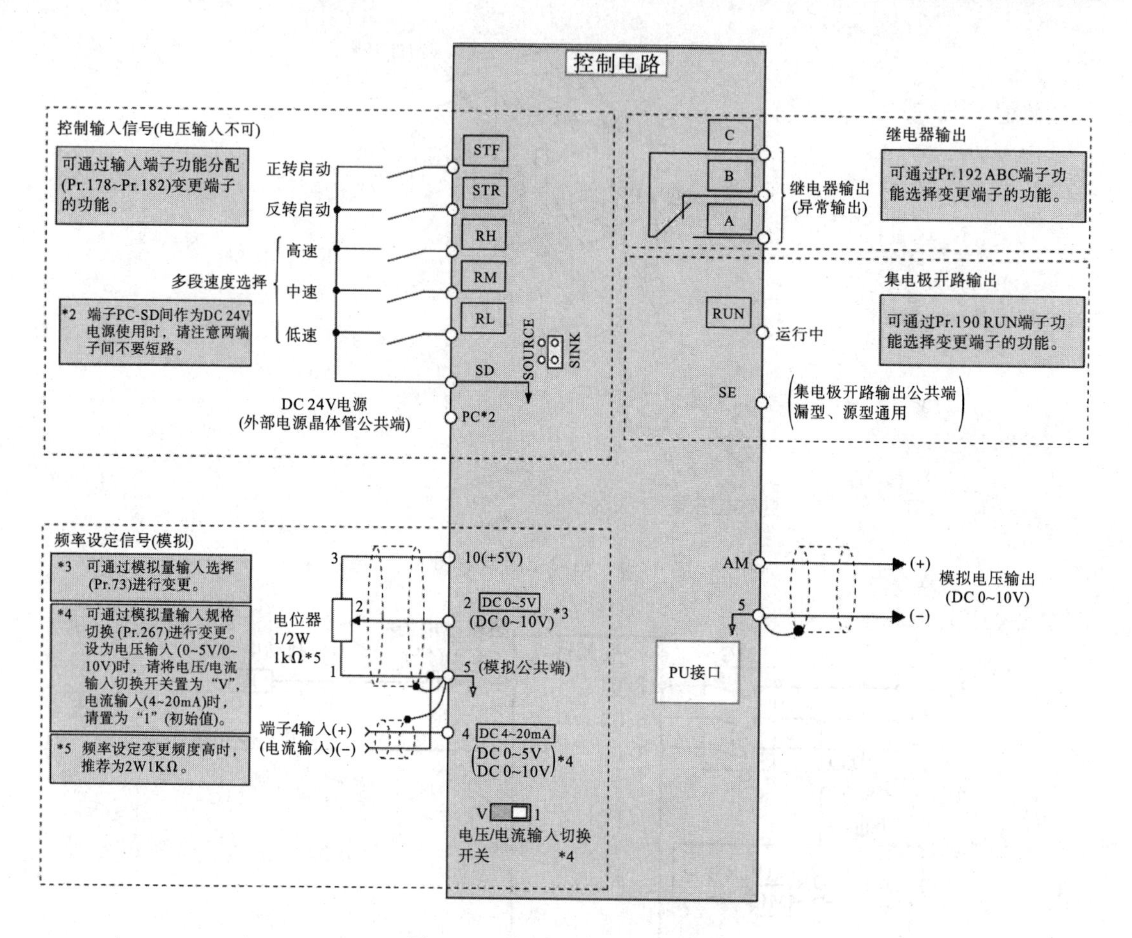

图 3－5　控制电路端子接线图

1）变频主轴转速控制

电动机的转速由变频器 U、V、W 输出电源频率决定，遵循转速公式：n＝60 f/P(n＝转速，f＝电源频率，P＝磁极对数)，从上述公式可以看出，变频器输出电源的频率 f 越高，电动机的转速 n 就越大，成正比关系。而变频器输出电源的频率 f 由端子 2、5 之间的模拟电压决定。该模拟电压由系统主板的 JA40 接口输出，电压大小由数控系统根据转速来判断。当 3741 号系统参数值为 2000，指令转速为 2000 r/min 时，JA40 输出 10 V 直流电，且指令转速和输出电压成正比例关系。即指令转速为 1000 r/min 时，JA40 输出电压为 5 V；同理，指令转速为 500 r/min 时，JA40 输出电压为 2.5 V，依此类推。

2）变频主轴转向控制

当 KA1 触点闭合，STF 和 SD 之间导通时，向变频器发出正转信号；当 KA2 触点闭合，STR 和 SD 之间导通时，向变频器发出反转信号。KA1、KA2 线圈由分线板的输出信号 Y2.0、Y2.1 控制。当数控系统执行 M03 指令时，PLC 会在分线板的 A16 号端口(Y2.0)输出直流 24 V 电压，驱动 KA1 的线圈。同理，当数控系统执行 M04 指令时，PLC 会在分线板的 B16 号端口(Y2.1)输出直流 24 V 电压，驱动 KA2 的线圈。

控制电路接线时要剥开电线外皮，使用针形端子接线。电线外皮的剥开长度约10 mm，外皮剥开过长，会有与相邻导线发生短路的危险。剥开过短，电线可能会脱落，如图 3－6

所示。使用针形端子时，如图 3－7 所示，铜线露出约 0～0.5 mm。

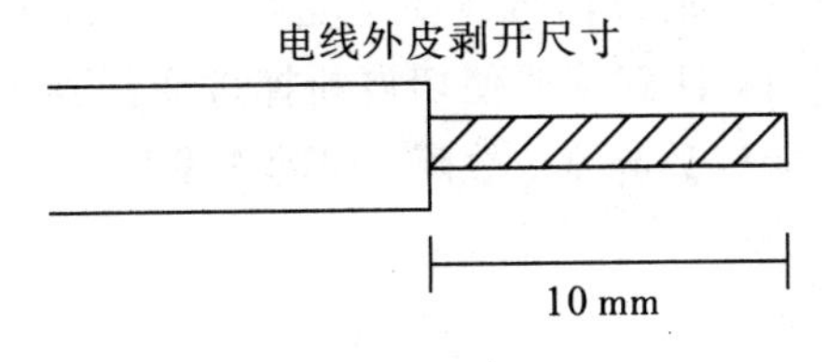

图 3－6　电线剥皮

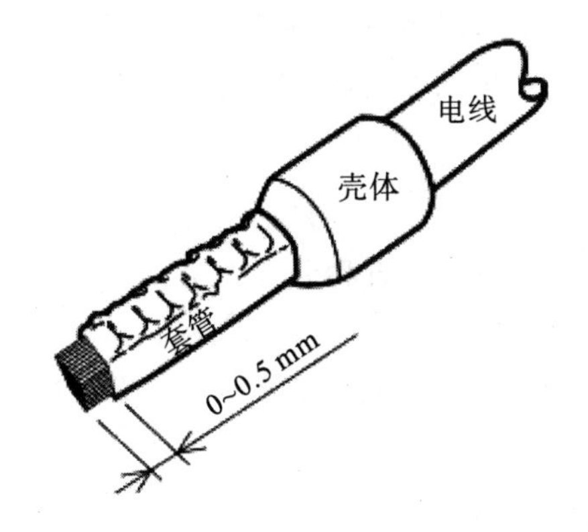

图 3－7　针形端子

针形端子压制时不得破损、变形，不得出现电线未进入壳体的现象，如图 3－8 所示。

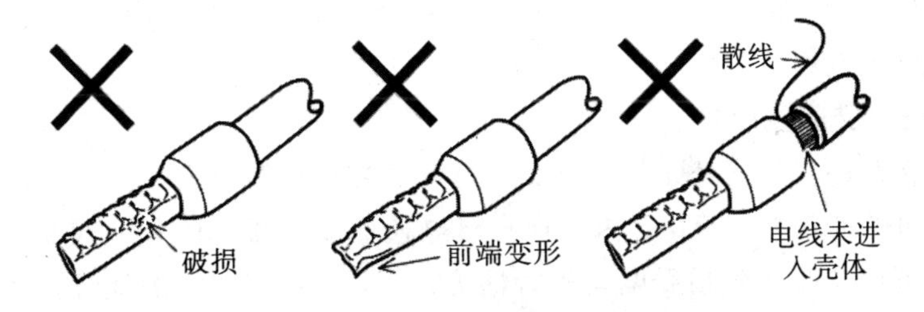

图 3－8　针形端子压制时的常见错误

【安全提醒】

(1) 接线时必须关闭设备总电源，确保操作安全，接线完成并确认无误后方可通电调试。

(2) 当通电或正在运行时，不要打开变频器前盖板，以免发生触电事故。在前盖板或配线盖板打开的情况下严禁运行机器。

(3) 变频器断开电源后，不要立即进行接线或检查，要确认操作面板上的显示消失，并用万用表等检测剩余电压为 0 后方可以进行。

(4) 变频器运行会产生高温，要注意避让，以免烫伤。

(5) 禁止拉拽电缆线，禁止用电缆线承载重物或被钳压，以免损伤电缆线而引起漏电触电事故。

(6) 禁止用湿手触碰相关旋钮、开关及电路板等。

控制电路端子的接线要使用屏蔽线或双绞线，且必须与主电路、强电电路分开接线。噪音干扰可能导致误动作发生，所以信号线要离动力线 10 cm 以上。注意保持变频器的清洁，在控制柜等上钻安装孔时，注意不要使切屑粉掉进变频器内，接线时不要在变频器内留下电线切屑，电线切屑可能导致异常、故障、误动作发生。

【知识储备】

交流变频调速技术的原理是把工频 50 Hz 的交流电转换为频率和电压可调的交流电，通过改变交流电动机定子绕组的供电频率，在改变频率的同时也改变电压，从而达到调节电动机转速的目的。变频器就是把电压、频率固定的交流电变成电压、频率可调的交流电的变换器。

1. 变频器分类

变频器的种类繁多，常用的有以下五种分类方法。

1）按变换环节分类

变频器按交流变频调速的变换环节，可以分为交—交直接变频器和交—直—交间接变频器。

（1）交—交直接变频器。

交—交直接变频器是一种把频率固定的交流电源直接变换成频率连续可调的交流电源的装置。其优点是没有中间环节，故变换效率高，但其连续可调的频率范围窄，一般为额定频率的 1/2 以下，故它主要用于大功率低转速的交流电动机调速传动、交流励磁变速恒频发电动机的励磁电源等。

（2）交—直—交间接变频器。

交—直—交间接变频器是先将工频交流电源通过整流器变换成直流电，再把直流电逆变成频率连续可调的三相交流电。由于把直流电逆变成交流电的环节较易控制，因此，在频率的调节范围以及改善变频后电动机特性等方面，都具有明显的优势。目前使用最多的变频器均属于交—直—交间接变频器。由于交—直—交间接变频器在恒频交流电源和变频交流输出之间有一个“中间直流环节”，故又称间接式变压变频器。

2）按直流电源的性质分类

当逆变器输出侧的负载为交流电动机时，在负载和直流电源之间将有无功功率的交换。用于缓冲无功功率的中间直流环节的储能元件可以是电容或是电感，据此，变频器分成电流型变频器和电压型变频器两大类。

3）按输出电压调节方式分类

变频调速时，需要同时调节变频器的输出电压和频率，以保证电动机主磁通的恒定。对于输出电压的调节主要有两种方式：脉冲幅值调制(PAM)方式和脉冲宽度调制(PWM)方式。PAM 需要同时调节两个部分：整流部分和逆变部分，两者之间还必须满足一定的关系，故其控制电路比较复杂。PWM 技术用于变频器的控制，可以改善变频器的输出波形，降低电动机的谐波损耗，并减小转矩脉动。目前几乎所有的变频装置都采用 PWM 技术。

4）按变频控制方式分类

交流电动机在运行时，对交流电源的电压和频率关系有一定的要求。变频器作为控制电源，需要满足对电动机特性的最优控制，目的是最大限度地改善电动机的工作状态，提高效率。根据变频控制方式的不同，变频器大致可以分为四类：U/f 控制变频器、转差频率控制变频器、矢量控制变频器和直接转矩变频器。

5）按用途分类

根据用途的不同，变频器可以分成通用变频器和专用变频器两类。

通用变频器的特点就是其通用性，它适用于对调速性能没有严格要求的场合。随着变频技术的进一步发展，通用变频器发展为以节能运行为主要目的的风机、泵类等平方转矩负载使用的平方转矩变频器，和以普通恒转矩机械为主要控制对象的恒转矩变频器。

专用变频器是指应用于某些特殊场合的具有某种特殊性能的变频器，其特点是某个方面的性能指标极高，因而可以实现高控制要求，但相对价格较高。

2. 三菱变频器

三菱变频器是目前市场上最常用的变频器之一，其采用了磁通矢量控制技术、PWM 原理和智能功能模块(IPM)，功能范围为 0.4～315 kW。三菱变频器在工业现场通常有以下几种系列：通用型的 A 系列、简易型的 S 系列、经济型的 E 系列、节能型的 F 系列。

以下以三菱 FR－A540 变频器为例进行分析。

1）变频器型号

变频器外壳均贴有铭牌。铭牌一般包含以下信息：变频器型号、适用的电源、适用电动机的最大容量、输出频率、有关额定值和制造编号等，如图 3－9 所示。

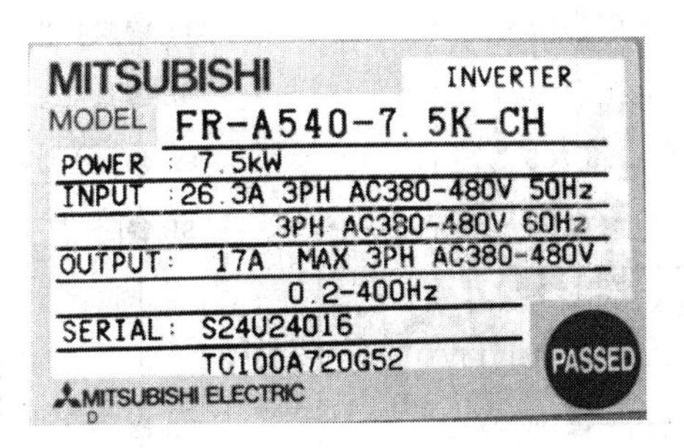

图 3－9　变频器铭牌

其中，变频器型号表达内容如下：

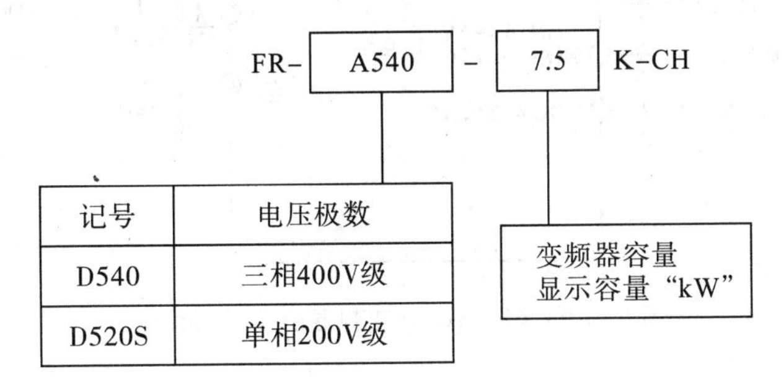

记号	电压极数
D540	三相400V级
D520S	单相200V级

2）三菱 FR－A540 变频器的端子接线图

三菱 FR－A540 变频器的端子接线图如图 3－10 所示，其中◎表示主回路接线端子，○表示控制回路输入端子，●表示控制回路输出端子。

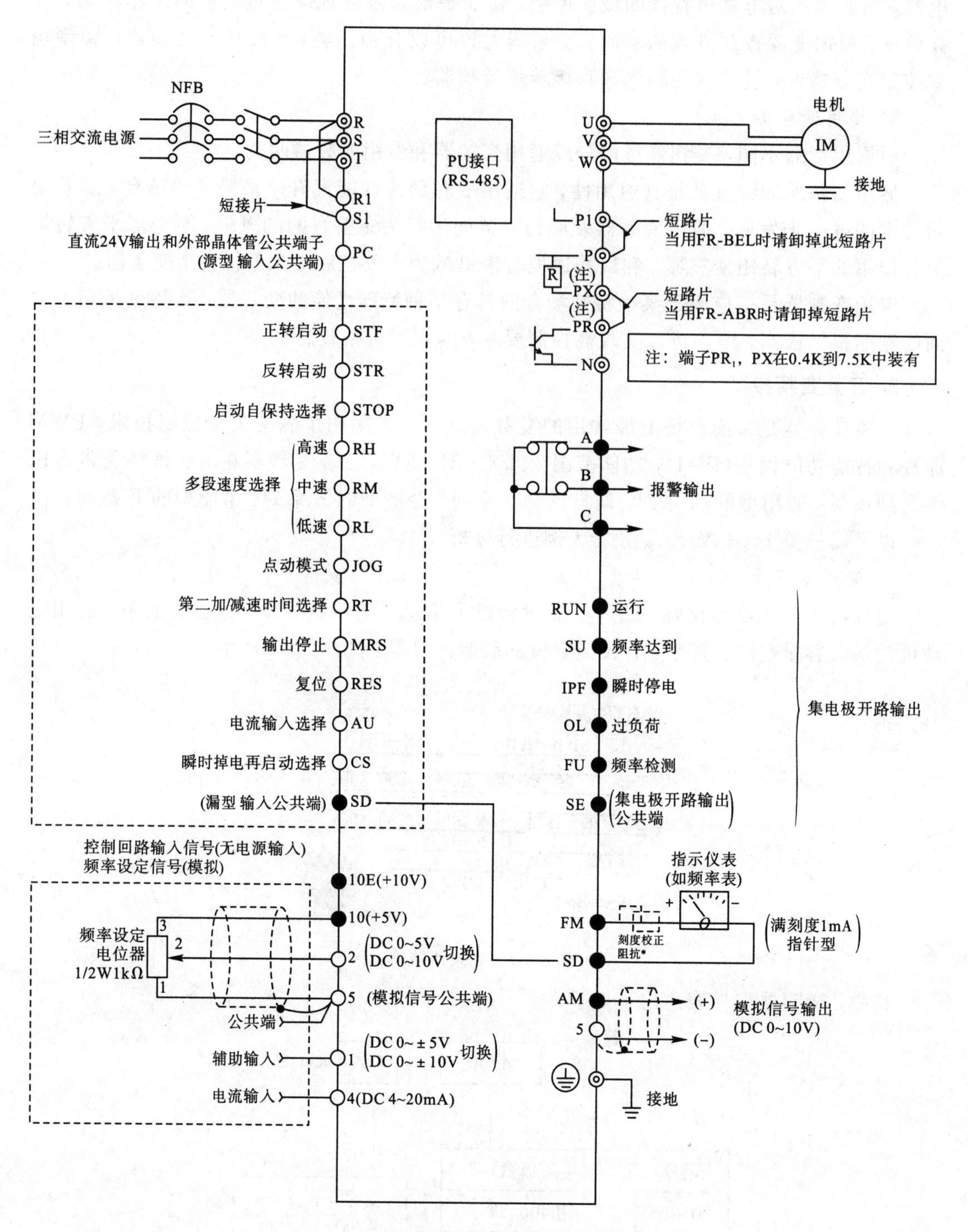

图 3-10 FR-A540 变频器的端子接线图

3）主回路接线端子

（1）主回路接线端子功能。

主回路接线端子的功能如表 3-2 所示。

表 3-2　三菱 FR-A540 变频器主回路端子功能

端子符号	端子名称	说　明
R、S、T	工频交流电输入端子	经接触器或空气开关与三相交流电源连接(AC 380～480 V)
U、V、W	变频器输出端子	接三相异步电动机。当电动机采用工频和变频两种方式工作时，应在电动机与变频器之间串入热继电器。需要注意的是，变频器输出端子绝对不能连接在电力电容器或浪涌吸收器上
R1、S1	控制回路电源输入端子	用于给内部控制电路供电。出厂时已用短路片连接 R-R1 和 S-S1。使用时拆下 R-R1，S-S1 之间的短路片，与交流电源 R、S 连接
P/+、PR	外接制动电阻端子	变频器内部装有制动电阻，连接在 P/+、PR 之间。按变频器技术手册和工程实际要求，当启动频繁或带势能负载时，内部电阻容量有可能不够，需外接制动电阻。出厂时已用短路片连接 PR-PX，使用时拆下 PR-PX 之间的短路片，在 P/+、PR 之间接入制动电阻
P/+、N/-	外接制动单元端子	连接 FR-BU 型制动单元或电源再生单元
P/+、P1	外接电抗器端子	外接电抗器端子。为提高功率因数和抗电磁干扰，可外接电抗器。使用时，拆下 P/+和 P1 之间的短路片
PR、PX	内部制动回路端子	用短路片将 PR 和 PX 连接时，内部制动有效
⏚	接地端子	可靠接地可以有效防止漏电和干扰，也是安全和降低噪声的需要

(2) 主回路接线端子说明。

① 主回路中变频器接线端子的连接。电源必须接变频器的 R、S、T，绝对不能接 U、V、W，否则会烧坏变频器。在接线时不必考虑电源的相序。使用单相电源时必须接 R、S 端。电动机接在 U、V、W 端子上，如图 3-11 所示。当加入正转开关时，电动机旋转方向从轴向看时为逆时针方向。

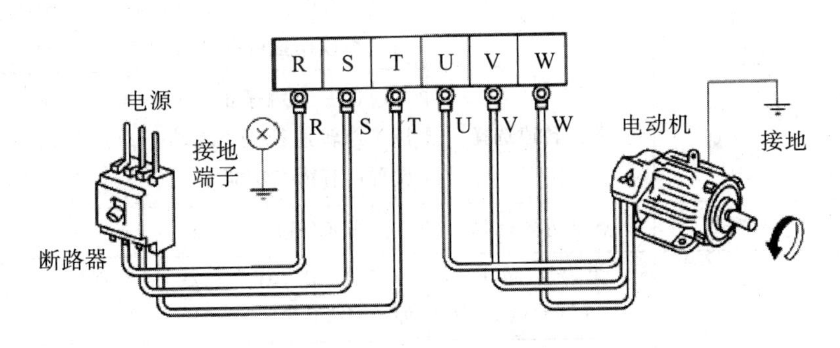

图 3-11　电源与电动机的连接示意

② 接线后，电线线头必须清除干净，始终保持变频器清洁，以防线头导致变频器运行时出现异常故障。

③ 变频器和电动机的接线距离较长，特别是低频率输出情况下，会由于主电路电缆的电压下降而导致电动机的转矩下降。为使电压下降在 2%以内，必须选择合适型号的电线电缆。

④ 布线距离最长为500 m，由于布线寄生电容所产生的冲击电流会引起电流保护误动作，故输出侧连接的设备可能运行异常或发生故障。通常布线距离可参考表3-3所示进行确定。

表3-3　变频器布线距离

变频器容量/kW	0.4	0.5	1.5以上
非超低噪声模式	300 m	500 m	500 m
超低噪声模式	200 m	300 m	500 m

⑤ 在P和PR端子间建议连接制定的制动电阻选件，端子间原来的短路片必须拆下。

⑥ 变频器输入/输出包含有谐波成分，可能干扰变频器附件的通信设备，因此要安装选件(无线电噪声滤波器FR-BⅢ(仅用于输入侧)或FR-BOF线路噪声滤波器FR-BOF)，使干扰影响降到最小。

⑦ 在变频器输出侧不要安装电力电容器、浪涌抑制器和无线电噪声滤波器(FR-BIF选件)，因为这样容易导致变频器故障或电容、浪涌抑制器的损坏。

⑧ 变频器运行后，若需要改变接线的操作，必须在电源切断10 min后，用万用表检查电压以后进行。断电一段时间后，电容上仍有危险的高电压。

⑨ 由于变频器内有漏电流，为了防止触电，变频器和电动机必须接地。

4) 控制回路接线端子

(1) 控制回路接线端子功能。

控制回路接线端子的功能如表3-4所示。

表3-4　三菱FR-A540变频器控制回路接线端子的功能

<table>
<tr><th colspan="2">类型</th><th>端子记号</th><th>端子名称</th><th colspan="2">说　明</th></tr>
<tr><td rowspan="8">输入信号</td><td rowspan="8">启动及功能设定</td><td>STF</td><td>正转启动</td><td>当STF闭合(ON)时正转，断开(OFF)时停止</td><td rowspan="2">STF和STR同时闭合(ON)时，相当于停止</td></tr>
<tr><td>STR</td><td>反转启动</td><td>当STR闭合(ON)时反转，断开(OFF)时停止</td></tr>
<tr><td>STOP</td><td>启动保持</td><td colspan="2">当STOP闭合(ON)时为启动自锁状态。此端子通过参数设置可有第二功能</td></tr>
<tr><td>RH、RM、RL</td><td>多挡转速选择</td><td>通过三个端子的不同组合，可选择多挡转速控制。此端子通过参数设置可有第二功能</td><td rowspan="3">输入端子功能选择(Pr.180～Pr.186)，用于改变端子功能</td></tr>
<tr><td>JOG</td><td>点动方式选择</td><td>当JOG闭合(ON)时，点动运行</td></tr>
<tr><td>RT</td><td>第二加/减速时间选择</td><td>当RT处于闭合(ON)时选择第二加速时间</td></tr>
<tr><td>MRS</td><td>输出停止</td><td colspan="2">当MRS处于闭合(ON)20 ms以上时，变频器输出停止。用于电磁抱闸停止电动机或在系统发生故障时停止变频器的输出</td></tr>
<tr><td>RES</td><td>复位</td><td colspan="2">RES闭合(ON)0.1 s以上然后断开，用于解除保护电路的保护状态</td></tr>
</table>

续表一

<table>
<tr><th colspan="2">类型</th><th>端子记号</th><th>端子名称</th><th colspan="2">说　明</th></tr>
<tr><td rowspan="4">输入信号</td><td rowspan="4">启动及功能设定</td><td>AU</td><td>电流输入选择</td><td>当AU闭合(ON)时，变频器可用DC 4～20 mA电流信号设定频率。此端子通过参数设置可有第二功能</td><td rowspan="2">输入端子功能选择(Pr.180～Pr.186)，用于改变端子功能</td></tr>
<tr><td>CS</td><td>瞬时停电再启动选择</td><td>CS处于闭合(ON)时，如果发生瞬时停电，则变频器可自动再启动，出厂时设定为断开(OFF)。此端子通过参数设置可有第二功能</td></tr>
<tr><td>SD</td><td>输入信号公共端(漏型)</td><td colspan="2">输入端子和FM端子的公共端，直流24 V、0.1 A(PC)端子电源的输出公共端</td></tr>
<tr><td>PC</td><td>输入信号公共端子(源型)</td><td colspan="2">将晶体管输出用的外部电源公共端接到这个端子时，可以防止因漏电引起的误动作，该端子可用于24 V、0.1 A电源输出，当选择源型时，该端子作为节点输入的公共端</td></tr>
<tr><td rowspan="6">模拟信号</td><td rowspan="6">频率设定</td><td>10E</td><td rowspan="2">频率设定电源</td><td>DC 10 V端子，允许负载电流10 mA</td><td rowspan="2">按出厂设定状态连接频率，设定电位器时与端子10连接，当连接到10E时需改变端子2的输入规格</td></tr>
<tr><td>10</td><td>DC 5 V端子，允许负载电流10 mA</td></tr>
<tr><td>2</td><td>电压频率设定</td><td colspan="2">输入DC 0～5 V或0～10 V时，所对应的变频器输出频率为0～fmax，输入电压与变频器输出频率成比例关系</td></tr>
<tr><td>4</td><td>电流频率设定</td><td colspan="2">输入DC 4～20 mA电流时，所对应的变频器输出频率为0～fmax，输入电流与变频器输出频率成比例关系</td></tr>
<tr><td>1</td><td>辅助频率设定</td><td colspan="2">输入0～±5 V DC或0～±10 V DC时，端子2或4的频率设定信号与这个信号相加，用Pr.73设定不同的参数进行参数输入0～±5 V DC或0～±10 V DC(出厂设定)的选择，输入阻抗10 kΩ，容许电压±20V DC</td></tr>
<tr><td>5</td><td>频率设定公共端</td><td colspan="2">频率信号设定端(端子2、1和4)和模拟输出端AM的公共端子，不要接大地</td></tr>
</table>

续表二

<table>
<tr><th colspan="2">类型</th><th>端子记号</th><th>端子名称</th><th colspan="2">说　明</th></tr>
<tr><td rowspan="10">输出信号</td><td>接点</td><td>A、B、C</td><td>异常输出</td><td>正常工作状态时，B—C 导通，A—C 断开。当变频器出现故障发生异常情况时，B—C 断开、A—C 导通。可用来切断变频器电源及接通报警装置。允许负载为 AC 220 V 0.3 A，DC 30 V 0.3 A</td><td rowspan="6">输出端子的功能选择通过(Pr.190～Pr.195)改变端子功能</td></tr>
<tr><td rowspan="6">集电极开路</td><td>RUN</td><td>变频器运行</td><td>变频器输出频率在启动频率以上时，输出信号为低电平，正在停止或直流制动时输出信号为高电平。允许负载为 DC 24 V 0.1 A</td></tr>
<tr><td>SU</td><td>频率到达信号</td><td>当变频器输出频率到达设定频率的±10%时，输出信号为低电平，正在加/减速或停车时输出信号为高电平。允许负载为 DC 24 V 0.1 A</td></tr>
<tr><td>OL</td><td>过载报警输出</td><td>当失速保护功能动作时，输出信号为低电平，当失速保护功能解除时输出信号为高电平。允许负载为 DC 24 V 0.1 A</td></tr>
<tr><td>IPF</td><td>欠电压
保护输出</td><td>欠电压保护动作时输出信号为低电平。允许负载为 DC 24 V 0.1 A。此端子通过参数设置可有第二功能</td></tr>
<tr><td>FU</td><td>频率检测</td><td>输出频率在设定检测频率以上时输出信号为低电平。允许负载为 DC 24 V 0.1 A</td></tr>
<tr><td>SE</td><td>输出公共端</td><td colspan="2">在使用 RUN、SU、OL、IPF、FU 端子时 SE 作为公共端子</td></tr>
<tr><td>脉冲</td><td>FM</td><td>外接频率
数字仪表</td><td>用于频率测量，外接数字频率计</td><td>出厂设定的输出项目：频率 60 Hz 时(频率输出 1440 脉冲/s)，容许负荷电流 1mA</td></tr>
<tr><td>模拟</td><td>AM</td><td>接频率
模拟仪表</td><td>用于频率测量，输出 DC 0～10 V 外接模拟频率计</td><td>出厂设定的输出项目：频率输出信号 0～10 V DC 时，容许负荷电流 1mA</td></tr>
<tr><td>通信</td><td>PU</td><td>通信接口</td><td colspan="2">操作面板用于远距离操作时的通信接口，也可用于与计算机或 PLC 的通信接口</td></tr>
</table>

注：1. 低电平表示集电极开路输出用的晶体管处于 ON(导通状态)，高电平为 OFF(不导通状态)。
2. 变频器复位中不被输出。

(2) 控制回路接线端子说明。

① 端子 SD、SE 和 5 为 I/O 信号的公共端子，相互隔离，不要将这些公共端子互相连接或接地。

端子 SD 为接点输入端子(STF、STR、STOP、RH、RM、RL、JOG、RT、MRS、RES、AU、CS)的公共端子。内部控制回路为光耦隔离。

端子 5 是频率设定信号(端子 2、1、4)、模拟量输出端子 AM 的公共端子。

端子 SE 为集电极开路输出端子(RUN、SU、OL、IPE、FU)的公共端子。内部控制电路采取光耦隔离。

② 控制回路端子的接线应使用屏蔽线或双绞线，而且必须与主回路、强电回路(含 200 V 继电器回路)分开布线。

③ 由于控制回路的频率输入信号是微小电流，所以在接点输入的场合，为了防止接触不良，微小信号接点应使用两个并联的接点或使用双生接点。

④ 控制回路输入信号出厂设定为漏型逻辑。在这种逻辑中，信号端子接通时，电流是从相应的输入端子流出的，端子 SD 是触点输入信号的公共端，端子 SE 是集电极开路输出信号的公共端，其结构如图 3-12 所示。

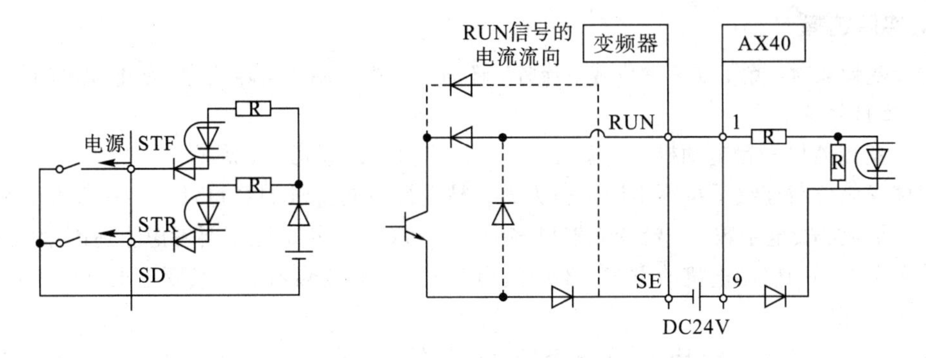

图 3-12　漏型逻辑控制回路输入信号结构

在控制回路端子板的背面，把跳线从漏型逻辑位置移动到源型逻辑位置，可能改变变频器的控制逻辑。在源型逻辑中，信号接通时，电流是流入相应的输入端子，端子 PC 是触点输入信号的公共端，端子 SE 是集电极开路输出信号的公共端，其结构如图 3-13 所示。

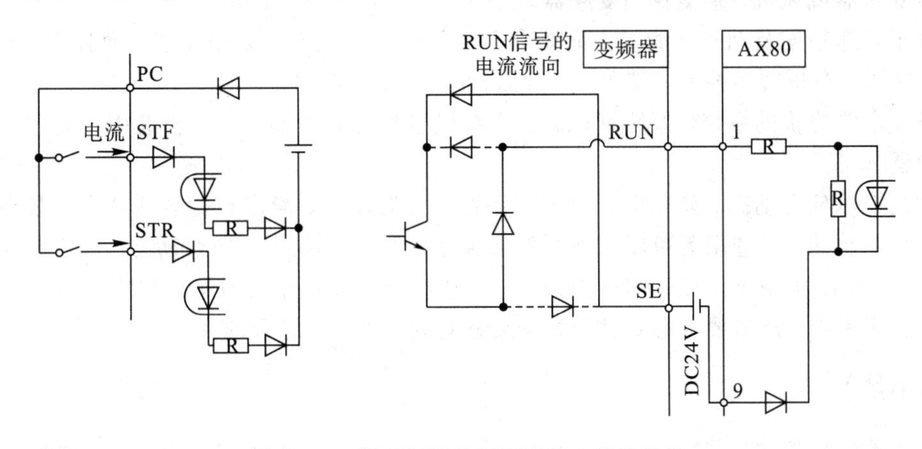

图 3-13　源型逻辑控制回路输入信号结构

⑤ 输入信号中的 RL、RM、RH、RT、AU、JOG、CS 等端子以及输出信号中的 RUN、SU、IPF、OL、FU、A、B、C 等端子是多功能端子，又称可编程端子，这些端子的功能可以采用参数设定的方法来选择，以节省变频器控制端子的数量。

【拓展阅读】

变频器的选择

变频器的选择首先表现为变频器容量的选择，要考虑变频器容量与电动机容量的匹配，容量偏小就会影响电动机有效转矩的输出，从而影响整个系统的运转，甚至损坏装置；而容量偏大，则电流的谐波分量会增大，也增加了设备投资。选择变频器的容量时，变频器的额定电流是关键量，变频器的容量应按运行过程中可能出现的最大工作电流来选择。

1. 容量选择的步骤

首先了解负载性质和变化规律，计算出负载电流的大小，然后预选变频器容量，校验预选变频器，必要时进行过载能力和启动能力的校验，若均通过，则选定，若不通过，则重新选择。在满足生产机械要求的前提下，变频器容量越小越经济。

2. 实际选择

选择变频器时，除了要考虑负载电流外，还需要考虑使用的实际状况，如电动机的数量等。

1）控制数量

一台变频器供一台电动机(一拖一)，针对恒定负载连续运行、周期性变化负载连续运行、非周期性变化负载连续运行等不同运行方式，要进行不同要求的容量计算，并考虑变频器允许的过载倍数、安全系数。一台变频器供多台电动机(一拖多)，除了要考虑上述因素之外，还要综合考虑不同的启动电机的方式，不同的启动方式，对变频器的容量要求也有所区别。

2）调速范围

在调速范围不大的情况下，可选择较为简易的、只有 U/f 控制方式的变频器，或采用无反馈矢量控制方式。调速范围很大时，应考虑采用有反馈矢量控制方式。

3）机械特性

对于低速时转矩较小，对过载能力和转速精度要求较低，如风机和泵类负载，可选用简易型变频器或风机、泵类专用变频器。

对于转速精度及动态性能等方面要求不高的恒转矩负载，如挤压机、搅拌机、传送带等，可选择具有恒转矩控制功能的 U/f 控制方式的变频器。

对要求响应快的系统，如轧钢机、生产线设备、机床主轴等，一般选用转差频率控制的变频器。

对被控对象有动态、静态指标要求的系统，如对动态、静态指标要求不高，控制系统采用开环控制的，可选用无速度反馈的矢量控制功能的变频器。如对动态、静态指标要求较高，控制系统采用半闭环或闭环控制的，可选用带速度反馈的矢量控制功能的变频器。

生产实际中，还需要考虑到其他特殊要求，灵活处理，综合选用。

【巩固小结】

通过本任务的实施，能够识读三相异步电动机铭牌，能够设置三菱变频器参数，安装典型变频电路。

1. 填空题(将正确答案填入空格内)

(1) 通常把电压和频率固定不变的工频交流电变换为________或________可变的交流

电的装置，称作“变频器”。

(2) FANUC数控系统输出模拟电压控制主轴时，模拟电压范围为________V。

(3) 噪音干扰可能导致误动作发生，所以信号线要离动力线________cm以上。

(4) 控制电路接线时要剥开电线外皮，使用针形端子接线。电线外皮的剥开长度约________mm，外皮剥开过长，会有与相邻导线发生________的危险；剥开过短，电线可能会________。

(5) 三菱通用变频器的控制逻辑通常有两种方式，一种为________逻辑(SINK)，一种为________逻辑(SOURCE)。

2. 判断题(正确的打“√”，错误的打“×”)

(1) 噪音干扰可能导致误动作发生，所以信号线要离动力线10 cm以上。(　　)

(2) 变频器主回路中，电源必须接变频器的R、S、T，不能接U、V、W，否则会烧坏变频器。(　　)

(3) 变频器和电动机的接线距离较长时，特别是低频率输出情况下，会由于主电路电缆的电压下降而导致电动机的转矩下降。(　　)

3. 简答题

(1) 常用变频器的分类方法有哪些？

(2) 简述变频器容量选择的步骤。

任务二　伺服主轴电路的电气安装与调试

【任务目标】

(1) 掌握数控机床伺服主轴的工作原理；

(2) 掌握伺服主轴的连线方法；

(3) 会对伺服主轴进行参数设置与调整。

【任务布置】

根据伺服主轴电气原理图，如图3-14所示，完成伺服主轴电路的安装，并对伺服主轴功能进行调试。

元件及工量具准备：详见表3-5。

工时：4。

任务要求：

(1) 根据图纸要求，正确选择元件，并安装到安装接线板上；

(2) 所有元件连接应与电气图纸一致；

(3) 元件布置、布线应合理规范；

(4) 导线线径和颜色应符合图纸要求；

(5) 正确选用冷压端头，端头压接规范、牢固可靠；

(6) 导线与元件连接处需穿号码管，号码管的标号应清晰规范与图纸一致；

(7) 能够根据说明书对伺服主轴进行调试。

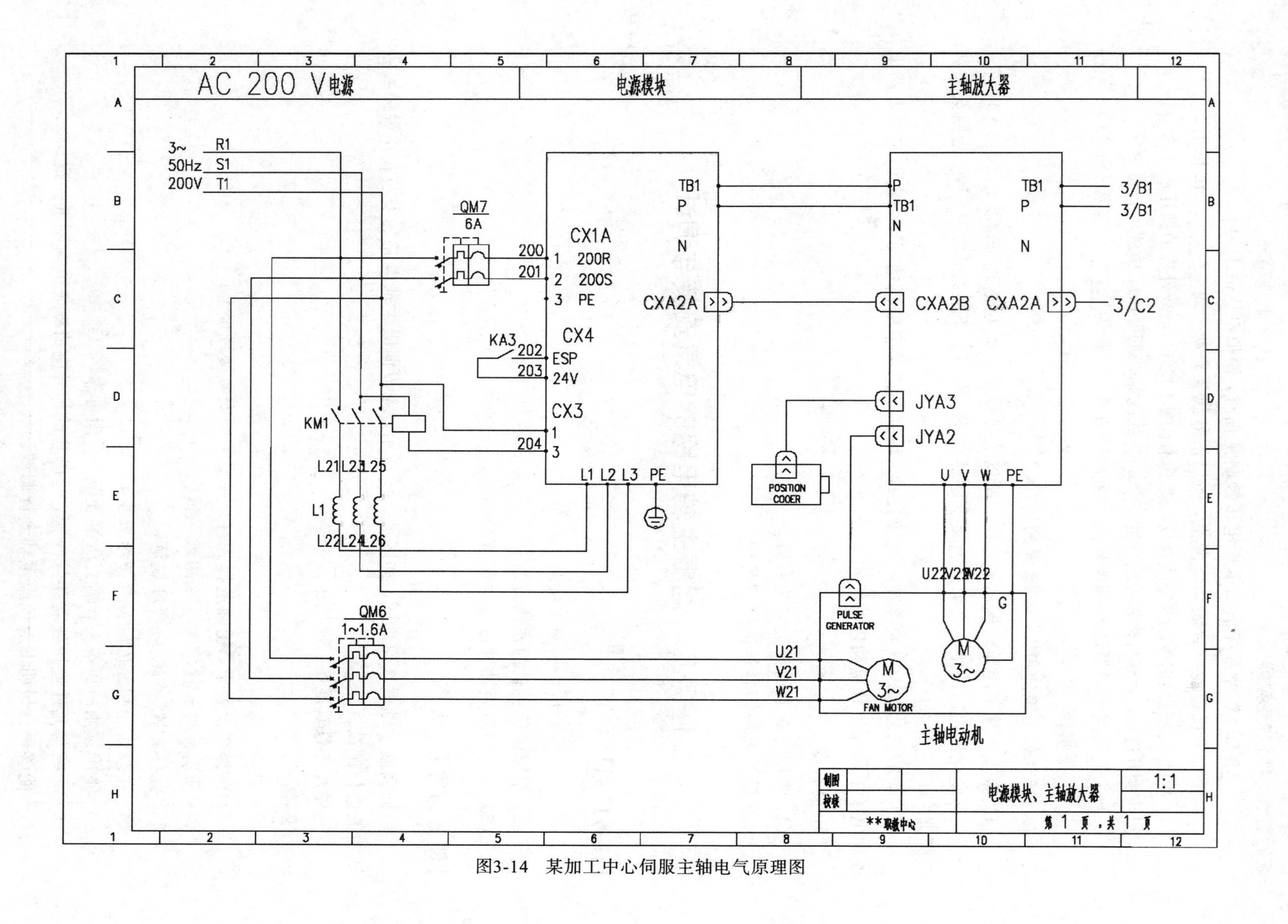

图3-14 某加工中心伺服主轴电气原理图

表 3-5　工量具、元件及耗材清单

序号	电气代号	名称和用途	型　号	数量
1	QM	保护开关	DZ108-20(1～1.6 A)	1只/组
2	QM	空气开关	DZ47-60 C6/2P	1只/组
3	KM	接触器	西门子 3TB4022-0X220V	1只/组
4	L	电抗器	三相	1只/组
5		插接线缆	模块专用	1套/组
6	XT	接线端子	TD15	2米/组
7	导线	黑色	BVR 2.5 mm^2	1卷/组
8	导线	红色/蓝色	BVR 0.75 mm^2	各1卷/组
9	导线	黄绿双色	BVR 2.5 mm^2	1卷/组
10	端子	U形冷压端子	0.75/1.5/1-3/2-4	各1袋/组
11	端子	针形冷压端子	7508/1508	各1袋/组
12	卡轨	金属卡槽	和接触器、断路器、继电器能配合	2米/组
13	号码管	号码管	1.5	1米/组
14		剥线钳		1只/组
15		压线钳		1只/组
16		斜口钳		1只/组
17		一字螺丝刀	1.5/2.5/5 mm	各1只/组
18		十字螺丝刀	2.5/5 mm	各1只/组
19		数字万用表		1只/组
20		绝缘胶布		1圈/组
21		记号笔		1只/组
22		扎带		20根/组

【任务评价】

伺服主轴电路的电气安装与调试评分标准

学号：　　　　　　　　　　　　　　　　　　　　　　　　姓名：

序号	项目	技术要求	配分	评分标准	自评	互评	教师评分
1	电气元件选择与检测	正确选择电气元件;对电气元件质量进行检验	10	元件选择不正确，每个扣1分； 元件错检或漏检，每个扣1分			
2	电气元件布局与安装	按照图纸要求，正确利用工具安装电气元件，要求元件布局合理，安装准确、牢固	10	元件布局不合理，每个扣1分； 元件安装不牢固，每个扣1分； 安装时漏装螺钉，每个扣1分			
3	工量具使用及保护	工量具规范使用，不能损坏，摆放整齐	10	仪器仪表使用不规范，扣5分； 仪器仪表损坏，扣5分； 工具、器材摆放凌乱，扣3分			
4	布线	接线正确，导线两端套号码管，压端子；端子连接牢靠；同方向连线进行绑扎时，线路应清晰不凌乱，无错接和漏接现象	30	不按电路图接线，每处扣3分； 接点松动、露铜过长，每处扣2分； 损伤导线绝缘或线芯，每根扣1分； 错接或漏接，每根扣2分； 漏装或套错号码管，每处扣1分			
5	功能检测	主轴正转、反转、停转功能正常； 主轴转速误差在5%以内	20	正转、反转、停转功能一项不正常扣5分； 转速超差扣5分			
6	其他	清点元件	5	未清点实训设备及耗材，扣2分；			
		团队合作	5	分工不明确，成员不积极参与，酌情扣分			
		文明生产	5	出现没有穿戴防护用品、带电操作等违反安全文明生产规程的，不得分			
		环境卫生	5	卫生不到位不得分			
总分			100				

【任务分析】

1. 识读电气原理图

图 3-14 所示为某加工中心伺服主轴电气原理图，主要由供电电路、电源模块、主轴放大器、主轴电动机和编码器等组成。电源模块需要三相交流 200 V 电源。电源通过 KM1 主触点和电抗器连接到 L1、L2、L3 端子。当系统正常时，接触器 KM1 主触头闭合导通，电源模块电源输入正常。当系统有故障时，继电器 KA3 触点打开，CX4 接口收到急停信号，电源模块会断开 CX3 接口内部继电器触点，使 KM1 线圈失电，KM1 主触头断开，从而切断电源模块的电源输入，保证设备安全。

三相交流 200 V 主电源通过电源模块产生直流电压，提供给主轴放大器模块和伺服放大器模块作为公共动力直流电源。该直流电源通过 TB1 接口电缆传递。TB1 处的电缆名称为直流母线 DCLink。当外部输入主电源电压为交流 200 V 时，DCLink 电压为直流 300 V，图 3-15 所示的电气原理图就属于这种情况。当输入主电源电压为交流 400 V 时，DCLink 电压为直流 600 V。TB1 连接的是主回路，一定要拧紧，如果没有拧紧，轻则产生报警，重则烧坏电源模块和主轴模块。

CX1A 为控制电源输入接口，单相 200 V 电源经空开 QM7 接入。它除了能提供电源模块内部使用外，还给主轴放大器模块和伺服放大器模块提供直流 24 V 电源。该直流 24 V电压和急停信号从电源模块的 CXA2A 输出到主轴放大器模块的 CXA2B。它们也可以为下一个伺服放大器模块同步提供电压和急停信号。

断路器 QM6 为主轴电机风扇提供保护。

主轴电动机内置传感器将速度反馈信号送到主轴放大器的 JYA2 接口。如果传感器损坏或传感器电缆破损导致通信故障，则系统会出现 SP9073 等报警，主轴放大器七段 LED 数码管上显示“73”。主轴位置反馈信号要接至主轴放大器的 JYA3 接口。JYA2 和 JYA3 一定不能接错，否则将烧毁接口。

主轴放大器的 U、V、W 由专用电缆连接到主轴电动机的动力接口上。

2. 选配、检测电气元件

(1) 电气元件选择。根据本任务要求，可选择 1 个 6 A 的 2P 空气开关、1 个 1～1.6 A 的 3P 保护开关、1 个小型中间继电器、1 个交流接触器、1 个电抗器、1 个电源模块、1 个主轴放大器、1 台主轴电动机和 1 个编码器等。

(2) 电气元件规格的检查。核对各电气元件的规格与图纸要求是否一致，如：空气开关的电流容量，断路保护开关的电流容量，交流接触器的额定电压，小型中间继电器的电压等级，电源模块、主轴放大器、主轴电动机的型号等，不符合要求的应更换或调整。观察电源模块、伺服放大器模块的接口是否完好。

(3) 电气元件的检测。观察电气元件的外观是否清洁完整，外壳有无碎裂，零部件是否齐全有效等。观察电气元件的触头有无熔焊粘连、氧化锈蚀等现象；在不通电的情况下，用万用表检查交流接触器及继电器各触头的分、合情况及线圈的阻值，测量电动机的各相对地绝缘电阻等。

3. 安装电气元件

根据电气原理图将电气元件固定在电柜上。电气元件要摆放均匀、整齐、紧凑、合理。

紧固各元件时应用力均匀，紧固程度适当，做到既要使元件安装牢固，又不使其损坏。各元件的安装位置间距应合理，便于元件的更换。

4. 布线

(1) 导线选择。根据电动机容量选配电路导线，本任务为模拟安装，主电路导线可采用截面积为BVR 4 mm^2的铜芯线(黑色)，控制电路导线可采用截面积为BVR 2.5 mm^2的铜芯线(红色)，接地线一般采用截面积不小于BVR 2.5 mm^2的铜芯线(黄/绿双色)。电源模块、主轴放大器、主轴电动机和编码器有专用的连接电缆。

(2) 线路安装。安装时，交流接触器、继电器的常开触头、常闭触头容易接错，要特别注意。专用线缆要插到接口底部，听到咔嚓声表示已经连接好，连接好的电缆线要用扎带扎好，连接时应该整齐、合理，接口牢固，不得松动。

5. 自检

(1) 逐一检查端子接线线号。对照原理图与接线图，从电源端开始逐段核对端子接线的线号，排除漏接、错接现象。

(2) 检查端子接线是否牢固。检查所有端子上接线的接触情况，不允许有松脱现象，以避免通电试车时因虚接造成事故，将故障排除在通电之前。

(3) 使用万用表检测。使用万用表检测安装的电路，若与阻值不符，应根据电路图检查是否有错线、掉线、错位或短路等情况。

(4) 把万用表的交流挡位置调整为250 V挡，测量电源模块主电源输入端子排L1、L2、L3之间是否为交流200 V，测量电源模块CX1A是否为交流200 V。

(5) 把万用表的挡位调整至直流1000 V挡，测量TB1直流母线电压，看其是否为直流300 V。

(6) 把万用表的挡位调整为直流50 V挡，测量CXA2A是否为直流24 V。

6. 通电调试

(1) 安装控制板与机床主体航插连接，注意每个航插不要接错。

(2) 接通电源，合上电源开关，观察主轴电动机运行是否正常。

【安全提醒】

(1) 接线时必须关闭设备总电源，确保操作安全。接线完成确认无误后方可送电调试，操作必须严格按电工安全操作规程进行。

(2) 本任务用到较多的专用电缆，使用时必须认真阅读说明书，切实掌握各电缆的用法，以防用错，损坏设备。

【知识储备】

伺服主轴种类繁多，但功能相似，本节以FANUC系统伺服主轴为例进行介绍。

1. αi 伺服单元基本模块

αi系列伺服由电源模块(Power Supply Module，PSM)、主轴放大器模块(Spindle amplifier Module，SPM)和伺服放大器模块(Servo amplifier Module，SVM)三部分组成，三部分模块之间通过接插线连接。

1）电源模块（PSM）

电源模块(PSM)是为主轴和伺服提供逆变直流电源的模块，如图 3－15 所示。三相 200 V 输入经 PSM 处理后，用于向直流母线输送 DC 300 V 电压供主轴和伺服放大器用。另外 PSM 模块中有输入保护电路，通过外部急停信号或内部继电器控制 MCC 主接触器起到输入保护的作用。

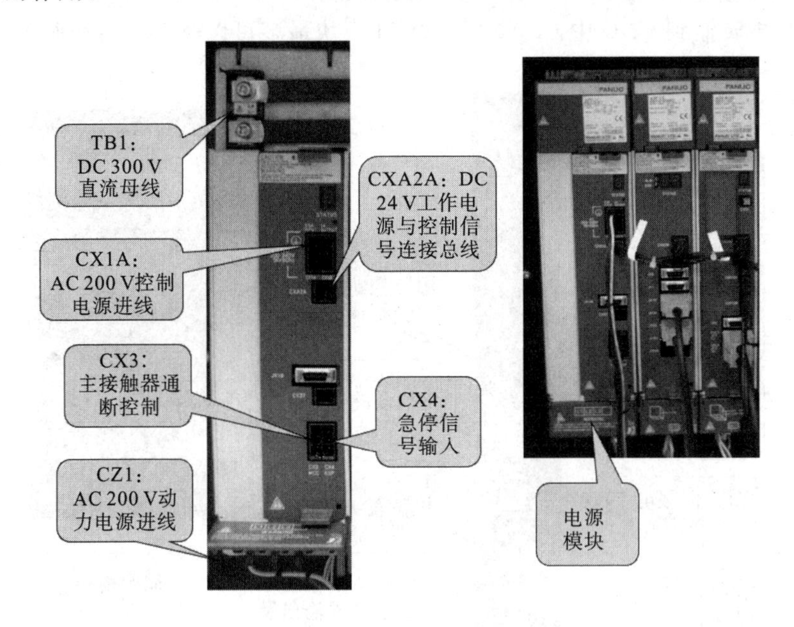

图 3－15　αi 电源模块

2）主轴放大器模块(SPM)

主轴放大器模块(SPM)(见图 3－16)接收 CNC 数控系统发出的串行主轴指令，该指令格式是 FANUC 公司主轴产品通信协议，所以又被称为 FANUC 数字主轴，与其他公司产

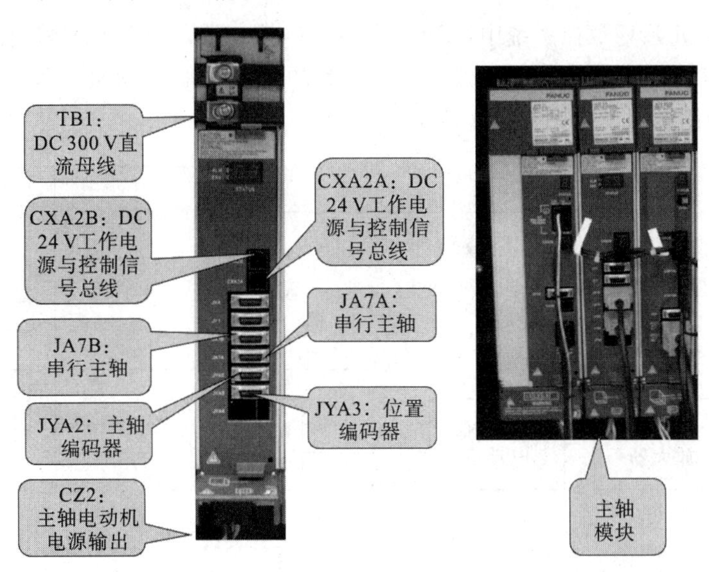

图 3－16　αi 主轴放大器模块

品没有兼容性。主轴放大器向 FANUC 主轴电动机提供动力电。该放大器的 JYA2 和 JYA3 接口分别接收主轴速度反馈信号和主轴位置编码器信号。

3）伺服放大器模块(SVM)

伺服放大器模块(SVM)(见图 3-17)接收通过 FSSB 输入的 CNC 轴控制指令，驱动伺服电动机按照指令运转，同时 JFn 接口接收伺服电动机编码器反馈信号，并将位置信息通过 FSSB 光缆再转输到 CNC 中。FANUC SVM 模块最多可以驱动 3 台伺服电动机。

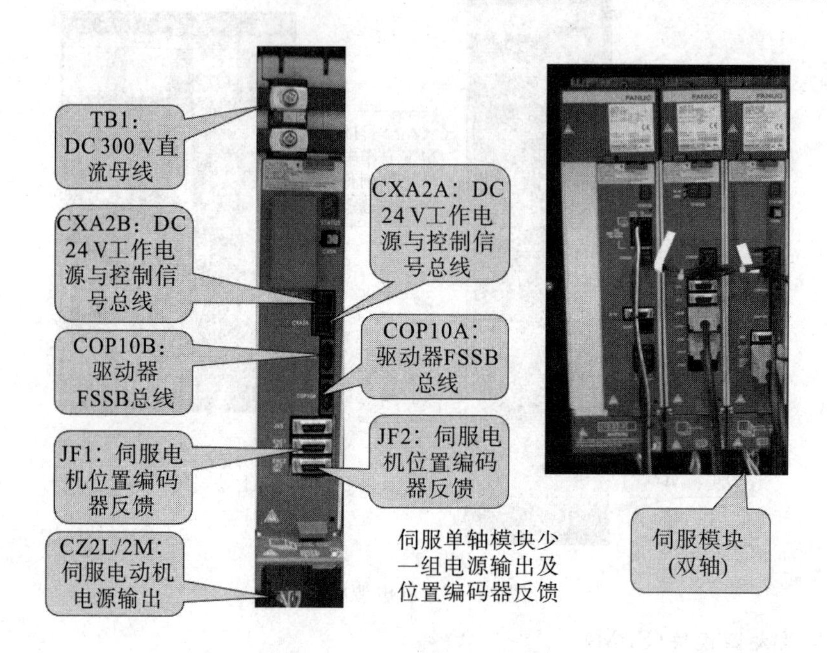

图 3-17　αi 伺服放大器模块

2. FANUC 串行主轴控制

在 FANUC 0i 系列数控系统中，FANUC CNC 控制器与 FANUC 主轴伺服放大器之间数据控制和信息反馈采用串行通信进行，配套的主轴伺服电动机也称为串行主轴电动机。串行主轴控制示意图如图 3-18 所示。

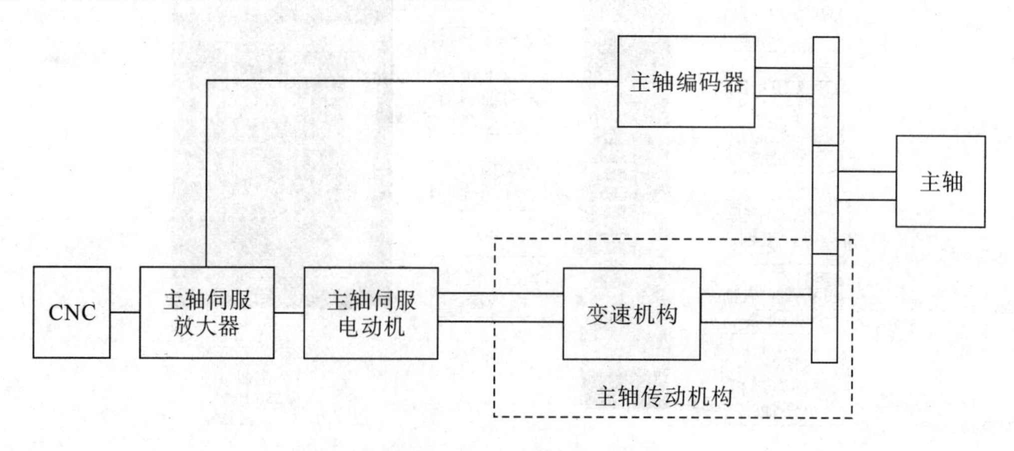

图 3-18　串行主轴控制示意图

串行主轴主要控制功能如表 3－6 所示。

表 3－6　串行主轴控制功能表

控制功能	说　　明
速度控制	由 CNC 与主轴放大器通过数字串行通信方式实现主轴速度控制
定向控制	数控系统对主轴位置的简单控制，该功能使得主轴准确停止在某一固定位置，一般用于加工中心主轴换刀的情况
刚性攻螺纹	指主轴旋转一周，所对应钻孔轴的进给量与攻螺纹的螺距相同，在刚性攻螺纹时，主轴的旋转和进给轴的进给之间总是保持同步
CS 轮廓控制	该功能使安装在主轴上的专用检测器对串行主轴进行位置控制
定位控制	机床主轴定位(或主轴分度)是任意角度定位，该功能是机床通过主轴电动机侧的传感器或与主轴连接的位置编码器来实现的

3. FANUC 主轴电动机

FANUC 主轴电动机必须与 FANUC 主轴放大器配套使用。FANUC 主轴电动机和主轴放大器有 αi 系列和 βi 系列多种规格，FANUC 主轴电动机不仅在加速性能、调速范围、调速精度等方面大大优于变频器，而且主轴放大器可以在极低的转速下输出大转矩，同时可以像伺服放大器一样实现闭环位置控制功能，满足主轴定位、刚性攻螺纹、螺纹加工、CS 轴控制等功能要求。

αi 系列主轴电动机规格如表 3－7 所示。

表 3－7　αi 系列主轴电动机规格

系列	额定功率/kW	性　　能	应用场合
αiI	0.55～45	常规机床使用	适合机床和加工中心机床
αiIP	5.5～22	可通过切换线圈绕组实现很宽的调速范围，不需要减速单元	
αiIHV	0.55～100	高压 400 V 系列的 αi 系列主轴电动机	
αiIT	1.5～22	主轴电动机转子轴是中空结构，主轴电动机与主轴直接连接，维修方便，传动结构简化，具有更高的转速	适合加工中心机床
αiIL	7.5～22	具有液态冷却机构，主轴电动机与主轴直接连接，适合高精度的加工中心	

βi 系列主轴在经济型机床中很常用，常见的电机规格如表 3－8 所示。

表 3-8 βi 系列主轴电动机规格

系列	额定功率/kW	性　能	应用场合
βiI	3.7～15	可选择 Mi 或 MZi 传感器，最高转速为 10 000 r/min	普及型、经济型数控机床和加工中心
βiIc	3.7～15	无传感器，最高转速为 6000 r/min	
βiIP	3.7～11	可通过切换线圈绕组实现很宽的调速范围，不需要减速单元	

4. FANUC 主轴电动机内置传感器

FANUC 主轴电动机速度和位置传感器检测分无传感器检测、Mi 传感器检测、MZi 传感器检测、BZi 传感器检测、CZi 传感器检测等。

1）无传感器检测

FANUC 主轴电动机中只有 βiI 系列有部分规格属于无传感器检测类型；而 αi 系列属于有传感器检测类型，至少也是 Mi 速度传感器检测类型。

2）Mi 传感器检测

Mi 传感器是不带零位脉冲信号、输出为 64～256 线/转正弦波的标准内置式磁性编码器，主轴放大器把内置 Mi 传感器作为速度反馈检测装置来使用。Mi 传感器速度反馈电缆接至主轴放大器的 JYA2，电缆标号是 K14。

3）MZi 传感器检测

MZi 传感器是带零位脉冲信号、输出为 64～256 线/转正弦波的标准内置式磁性编码器，主轴放大器把内置 MZi 传感器作为主轴电动机速度和位置检测反馈装置来使用。内置 MZi 传感器反馈电缆接至主轴放大器的 JYA2，电缆标号是 K17。

4）BZi 传感器检测

BZi 传感器是带零位脉冲信号、输出为 128～512 线/转正弦波、无前置放大器的内置/外置通用型磁性编码器，也可以用于主轴电动机的速度和位置检测，只在 αi 系列主轴伺服驱动系统中选用。主轴电动机内置的 BZi 传感器反馈电缆接至主轴放大器的 JYA2，电缆标号是 K17。

5）CZi 传感器检测

CZi 传感器是带零位脉冲信号、输出为 512～1024 线/转正弦波、带前置放大器的内置/外置通用型磁性编码器，也可以用于主轴电动机的速度和位置检测，只在 αi 系列主轴伺服驱动系统中选用。主轴电动机内置的 CZi 传感器反馈电缆接至主轴放大器的 JYA2，电缆标号是 K89。

【拓展阅读】

伺服电动机和步进电动机的区别

步进电动机是一种离散运动的装置，它和现代数字控制技术有着本质的联系。在目前国内的数字控制系统中，步进电动机的应用十分广泛。随着全数字式交流伺服系统的出现，交流伺服电动机也越来越多地应用于数字控制系统中。为了适应数字控制的发展趋势，运动控制系统中大多采用步进电动机或全数字式交流伺服电动机作为执行电动机。虽然两者在控制方式上相似(脉冲串和方向信号)，但在使用性能和应用场合上存在着较大的差异。

1. 控制精度差异

两相混合式步进电动机步距角一般为3.6°、1.8°，五相混合式步进电动机步距角一般为0.72°、0.36°，也有一些高性能的步进电动机步距角更小。如四通公司生产的一种用于慢走丝机床的步进电动机，其步距角为0.09°；德国百格拉公司(BERGER LAHR)生产的三相混合式步进电动机，其步距角可通过拨码开关设置为1.8°、0.9°、0.72°、0.36°、0.18°、0.09°、0.072°、0.036°，兼容了两相和五相混合式步进电动机的步距角。

交流伺服电动机的控制精度由电动机轴后端的旋转编码器保证。以松下全数字式交流伺服电动机为例，对于带标准2500线编码器的电动机而言，由于驱动器内部采用了四倍频技术，故其脉冲当量为360°/10000=0.036°。对于带17位编码器的电动机而言，驱动器每接收2^{17}=131072个脉冲电动机转一圈，即其脉冲当量为360°/131072=9.89″，是步距角为1.8°的步进电动机脉冲当量的1/655。

3. 低频特性不同

步进电动机在低速时易出现低频振动现象。振动频率与负载情况和驱动器性能有关，一般认为振动频率为电动机空载起跳频率的一半。这种由步进电动机的工作原理所决定的低频振动现象对于机器的正常运转非常不利。当步进电动机工作在低速时，一般应采用阻尼技术来克服低频振动现象，比如在电动机上加阻尼器，或驱动器上采用细分技术等。

交流伺服电动机运转非常平稳，即使在低速时也不会出现振动现象。交流伺服系统具有共振抑制功能，可涵盖机械的刚性不足，并且系统内部具有频率解析机能(FFT)，可检测出机械的共振点，便于系统调整。

4. 矩频特性差异

步进电动机的输出力矩随转速升高而下降，且在较高转速时会急剧下降，所以其最高工作转速一般在300～600 r/min。交流伺服电机为恒力矩输出，即在其额定转速(一般为2000 r/min或3000 r/min)以内，都能输出额定转矩，在额定转速以上为恒功率输出。

5. 过载能力不同

步进电动机一般不具有过载能力，交流伺服电动机具有较强的过载能力。以松下交流伺服系统为例，它具有速度过载和转矩过载能力，其最大转矩为额定转矩的三倍，可用于克服惯性负载在启动瞬间的惯性力矩。步进电动机因为没有这种过载能力，在选型时为了克服这种惯性力矩，往往需要选取较大转矩的电动机，而机器在正常工作期间又不需要那么大的转矩，所以便出现了力矩浪费的现象。

6. 运行性能不同

步进电动机的控制为开环控制，启动频率过高或负载过大易出现丢步或堵转的现象，停止时转速过高易出现过冲的现象，所以为保证其控制精度，应处理好升、降速问题。交流伺服驱动系统为闭环控制，驱动器可直接对电动机编码器反馈信号进行采样，内部构成位置环和速度环，一般不会出现步进电动机的丢步或过冲的现象，控制性能更为可靠。

7. 速度响应性能不同

步进电动机从静止加速到工作转速(一般为每分钟几百转)需要200～400 ms。交流伺服电动机的加速性能更好，以松下 MSMA 400W 交流伺服电动机为例，从静止加速到其额定转速 3000 r/min 仅需几毫秒，可用于要求快速启停的控制场合。

综上所述，交流伺服电动机在许多性能方面都优于步进电动机，但价格较高，在一些要求不高的场合也经常用步进电动机做执行电动机。所以，在控制系统设计过程中，要综合考虑控制要求、成本等多方面的因素，选用适当的控制电动机。

【巩固小结】

通过本任务的实施，能掌握 FANUC 系统伺服主轴电动机的接口，对伺服电动机与步进电动机之间的区别有一定的了解，能够安装典型伺服主轴电路。

1. 填空题(将正确答案填入空格内)

(1) 控制电源为单相 200 V，由________接口输入，除提供电源模块内部的电源部分本体使用电源外，还给主轴放大器模块和伺服放大器模块提供________电源。

(2) 当有意外情况时，按下急停开关，从________接口输入急停信号，内部继电器断开，KM1 线圈失电，KM1 主触点打开，________电源断开，从而保障设备安全。

(3) 步进电动机的控制为开环控制，启动频率过高或负载过大易出现________或________的现象，停止时转速过高易出现________的现象，所以为保证其控制精度，应处理好升、降速问题。

(4) 当步进电动机工作在低速时，一般应采用________技术来克服低频振动现象。

(5) 在伺服系统中，常用于测角(位移)的检测元件有电位计、差动变压器、微同步器、自整角机、________等。

2. 判断题(正确的打"√"，错误的打"×")

(1) CX3 接口用于伺服放大器输出信号控制机床主电源接触器(MCC)吸合。CX4 接口用于外部急停信号输入。(　　)

(2) 主轴电动机内置传感器将速度反馈信号送到 JYA2，主轴位置反馈信号接至 JYA3 接口。(　　)

(3) 在刚性攻螺纹时，主轴的旋转和进给轴的进给之间总是保持同步。(　　)

(4) 步进电动机在低速时很少出现低频振动现象。(　　)

(5) 步进电动机的过载能力比交流伺服电动机的强。(　　)

3. 选择题(将正确答案的代号填入括号内)

(1) 某交流伺服电动机采用了四倍频技术，带标准 2500 线编码器，其脉冲当量为(　　)。

A. 0.01°　　B. 0.144°　　C. 0.072°　　D. 0.036°

(2) 交流伺服驱动系统为(　　)控制，驱动器可直接对电动机编码器反馈信号进行采样，内部构成位置环和速度环，一般不会出现步进电动机的丢步或过冲的现象。

A. 开环　　B. 闭环　　C. 半闭环　　D. 前馈

(3) 步进电动机的最高工作转速一般在(　　)。

A. 200 r/min 以下　　B. 300～600 r/min

C. 1300～2000 r/min　　D. 2000 r/min 以上

项目四　伺服系统电路的安装与调试

任务一　αi 伺服系统电路的安装与调试

【任务目标】

(1) 了解 αi 伺服系统的组成及工作原理；

(2) 掌握 αi 伺服系统电路的安装与调试方法。

【任务布置】

根据 αi 电源模块与伺服放大器的连接，如图 4-1 所示，完成 αi 伺服系统电路的安装，并对电源模块与伺服放大器模块进行检测。

元件及工量具准备：详见表 4-1。

工时：4。

任务要求：

(1) 根据图纸要求，正确选择连接线；

(2) 所有元件连接应与电气图纸一致；

(3) 连接线应符合图纸要求；

(4) 正确检查连接点的稳定性、可靠性；

(5) 正确检测电源模块及放大器模块的连接电阻值。

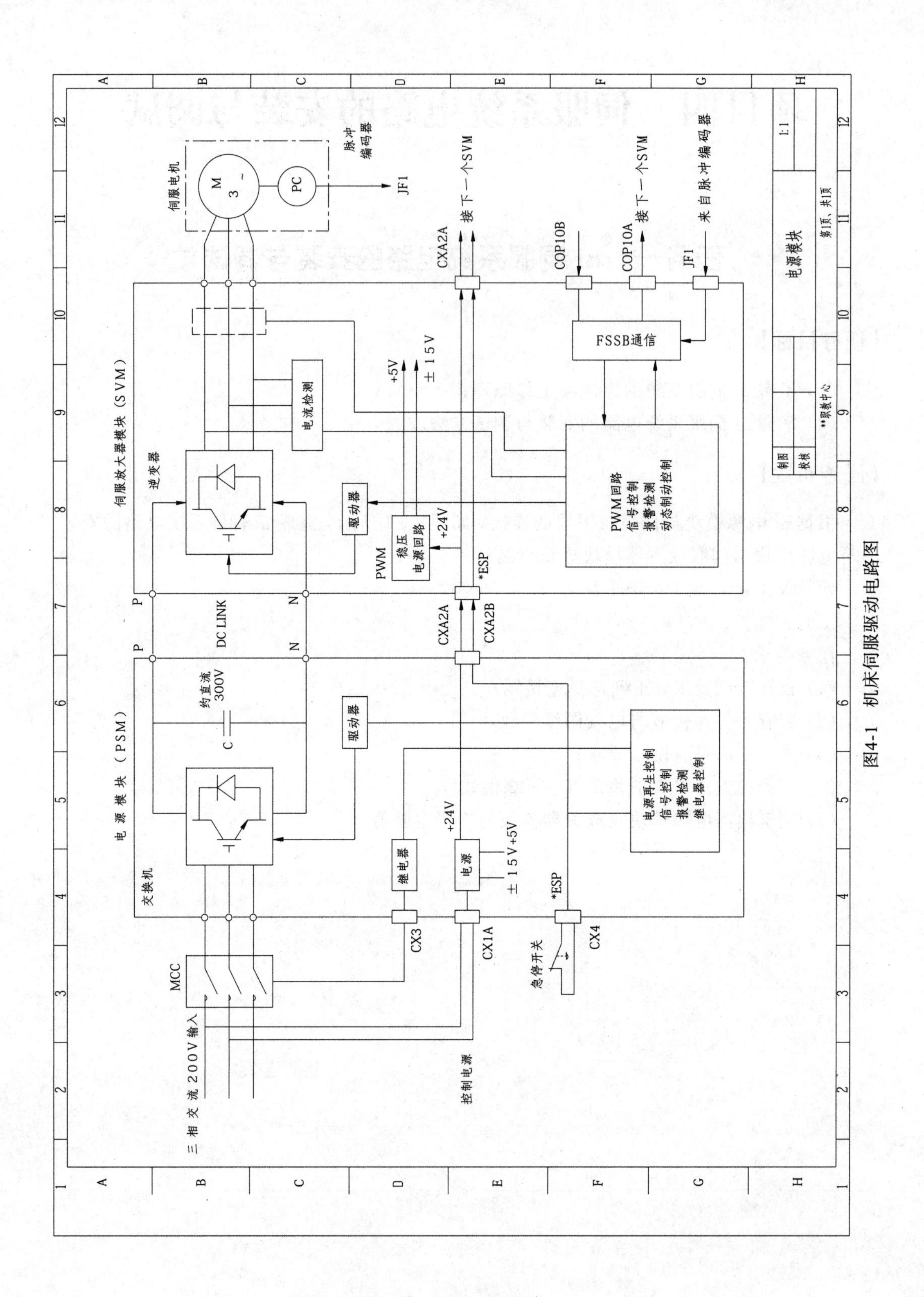

图4-1 机床伺服驱动电路图

表 4-1　工量具、元件及耗材清单

序号	电气代号	名称和用途	型　号	数量
1	SVM	伺服系统模块	αi	1只/组
2	PSM	电源模块	αi	1只/组
3	FSSB	光缆		2根/组
4	导线	黑色	2.5 mm^2	1卷/组
5	导线	红色/蓝色	0.75 mm^2	各1卷/组
6	导线	黄绿双色	2.5 mm^2	1卷/组
7	端子	U形冷压端子	1-3/2-4	各100只/组
8	端子	针形冷压端子	0.75/1.5	各100只/组
9	卡轨	金属卡槽	和接触器、断路器、继电器配合	2米/组
10	号码管	号码管	1.5	1米/组
11		剥线钳		1只/组
12		压线钳		1只/组
13		斜口钳		1只/组
14		一字螺丝刀	1.5/2.5/5 mm	各1只/组
15		十字螺丝刀	2.5/5 mm	各1只/组
16		数字万用表		1只/组
17		绝缘胶布		1圈/组
18		记号笔		1只/组
19		扎带		20根/组

【任务评价】

αi 伺服系统电路的安装与调试评分标准

学号： 姓名：

序号	项目	技术要求	配分	评分标准	自评	互评	教师评分
1	连接元件选择与检测	正确选择连接元件;对连接元件的质量进行检验	10	元件选择不正确，每个扣 1 分； 元件错检或漏检，每个扣 1 分			
2	电气元件布局与安装	按照图纸要求，正确利用工具安装电气元件，要求元件布局合理，安装准确、牢固	10	元件布局不合理，每个扣 1 分； 元件安装不牢固，每个扣 1 分； 安装时漏装螺钉，每个扣 1 分			
3	工量具使用及保护	工量具规范使用，不能损坏，摆放整齐	10	仪器仪表使用不规范，扣 5 分； 仪器仪表损坏，扣 5 分； 工具、器材摆放凌乱，扣 3 分			
4	功能检测	检测每个连接线两端是否插到底	50	不按电路图接线，每处扣 5 分； 损伤连接线，每根扣 5 分； 错接或漏接，每根扣 5 分			
5	其他	清点元件	5	未清点实训设备及耗材，扣 2 分			
		团队合作	5	分工不明确，成员不积极参与，酌情扣分			
		文明生产	5	出现没有穿戴防护用品、带电操作等违反安全文明生产规程的，不得分			
		环境卫生	5	卫生不到位不得分			
总分			100				

【任务分析】

1. 伺服单元总体连接图识读

图 4 - 1 所示为机床伺服驱动电路图，伺服单元由电源模块、伺服放大器模块以及主轴放大器模块组成。电源模块接口位置有 CX1A、CXA2A、CX3、CX4 等；伺服放大器接口位置有 CXA2A、CXA2B、CZ2L、JF1(JF2)、COP10A、COP10B、CX5A、CX29 等。

(1) 从图 4 - 1 可以看出，三相交流 200 V 主电源通过电源模块产生直流电压，提供给伺服放大器模块作为公共动力直流电源，公共动力直流电源约为 300 V。控制电源为单相 200 V，由 CX1A 接口输入，除提供电源模块内部的电源部分本体使用电源外，还产生直流

24 V 电压，直流 24 V 电压以及 ESP 信号由 CXA2A 输出到伺服放大器模块。若 CX1A 没有引入 200 V 电压，则电源模块、伺服放大器模块和主轴放大器模块都没有显示。

(2) 当有意外情况时，可以按下急停开关，从 CX4 接口输入急停信号。主电源接触器 MCC 由电源模块的内部继电器触点控制，当伺服系统没有故障，CNC 没有故障，且没有按下急停开关时，该内部继电器吸合。MCC 触点由 CX3 接口输出。

(3) 伺服放大器模块主电源来自电源模块直流 300 V 电压。控制用直流 24 V 电压和急停信号来自电源模块，输入接口为 CXA2B，它们也可以为下一个伺服放大器模块同步提供电压和急停信号。若没有控制用电流 24 V 电压，伺服放大器模块没有任何显示。

(4) 伺服放大器模块与 CNC 的信息交换(信号控制和信息反馈)物理连接由 FSSB 实现，连接接口为 COP10B，COP10A 用于连接下一个伺服放大器模块。若 FSSB 断开，则会有 SV5136 等报警。

(5) 伺服放大器模块最终输出控制伺服电动机，伺服电动机尾部的编码器反馈电缆连接至伺服放大器模块 JF1 用于速度和位置等反馈。如果编码器损坏或编码器的反馈电缆破损导致速度和位置信息通信故障，则系统会出现 SV0368 等报警。

(6) 电源模块与主轴放大器模块的连接。在需要主轴伺服电动机的场合，伺服单元中主轴放大器模块(SPM)是必不可少的。

2. 选配、检测元件

(1) 元件的选择。根据本项目任务要求，选择三相交流 220 V 电源模块 1 个、伺服放大器模块 1 个、三相交流伺服电动机 1 个。

(2) 元件规格的检查。核对各电气元件的规格与图纸要求是否一致，如三相交流主电源等级及单相电源的电压等级，伺服放大器模块的接口、型号，伺服电机的额定电压及对应的编码器等，不符合要求的应更换或调整。

(3) 电气元件的检测。观察电源模块、伺服放大器模块的外观是否清洁完整，外壳有无碎裂，零部件是否齐全有效等。观察电源模块、伺服放大器模块的接口是否完好；在不通电的情况下，用万用表检查各接口的电阻阻值，测量伺服电动机的各相对地绝缘电阻等。

3. 安装电气元件

根据机床伺服驱动电路图(见图 4-1)，将选择的模块固定在电柜上。模块要摆放均匀、整齐、紧凑、合理。紧固模块时应用力均匀，紧固程度适当，做到既要使模块安装牢固，又不使其损坏。各模块的安装位置间距合理，便于模块的更换。

4. αi 伺服系统电路的布线

(1) 连接线选择。根据电动机容量选配电路导线，本任务为模拟安装，主电路电源线可采用截面积为 BVR 2.5 mm^2 的铜芯线(黑色)，控制电路导线可采用截面积为 BVR 0.75 mm^2 的铜芯线(红色)，接地线一般采用截面积不小于 BVR 2.5 mm^2 的铜芯线 (黄/绿双色)。模块连接线采用模块专用 FSSB 光缆及连接电缆。

(2) 安装 αi 伺服系统电路。依次利用电缆线及光缆连接电源线、电源模块与伺服放大器模块。注意接口要插到底部，听到咔嚓声表示已经连接好；将连接好的电缆线用扎带扎好，连接时应该整齐、合理，接口牢固，不得松动。

5. 自检

(1) 在机床正常通电工作情况下，利用万用表的交流 750 V 挡，测量实验装置或机床的总电源三相进线电压是否为交流 380 V。

(2) 测量三相变压器一边侧是否为交流 380 V，变压器二边侧是否为交流 200～240 V。

(3) 可以把万用表的交流挡位置调整为 250 V 挡，测量 αi 电源模块主电源输入端子排是否为交流 200～240 V，测量电源模块 CX1A 是否为交流 200 V。

(4) 可以把万用表的挡位调整至直流 1000 V 挡，测量直流母线电压，看其是否为直流 300 V 左右，注意测量安全。

(5) 可以把万用表的挡位调整为直流 50 V 挡，测量 CXA2A 的 A1(B1)脚和 A2(B2)脚之间是否为直流 24 V。

6. 通电调试

(1) 检查 X 和 Z 轴伺服电动机线是否交叉连接。

(2) 安装控制板与机床主体航插连接，注意每个航插不要接错。

(3) 接通电源，合上电源开关，用万用表检查启动电压是否正常。

【安全提醒】

(1) 注意光缆的插拔方向，以免损坏。

(2) 若有绝对式编码器，注意不要插拔 CX5X 接口及 JF1(JF2)反馈电缆。

(3) 注意变压器的输入与输出端，以免接错。

【知识储备】

数控机床的伺服驱动系统(Servo System)简称伺服系统，是一种以机床工作台的位置和速度为控制对象的自动控制系统。在数控机床中，伺服系统接收装置发出的位移或速度指令，经过信号变换、放大后，通过电动机和机械传动机构，带动工作台及刀架运动。根据其作用不同，又可分为进给伺服系统与主轴伺服系统。进给伺服系统主要控制机床各坐标轴的切削进给运动，以直线运动为主。主轴伺服系统主要控制主轴的切削运动，以旋转运动为主。

1. 伺服系统的基本组成

伺服驱动为数控机床的“四肢”，是一种“执行机构”，决定数控机床的精度和速度等各方面技术指标。其主要工作原理是接受计算机数控装置的指令脉冲，经放大和转换以后驱动执行元件实现预期运动。数控系统与伺服系统连接示意图如图 4-2 所示，数控系统输出控制信号，伺服驱动装置接收信号后进行信号放大处理，速度检测装置通过速度反馈对伺服电动机进行速度控制，半闭环(全闭环)位置检测反馈至数控系统进行位置控制。

典型数控系统一般有三个控制环，即位置环、速度环、电流环。

(1) 位置环接收 CNC 位置移动指令，与系统中位置反馈进行比较，从而精确控制机床定位。

(2) 速度环是速度控制单元接收位置环传入的速度控制指令，与速度反馈进行比较后输入速度调节器进行伺服电动机的速度控制。

(3) 电流环通过力矩电流设定，并根据实际负载的电流反馈状况，由电流调节器实现对伺服电动机的恒转矩控制。

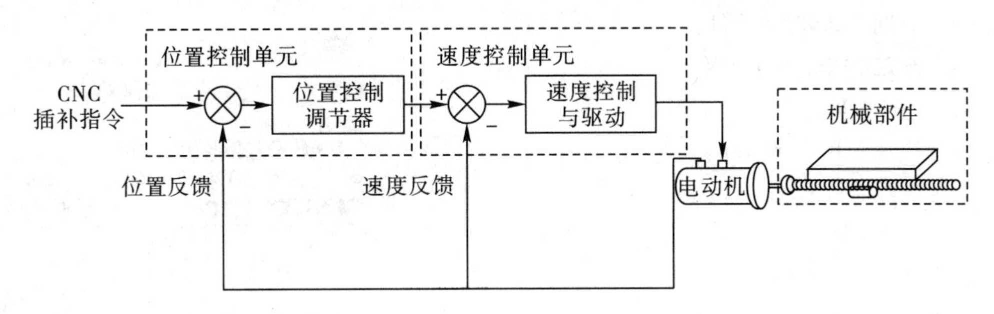

图 4-2　数控系统与伺服系统连接示意图

典型 FANUC 数控系统也有三个控制环，FANUC 数据系统伺服控制框图如图 4-3 所示。数控系统将加工程序编制的移动指令经过位置控制、速度控制以及电流控制处理产生脉宽调制信号送到伺服放大器，处理过程中采用的位置和速度反馈都来自于伺服电动机尾部的脉冲编码器。脉冲编码器主要提供伺服电动机位置和速度以及转子位置信号。数控系统的脉宽调制信号、位置反馈信号、速度反馈信号、电流检测反馈信号以及报警接收信号等都经过 I/F 接口处理转换为光电信号与伺服放大器串行通信。伺服放大器只进行功率放大，其接收的位置和速度反馈信号都由数控系统进行处理。目前 FANUC 0i 系列产品的数字伺服控制都在数控系统中，脉冲编码器上的反馈信号经过串行处理反馈至伺服放大器，再由伺服放大器与 CNC 串行通信，所以该编码器称为串行编码器。

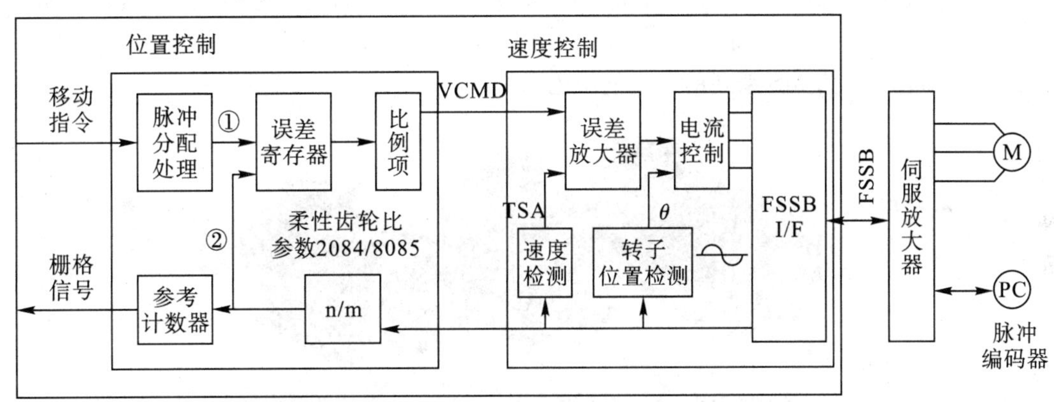

图 4-3　FANUC 数据系统伺服控制框图

2. 伺服电动机和伺服放大器

伺服电动机又称执行电动机，其功能是将输入的电压控制信号转换为轴上输出的角位移和角速度，驱动控制对象。伺服电动机可分为两类：交流伺服电动机和直流伺服电动机。数控系统中交流伺服电动机分为 αi 伺服放大器系列、βi 伺服放大器系列。

图 4-4 所示为 αi 伺服电动机铭牌。

在 αi 伺服电动机标签上标注有以下内容：

伺服电动机规格：αiF 4/4000。

订货号：A06B-0223-B100，订货时就是记录此订货号进行备件订货。

生产序列号：C095X4026。

生产日期：2009 年 5 月。

输出额定功率：1.4 kW。

电压：138 V。

额定转速：4000 r/min。

额定电流：6.4 A。

频率：267 Hz。

静态扭矩：4 N·m

电流：7.7 A。

图 4-4　αi 伺服电动机铭牌

1）αi 伺服放大器和伺服电动机

αi 伺服放大器系列具有模块结构简单、节省空间、发热少等优点，是节能型放大器，包含伺服放大器模块、主轴放大器模块和电源模块。αi 伺服放大器的所有模块均采用低损耗的智能功率电子器件 IPM，智能模块和高效能的散热器减小了伺服放大器散热片的大小。

αi 系列交流伺服电动机采用稀土金属和铁氧体两种磁性材料。

αiS 系列的交流伺服电动机采用最新的稀土磁性材料钕铁硼。这种铁磁材料具有高的磁能积，磁路经过有限元分析以达到最佳设计。转子采用所谓的 IPM 结构，即把磁铁嵌在磁轭里，与以前的系列比较，其速度和出力增加了 30%，或者说，同样的出力，同样的法兰尺寸，电动机的长短缩小了 20%。转子的结构具有力学的特征。另外，由于减小了电动机的电枢反应，优化了磁路的磁饱和，故减小了电动机的尺寸，适应了高速、高加速度的要求。图 4-5 所示为 αiS 系列的交流伺服电动机。

图 4-5　αiS 系列的交流伺服电动机

而 αiF 系列的交流伺服电动机采用“铁氧体”磁性材料，其成本比 αiS 系列采用的钕铁硼稀土磁性材料要低些。图 4-6 所示为 αiF 系列的交流伺服电动机。

无论是 αiS 还是 αiF 系列的交流伺服电动机，均为高性能的交流同步电动机。αi 系列的交流伺服电动机有以下特点：具有极其平滑的转速和快速的加减速控制，具有高达 16 000 000线/转的高分辨率脉冲编码器，可以实现纳米 CNC 系统高速和高精度的伺服 HRV 控制，具有学习控制功能，能针对重复指令以非常高的水平实现高速和高精度加工，具有串行控制功能，能在 2 轴同步驱动中同时实现高增益和稳定性，具有伺服调整工具，能在短时间内实现高速和高精度的伺服调整，产品规格多，备有 200V 和 400V 输入电源规格，具有 ID 信息和伺服电动机温度信息，从而使维修性提高。

图 4-6　αiF 系列的交流伺服电动机

2）βi 伺服放大器和伺服电动机

βi 伺服放大器系列同样具有模块结构简单、节省空间、发热少等优点，也是一种节能型放大器。

但是由于 βi 系列电动机磁性材料采用的是经济型的稀土磁性材料，所以其属于经济型驱动电动机，主要配置于 FANUC Mate 系列的数控系统上，如0i-Mate MC/TC 的数控系统，并且伺服电动机转矩一般不过 22N·m。这种 βi 系列交流伺服电动机及驱动也适合于 PMC 轴的控制（由于通过 I/O Link 连接，故也称 Link 轴），用于刀库、齿牙盘转 T 台、机械手的定位控制。图 4-7 所示为 βi 系列的交流伺服电动机。

图 4-7　βi 系列的交流伺服电动机

βi 系列伺服放大器和伺服电动机分两种规格结构，一种是伺服放大器单独模块结构，简称 βiSV 系列；另一种是伺服放大器与主轴放大器一体化的结构，简称 βiSVSP 系列。βi 系列伺服放大器和伺服电动机主要特点是卓越的性价比，βiSVSP 系列伺服放大器与主轴放大器一体化设计，节省配线，同时具有充足的功能和性能。βiSV 系列电源一体型伺服放大器组合灵活，有单轴型结构，也有双轴型结构；具有 ID 信息和伺服电动机温度信息，从而使维修性提高；平滑的转速和紧凑的机身设计，采用独特的转子形状，体积小，重量轻，可以得到大转矩并实现快速加速；安装有小巧的高分辨率 i 系列脉冲编码器，实现高精度进给控制，最高分辨率为 128 000 线/转；具有伺服调整工具，能在短时间内实现高速和高精度的伺服调整，也具有 200 V 和 400 V 输入主电源规格。

3. αi 系列放大器

图 4-8 所示为 αi 伺服单元综合连接原理图。其中，PSM 为电源模块，SPM 为主轴放大器模块，SVM 为控制两个伺服电动机的伺服放大器模块；PSM、SPM、SVM 是安装在一起的，相互之间通过连接电缆进行连接。

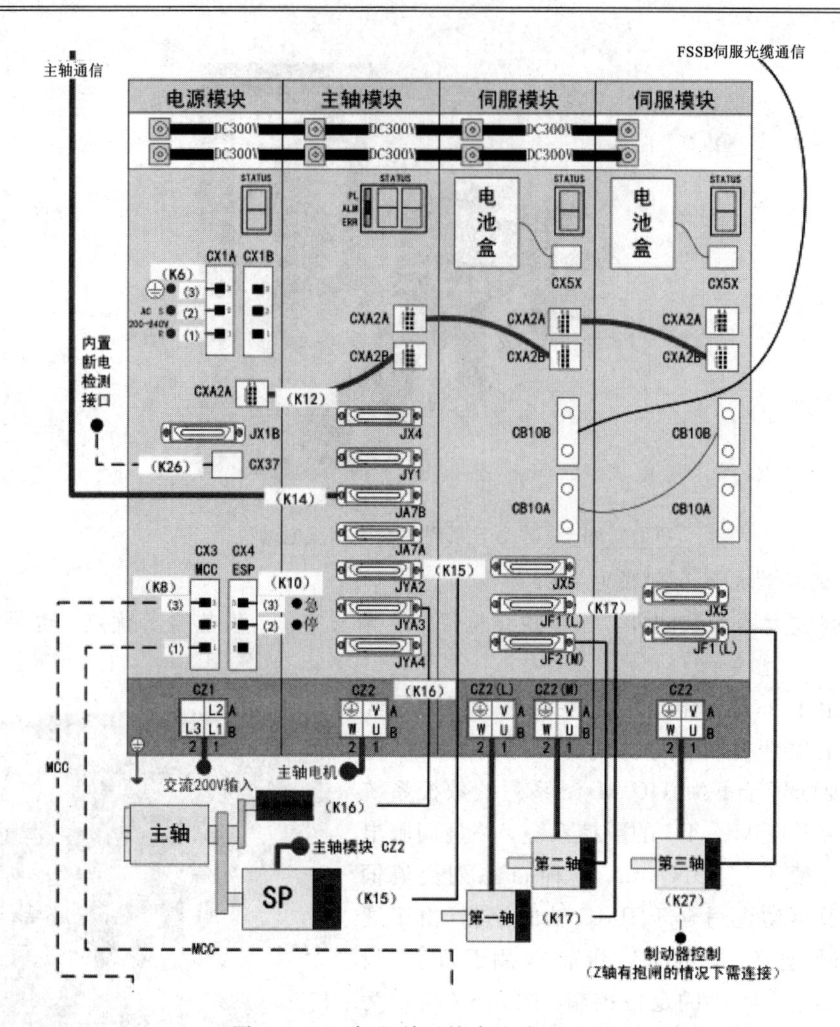

图 4-8 αi伺服单元综合连接原理图

1）电源模块控制电源

伺服单元中电源模块控制电源为交流 200V，接至电源模块 CX1A 的 1 和 2 脚，由电源模块产生电源模块所需控制电源以及主轴放大器模块和伺服放大器模块控制电源，直流 24 V从 CXA2A 接口输出。若电源模块没有输入交流 200 V 控制电压，电源模块没显示，系统会出现 SP0750 和 SV5136 的报警。

2）急停功能控制

伺服单元所需急停信号连接至 CX4。急停信号可通过 CXA2A 和 CXA2B 互连线，实现伺服放大器模块和主轴放大器模块的急停功能。

3）伺服单元三相主电源输入

三相交流 200 V 电压接至电源模块(PSM)的 TB2 端子排，由电源模块产生 SVM 需要的直流 300 V 总电源，连接至伺服放大器模块的 TB1。主电源输入由电源模块内部触点 CX3 控制外部交流接触器通断，当 CNC 没有故障，伺服单元没有故障，CX4 接口没有急停输入时，CX3 触点闭合，控制交流接触器吸合。使用中注意内部触点 CX3 通过的电流不大，只能控制普通继电器的线圈。一般通过普通中间继电器控制交流接触器线圈，最后再控制主电源通断。

4）伺服放大器模块控制电源

伺服放大器模块控制电源来自伺服单元中电源模块的CXA2A输出，电缆线代号为K69，为8芯互连线。

5）伺服放大器模块控制信号

伺服放大器模块控制信号来自数控系统的COP10A或上一个伺服放大器模块的COP10A。伺服放大器模块的COP10A连接到下一个伺服放大器模块的COP10B，若没有下一个伺服放大器模块，则COP10A不需要接任何终端。

6）伺服放大器模块与伺服电动机的连接

伺服放大器的输出动力电缆接伺服电动机。CZ2为伺服放大器模块的接口代号，在接口上标有A1、B1、A2、B2字符。

αi伺服电动机的编码器反馈电缆接至伺服放大器的JF1接口，编码器反馈电缆是多芯屏蔽线，RD、*RD为差分信号，伺服电动机的编码器转速和位置以及工作状态都由此差分信号从伺服电动机编码器送至伺服放大器模块JF1接口。+5 V电源是伺服放大器模块提供给伺服电动机编码器的工作电源，若编码器为绝对式编码器，则由伺服放大器模块上的电池经过反馈电缆提供给绝对式编码器使用，当外围电源断开时，由电池来保持绝对式编码器的位置数据。当没有电池或电池电压为0 V时，会有DS0306报警。

7）断电检测输出接口

当外部电源快断电时，CX37的A1和A3断开(正常情况下A1和A3是闭合的)，A3接线点与急停按钮串联，接至PMC I/O模块的输入端，经过PMC软件处理后输出开关量，再与CX37的B1和B3串联控制外部继电器的线圈。当外部电源快断电或按下急停按钮时，该继电器断电，触点断开，抱闸线圈失电，从而伺服电动机抱闸。

4. 伺服电动机的选型方法

为了满足机械设备对高精度、快速响应的要求，伺服电动机应有较小的转动惯量和大的堵转转矩，并具有尽可能小的时间常数和启动电压，还应具有较长时间的过载能力，以满足低速大转矩的要求，能够承受频繁启动、制动和正、反转。如果盲目地选择大规格的电动机，不仅会增加成本，也会使设计设备的体积增大，结构不紧凑。因此选择电动机时应充分考虑各方面的要求，以便充分发挥伺服电动机的工作性能。

1）选用伺服电动机型号的步骤

(1) 明确负载机构的运动条件要求，即加/减速的快慢、运动速度、机构的重量、机构的运动方式等。

(2) 依据运行条件要求选用合适的负载惯量计算公式，计算出机构的负载惯量。

(3) 依据负载惯量与电动机惯量选出适当的假选定电动机规格。

(4) 结合初选的电动机惯量与负载惯量，计算出加速转矩及减速转矩。

(5) 依据负载重量、配置方式、摩擦系数、运行效率计算出负载转矩。

(6) 初选电动机的最大输出转矩必须大于加速转矩加负载转矩；如果不符合条件，则必须选用其他型号计算验证，直至符合要求。

(7) 依据负载转矩、加速转矩、减速转矩及保持转矩，计算出连续瞬时转矩。

(8) 初选电动机的额定转矩必须大于连续瞬时转矩，如果不符合条件，则必须选用其他型号计算验证，直至符合要求。

2）伺服电动机选型的注意事项

（1）有些系统如传送装置、升降装置等要求伺服电动机能尽快停车，而在故障、急停、电源断电时伺服没有再生制动，无法对电动机减速，同时系统的机械惯量又较大，这时需选用动态制动器，动态制动器要依据负载的轻重、电动机的工作速度等进行选择。

（2）有些系统要维持机械装置的静止位置，需电动机提供较大的输出转矩，且停止的时间较长。如果使用伺服的自锁功能，则往往会造成电动机过热或放大器过载，这种情况就要选择带电磁制动的电动机。

（3）有的伺服驱动器有内置的再生制动单元，但当再生制动较频繁时，可能引起直流母线电压过高，这时需另配再生制动电阻。再生制动电阻是否需要另配，配多大，可参照相应样本的使用说明来配。

（4）如果选择了带电磁制动器的伺服电动机，则电动机的转动惯量会增大，计算转矩时要进行考虑。

【拓展阅读】

伺服系统的常见故障类型

伺服系统中常见的故障有以下几种。

1. 超程

当进给运动超过由软件设定的软限位或由限位开关设定的硬限位时，就会发生超程报警，一般会在 CRT 上显示报警内容，向发生超程相反方向运动坐标轴，退出超程区后复位，即可排除故障，解除报警。但如果机床采用的是超程链，则在退出超程区时，需要按住超程释放按键不放，然后再向超程相反方向运动。对于超程方向要特别注意判断，因为超程释放键被按下后，机床将不再检测超程信号。

2. 过载

当进给运动的负载过大，频繁正、反向运动以及传动链润滑状态不良时，均会引起过载报警，一般会在 CRT 上显示伺服电动机过载、过热或过流等报警信息。同时，在强电柜中的进给驱动单元、指示灯或数码管上会提示驱动单元过载、过电流等信息。

3. 窜动

在进给时出现窜动现象的可能原因有：测速信号不稳定，如测速装置故障、测速反馈信号干扰等；速度控制信号不稳定或受到干扰；接线端子接触不良，如螺钉松动等。当窜动发生在由正方向运动与反向运动的换向瞬间时，一般是由进给传动链的反向间隙或伺服系统增益过大所致。

4. 爬行

爬行发生在启动加速段或低速进给时，一般是由进给传动链的润滑状态不良、伺服系统增益低及外加负载过大等因素所致。尤其要注意的是伺服电动机和滚珠丝杠连接用的联轴器，由于连接松动或联轴器本身的缺陷，如裂纹等，造成滚珠丝杠转动与伺服电动机的转动不同步，从而使进给运动忽快忽慢，产生爬行现象。

5. 振动

机床以高速运行时，可能产生振动，这时就会出现过流报警。机床振动问题一般属于速度问题，应去查找速度环，主要从给定信号、反馈信号及速度调节器本身这三方面去查找故障。分析机床振动的周期是否与进给速度有关，如与进给速度有关，则振动一般是由该轴的速度环增益太高或速度反馈故障造成的；如与进给速度无关，则振动一般是由位置环增益太高或位置反馈故障造成的：如振动在加减速过程中产生，则往往是由于系统加减速时间设定过小造成的。

6. 伺服电动机不转

数控系统至进给驱动单元除了速度控制信号外，还有使能控制信号，一般为 DC 24 V 继电器线圈电压。伺服电动机不转常用的诊断方法有：检查数控系统是否有速度控制信号输出；检查使能信号是否接通；通过 CRT 观察 I/O 状态，分析机床 PLC 梯形图(或流程图)，以确定进给轴的启动条件，如润滑、冷却等是否满足；对带电磁制动的伺服电动机，应检查电磁制动是否释放；进给驱动单元故障；伺服电动机故障等。

7. 位置误差

当伺服轴运动超过位置允差范围时，数控系统就会产生位置误差过大的报警，包括跟随误差、轮廓误差和定位误差等。导致位置误差的主要原因有：系统设定的允差范围小；伺服系统增益设置不当；位置检测装置有污染；进给传动链累积误差过大；主轴箱垂直运动时平衡装置(如平衡液压缸等)不稳定。

8. 漂移

漂移是指当指令值为零时，坐标轴仍移动，从而造成位置误差。一般通过误差补偿和驱动单元的零速调整来消除漂移。

9. 回参考点故障

回参考点故障有找不到和找不准参考点两种故障。前者主要是由回参考点减速开关产生的信号或零标志脉冲信号失效所导致的，可以用示波器检测信号；后者是由参考点开关挡块位置设置不当引起的，只要重新调整即可。

伺服故障在维修时，可采用模块交换法来进行判断。

【巩固小结】

通过本任务的实施，知道 αi 伺服系统的组成及伺服电动机的分类，并了解伺服系统的常见故障，能够进行电源模块与伺服放大器的安装与调试。

1. 填空题(将正确答案填在空格内)

(1) 数控系统中交流伺服电动机分________和________两类。

(2) 典型数控系统有三个控制环，主要是________、________、________。

(3) 伺服放大器模块的 COP10A 连接到下一个伺服放大器模块的________，若无下一级伺服放大器，则 COP10A 应________。

2. 判断题(正确的打“√”，错误的打“×”)

(1) 位置环接收 CNC 位置移动指令，与系统中位置反馈进行比较，从而精确控制机床

定位。(　　)

(2) 电流环是速度控制单元接收位置环传入的速度控制指令，与速度反馈进行比较后输入速度调节器进行伺服电动机的速度控制。(　　)

(3) 速度环通过力矩电流设定，并根据实际负载的电流反馈状况，由电流调节器实现对伺服电动机的恒转矩控制。(　　)

3. 选择题(将正确答案的代号填入括号内)

(1) 数控机床进给控制的交流伺服电动机结构是(　　)。

A. 转子、定子都装有永磁体和绕组　　B. 转子、定子都是绕组

C. 定子装有永磁体，转子是绕组　　D. 转子装有永磁体，定子是绕组

(2) 机床检测时，若 FSSB 断开，则会有(　　)报警。

A. SV5136　　B. SV417　　C. SV5137　　D. SV5138

(3) 伺服电动机的信号线带有屏蔽，为了防止干扰产生，一定要将屏蔽(　　)。

A. 接电源　　B. 隔离　　C. 接地　　D. 接零

4. 简答题

(1) 简述伺服电动机的分类。

(2) 简述伺服电动机的选型方法。

任务二　βi 伺服系统电路的安装与调试

【任务目标】

(1) 掌握 βi 伺服系统电路的原理；

(2) 掌握 βi 伺服系统电路的安装与调试方法。

【任务布置】

根据伺服系统原理图，如图 4-9 所示，完成 βi 伺服系统电路的安装及伺服接口电路的连接。

元件及工量具准备：详见表 4-2。

工时：4。

任务要求：

(1) 根据图纸要求，正确选择元件，并安装到安装接线板上；

(2) 所有元件连接应与电气图纸一致；

(3) 元件布置、布线应合理规范；

(4) 导线线径和颜色应符合图纸要求；

(5) 正确选用冷压端头，端头压接规范、牢固可靠；

(6) 导线与元件连接处需穿号码管，号码管的标号应清晰规范与图纸一致；

(7) 用万用表检测伺服系统电路的正确性，检测伺服电动机的三相电源线是否连接可靠；

(8) 所有检测正确后，方可通电调试伺服系统。

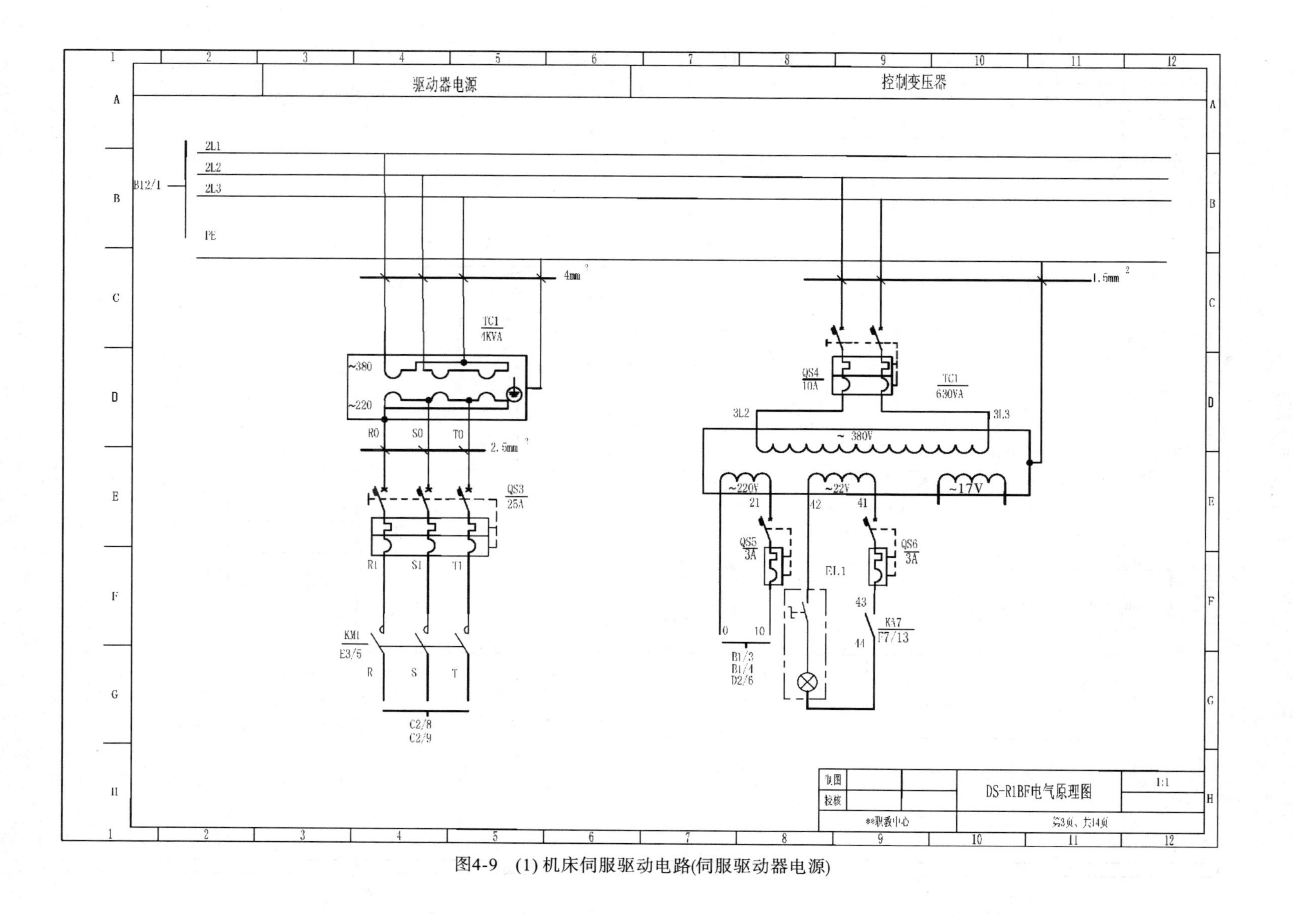

图4-9　(1)机床伺服驱动电路(伺服驱动器电源)

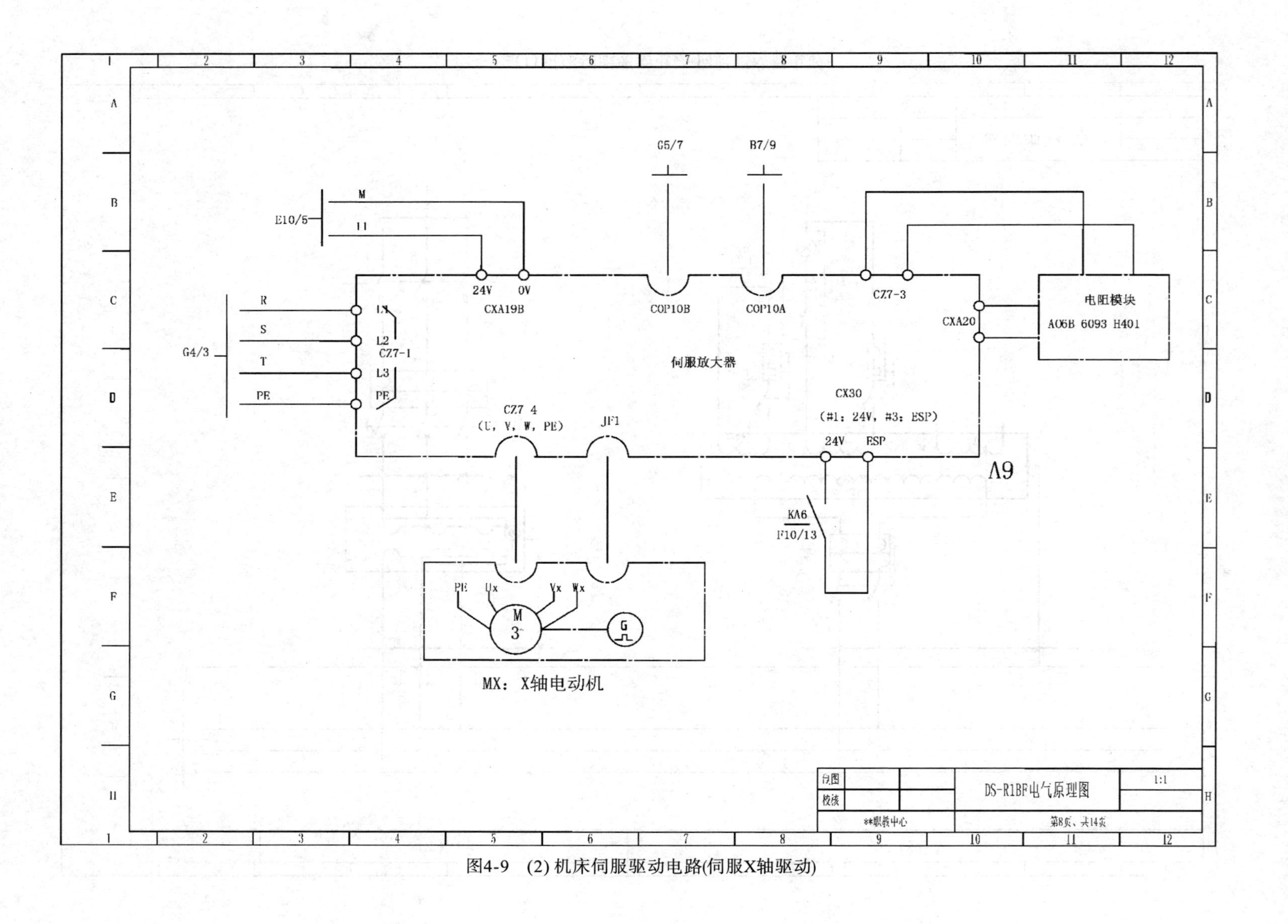

图4-9 (2)机床伺服驱动电路(伺服X轴驱动)

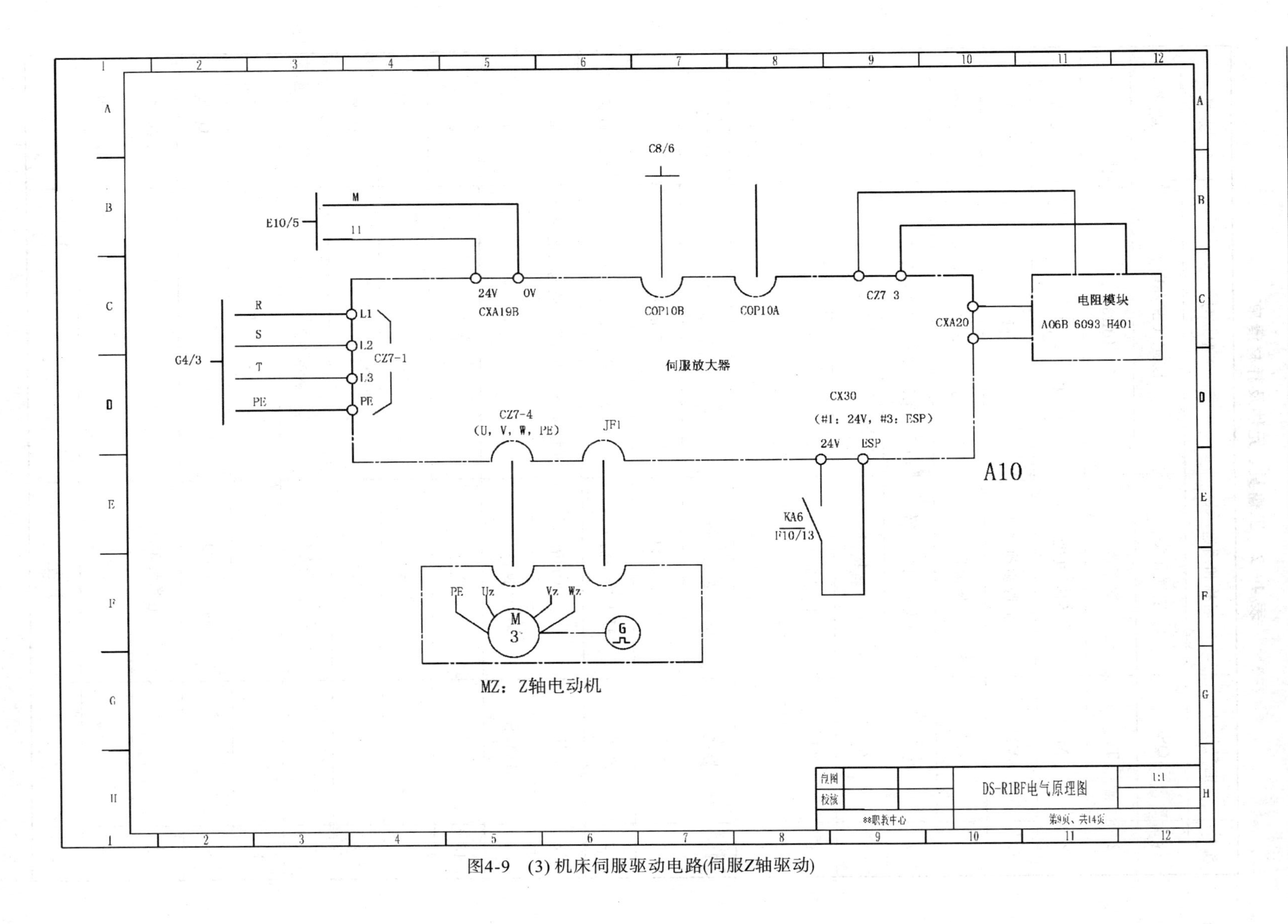

图4-9　(3) 机床伺服驱动电路(伺服Z轴驱动)

表 4-2 工量具、元件及耗材清单

序号	电气代号	名称和用途	型 号	数量
1	QS	空气开关	DZ47 C25/3P	1只/组
2	TC	变压器	JBK3	1只
3	M	伺服电机	βi	2只
4	SVM	伺服驱动器	βi	2只
5	KM	接触器	西门子 3TB40 22-0X 220V	1只/组
6	KA	小型中间继电器	JQX-13F/MY2 DC24V	2/组
7	A2	I/O 转接板		1/组
8	XT	接线端子	TD15	2米/组
9		FANUC 专用电缆		1套/组
10	导线	黑色/黄绿双色	2.5 mm^2	各1卷/组
11	导线	红色/蓝色	0.75 mm^2	各1卷/组
12	端子	U形冷压端子	0.75/1.5/1-3/2-4	各100只/组
13	卡轨	金属卡槽	和接触器、断路器、继电器能配合	2米/组
14	号码管	号码管	1.5	1米/组
15		剥线钳		1只/组
16		压线钳		1只/组
17		斜口钳		1只/组
18		一字螺丝刀	1.5/2.5/5 mm	各1只/组
19		十字螺丝刀	2.5/5 mm	各1只/组
20		数字万用表		1只/组
21		绝缘胶布		1圈/组
22		记号笔		1只/组
23		扎带		20根/组

【任务评价】

βi 伺服驱动系统电路的电气安装与调试评分标准

学号： 姓名：

序号	项目	技术要求	配分	评分标准	自评	互评	教师评分
1	电气元件选择与检测	正确选择电气元件;对电气元件质量进行检验	10	元件选择不正确，每个扣1分； 元件错检或漏检，每个扣1分			
2	电气元件布局与安装	正确利用工具安装电气元件，要求元件布局合理，安装准确、牢固	10	元件安装不牢固，每个扣1分； 安装时漏装螺钉，每个扣1分			
3	工量具使用及保护	工量具规范使用，不能损坏，摆放整齐	10	仪器仪表使用不规范，扣5分； 仪器仪表损坏，扣5分； 工具、器材摆放凌乱，扣3分			
4	布线	接线正确，导线两端套号码管，压端子；端子连接牢靠；同方向连线进行绑扎时，线路应清晰不凌乱，无错接和漏接现象	20	不按电路图接线，每处扣3分； 接点松动、露铜过长，每处扣2分； 损伤导线绝缘或线芯，每根扣1分； 错接或漏接，每根扣2分； 漏装或套错号码管，每处扣1分			
5	功能检测	检测每个连接线两端是否插到底	20	不按电路图接线，每处扣5分； 损伤连接线，每根扣5分； 错接或漏接，每根扣5分			
		通电调试	10	通电试车一次不成功扣10分			
其他	1	清点元件	5	未清点实训设备及耗材，扣2分；			
	2	团队合作	5	分工不明确，成员不积极参与，酌情扣分			
	3	文明生产	5	出现没有穿戴防护用品、带电操作等违反安全文明生产规程的，不得分			
	4	环境卫生	5	卫生不到位不得分			
总分			100				

【任务分析】

1. 识读电气原理图

图 4-9 所示为机床伺服驱动电路，用 2 个伺服放大器来控制 2 个伺服电动机。其中伺服放大器的电源模块控制电源为 380 V，由变压器 TC1 变压提供，由交流接触器 KM1 控制，接至伺服放大器的 L1、L2、L3 端；直流 24 V 电源从 CXA19B 接口引入；伺服急停信号由继电器 KA 控制连接至 24 V、ESP 口；伺服放大器模块连接信号由 COP10A 连接下一模块；伺服反馈信号连接至 JF1 口；电阻模块从 CXA20 口引入。电路中涉及的元件有电机保护断路器 QS3、变压器 TC、交流接触器 KM1 和伺服放大器及伺服电动机。

2. 选配、检测元件

(1) 电气元件选择。根据任务要求，选择 1 个断路保护开关、1 个变压器、1 个交流接触器、2 台伺服电动机、2 个 βi 伺服驱动器、1 个小型中间继电器。

(2) 电气元件规格的检查。核对各电气元件的规格与图纸要求是否一致，如断路保护开关的电流容量、变压器两级电压、伺服电动机与伺服驱动器的匹配等，不符合要求的应更换或调整。

(3) 电气元件的检测。观察电气元件的外观、触头状况；在不通电的情况下，用万用表检查交流接触器及继电器各触头的分、合情况及线圈的阻值，用万用表判别伺服驱动器各个端口的接口情况、测量伺服电动机的各相电阻等。

3. 安装电气元件

根据电气原理图将电气元件固定在电柜上，做到安装牢固，间距合理。

4. 布线

(1) 选配导线。根据电动机容量选配主电路导线，电源电路导线可采用截面积为 BVR 2.5 mm^2 的铜芯线(黑色)，主电路导线可采用截面积为 BVR 0.75 mm^2 的铜芯线(红色)，控制电路导线可采用截面积为 BVR 0.75 mm^2 的铜芯线(蓝色)，接地线一般采用截面积不小于 BVR 2.5 mm^2 的铜芯线(黄/绿双色)。

(2) 线槽配线安装。

(3) 接线端子制作与套线管。

(4) 安装控制电路。安装时注意继电器的常开触头、常闭触头易混淆，容易错位或接错。

(5) 安装主电路。依次安装 U、V、W(共 2 组，X 轴和 Z 轴)和 PE 线。安装工艺与控制电路一样。

5. 自检

(1) 对照原理图、接线图，从电源端开始逐段核对端子接线的线号，排除漏接、错接现象，重点检查控制线路中易接错的线号。

(2) 检查端子接线是否牢固。检查所有端子上接线的接触情况，用手一一摇动、拉拔端子上的接线，不允许有松脱现象，以避免通电试车时因虚接造成的故障。

(3) 使用万用表检测。使用万用表检测安装的电路，若与正确阻值不符，应根据电路图检查是否有错线、掉线、错位或短路等。

检查主电路。将万用表表笔依次分别跨接在接线端子 R、S、T 处，读数应为∞；合上 QS，各端子之间的读数为 0 Ω。

检查控制电路。将万用表表笔分别搭接在 24 V 与 ESP 上，读数应为∞。

6. 通电调试

(1) 检查 X 和 Z 轴伺服电动机线是否交叉连接。

(2) 安装控制板与机床主体航插连接，注意每个航插不要接错。

(3) 接通电源，合上电源开关，用万用表检查启动电压是否正常。

【安全提醒】

(1) 当 LED 点亮时，千万不要触摸模块或者连接在电缆上的任何部件，因为这时放大器中的高压电容还没有充分放电，直流环上会有高压，十分危险。所以在拆卸模块时，一定要等待放电 LED 完全熄灭后，再拧直流环上的螺钉。

(2) 当伺服单元出现故障，需要更换线路板或单元时，需确认型号，与原配置规格不同是不能进行替代的(因为驱动电流不同)，否则会导致线路板烧损。

【知识储备】

1. βi 系列伺服放大器

βi 系列伺服放大器是一种可靠性强、性价比高的伺服系统，该系列用于机床的进给轴和主轴，通过控制功能实现高速、高精度和高效率控制。通常有两种类型的伺服放大器，即 βiSVSP 伺服放大器和 βiSVM 伺服放大器。

1) βiSVSP 伺服放大器

βiSVSP 伺服放大器是多伺服轴、主轴一体化的伺服放大器。βiSVSP 伺服放大器及 βi 伺服电动机具有以下特点：伺服放大器可实现伺服三轴加一个主轴或伺服两轴加一个主轴的控制，伺服电动机进给平滑、设计紧凑，编码器的分辨率比较高。βiSVSP 伺服放大器一般根据伺服电动机及主轴电动机的型号来确定。选择了进给伺服电动机和主轴电动机之后，就可以通过手册查找对应的伺服放大器型号了。

2) βiSVM 伺服放大器

βiSVM 伺服放大器是独立安装及使用的集成式伺服放大器。βiSVM 伺服放大器有两种控制接口，一种是 FSSB 接口，这种放大器作为进给轴使用；另一种放大器带有 I/O Link 接口，这种放大器作为 I/O Link 轴使用，不具有插补功能。βiSVM 伺服放大器根据伺服电动机的型号来确定。选定伺服电动机后，可以通过手册查到对应的伺服放大器的型号。

2. βiSV 伺服放大器的综合连接

βiSV 伺服放大器综合连接图如图 4－10 所示，βiSV 伺服放大器没有单独的电源模块，它是动力输入电源和驱动部件一体化的伺服放大器结构。

1) βiSV 伺服放大器控制电源

βiSV 伺服放大器控制电源为直流 24 V，电源接口为 CXA19B，若有下一个 βiSV 伺服放大器，则可以从该伺服放大器的 CXA19A 互连至下一个伺服放大器的 CXA19B，互连线为 6 芯，包括直流 24 V 电源线、急停线以及绝对式编码器用电池线。

2）动力电源的输入

三相交流 220 V 电源输入接至伺服放大器的相应接口，由于 βiSV 伺服放大器的规格不一样，所以其上的动力电源线接口代号不一样。βiSV4/20 伺服放大器动力电源线接口为 CZ7－1，βiSV40/80 伺服放大器动力电源线接口为 CZ4。

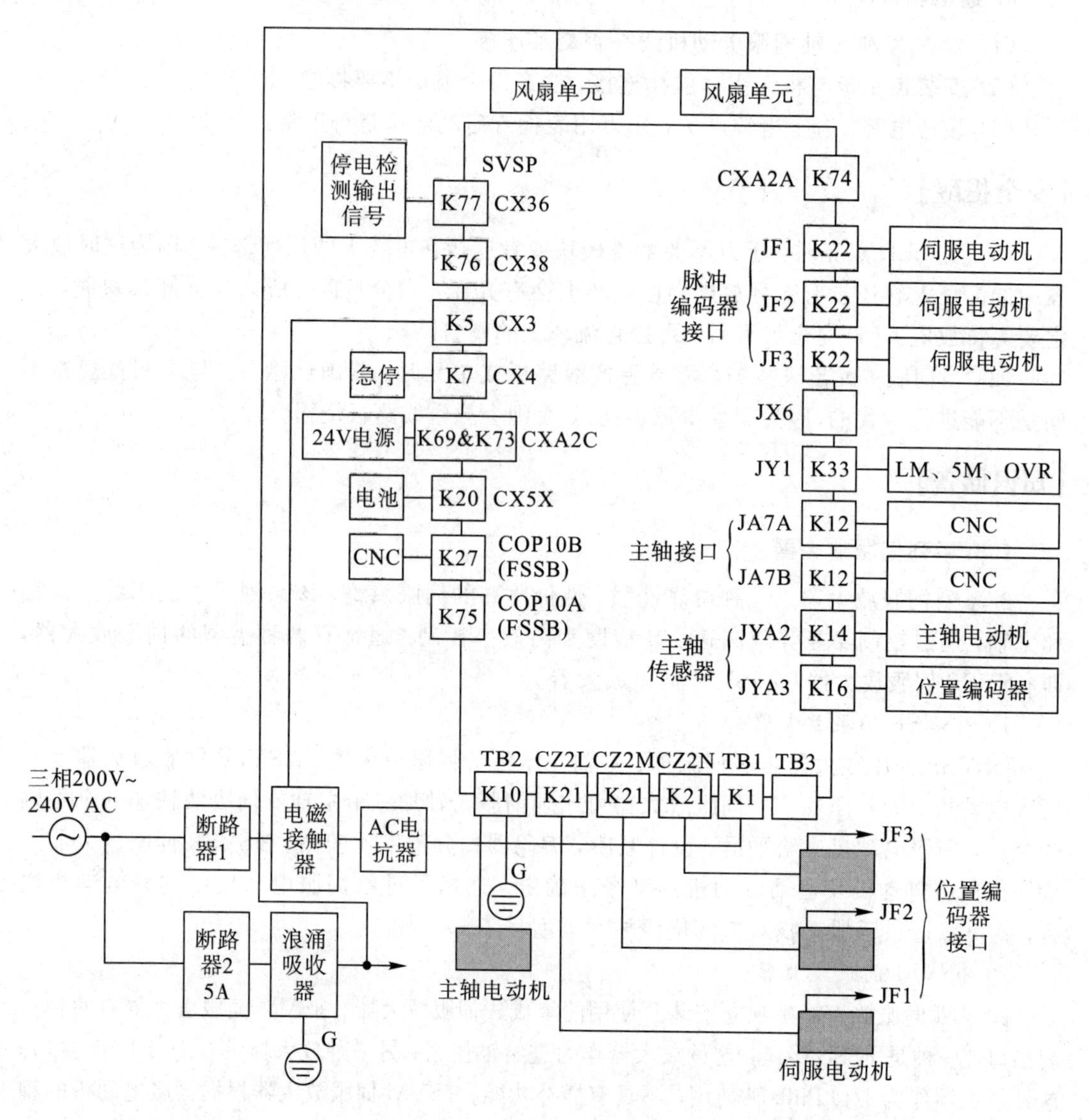

图 4－10　βiSV 伺服放大器综合连接图

3）伺服放大器放电电阻连接

伺服放大器由于规格的不同，放电电阻接法也不同。放电电阻分内置和外置两种情况，具体接线是有区别的。βiSV4/20 伺服放大器放电电阻如果不使用外置放电电阻，则需要把相关的端子短接；若放电电阻热保护断开，则系统和伺服放大器会显示 SV0440 报警：放大器减速功率太大。

4）伺服放大器与伺服电动机的连接

βiSV4/20 伺服放大器输出动力电缆的接口是 CZ7－3，而 βiSV40/80 伺服放大器输出动力电缆的接口是 CZ5，施工和维修中千万不要把伺服放大器和伺服电动机连接电缆的对应关系接错，否则会烧坏伺服放大器以及会有伺服报警。

5）其他电缆连接

（1）CNC 与伺服放大器的串行通信。

不管是 αi 伺服放大器模块还是 βi 伺服放大器，CNC 与伺服放大器串行通信的控制思路和物理连接是一样的。从 CNC 的 COP10A 连接到第一个伺服放大器的 COP10B，再从第一个伺服放大器的 COP10A 连接到下一个伺服放大器的 COP10B，若 FSSB 光缆某一节点断开，则系统中会有 SV5136 的报警：FSSB 放大器数量不足。

（2）急停导线连接。

伺服放大器必须连接急停开关。如果没有收到急停闭合信号，则系统会产生伺服放大器 SV0401 报警，并且主电源无法加载到伺服放大器上。若有多个伺服放大器都需连接急停信号，则急停开关需接至第一个伺服放大器的 CX30 的 1 脚和 3 脚，再采用互连接线方法扩展连接几个同样的伺服放大器。

（3）绝对式编码器电池导线的连接。

βi 伺服电动机根据参数设置来选择是否使用绝对式编码器功能。若使用绝对式编码器功能，则需外接电池保护伺服电动机位置参数。当有多个伺服放大器时，若每个伺服放大器单独接内置电池，则电池导线需接至每个伺服放大器的 CX5X 接口，其中的 CXA19B - B3 与 CXA19A - B3 不能连接。若不接内置电池，则 CX5X 接口不能连接电池导线，应当通过 CXA19B - B3 与 CXA19A - B3 互连线将外围电池单独提供给多个伺服放大器使用。

6）伺服连接部件

βiSV 伺服驱动模块需要与一些主要部件构成完整的驱动回路，主要有 AC 线路滤波器、FANUC 专用电缆、FSSB 用光缆等。

图 4 - 11 所示的 AC 线路滤波器，可以对特定频率的频点或该频点以外的频率进行有效滤除，得到一个特定频率的信号或消除一个特定频率后的信号，使其保证放大器工作稳定。

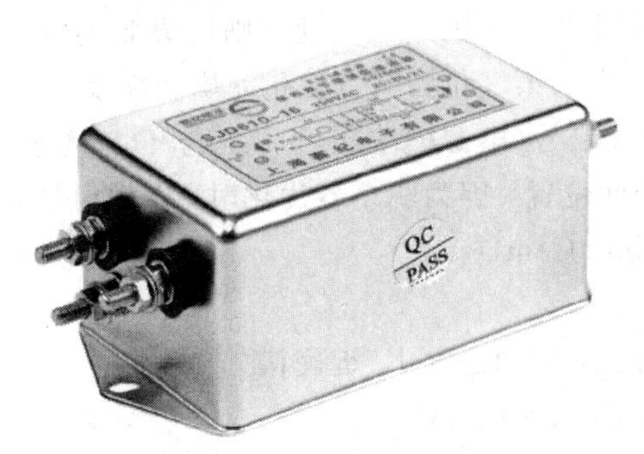

图 4 - 11　AC 线路滤波器

图 4 - 12(a)所示为 FANUC 专用电缆，用于连接机床的电源连接端口；图 4 - 12(b)为 FSSB 用光缆，用于连接伺服单元中的 COP10A 与 COP10B 端口。图 4 - 9(2)、(3)为数控机床 X、Z 轴伺服单元连接图，注意连接时一定要将 CXA20 的端子封上，否则会出现伺服单元过热报警。

(a) FANUC专用电缆　　(b) FSSB用光缆

图 4-12 连接器

【拓展阅读】

SIEMENS 611U/Ue 系列数字式交流伺服驱动系统的装调

Siemens Simo Drive 611 伺服驱动器根据控制信号的不同，分为模拟伺服 611A、数字伺服、611D 和通用型伺服 611U。611 系列都属于模块化结构，由电源模块、控制模块和功率模块等模块组成。

1. 611U/Ue 数字式交流伺服驱动系统的基本组成

SIEMENS 611U/Ue 用于进给驱动的伺服驱动模块，有单轴与双轴两种结构形式，带有 PROFIBUS-DP 总线接口模块。驱动器内部带有 FEPROM(FlashEPROM，非易失可擦写存储器)，用于存储系统软件与用户数据，驱动器的调整、动态优化可以在 Windows 环境下通过 Simo ComU 软件自动进行。驱动器由整流电抗器(或伺服变压器)、电源模块(NEmodule)、功率模块(Powermodule)、611 控制模块等组成。电源模块自成单元，功率模块、611 控制模块、PROFIBUS-DP 总线接口模块组成轴驱动单元。各驱动器单元间共用 611 直流母线与控制总线，并通过 PROFIBUS-DP 总线接口模块与 SIEMENS 802D/810D/840D 系统连接，组成数控机床的伺服驱动系统。

2. 611U/Ue 数字式交流伺服驱动器参数的优化

驱动器速度环动态特性优化的操作步骤如下：

(1) 利用"驱动器调试电缆"，将调试计算机与 611Ue 的 X471 接口连接。

(2) 如果需要对带制动的电动机进行优化，则应设定对应的 NC 通用参数，如对于 802D 为 MD 参数 14512[18]的第 2 位为"1"(优化完毕后恢复"1")。

(3) 接通驱动器的使能信号(电源模块端子 T48 与 T63 接通，T64 与 T9 接通)，并将坐标轴移动到工作台的中间位置，因为驱动器优化时，电动机将自动旋转大约两转。

(4) 运行工具软件 Simo ComU。

(5) 选择联机方式。

(6) 选择"PC"控制方式，并通过"OK"键确认。

(7) 选择控制器子目录(Controller)。

(8) 选择"None of these"。

(9) 选择自动速度控制器优化："Execute automatic speed controller setting"。

(10) 进入优化后，选择"Execute steps1～4"(1～4 步)自动执行如下优化过程：

① 分析机械特性一(电动机正转，带制动电动机的制动器应松开)。

② 分析机械特性二(电动机反转，带制动电动机的制动器应松开)。

③ 电流环测试(电动机静止，带制动电动机的制动器应夹紧)。

④ 参数优化计算。

当执行完毕后，Simo ComU 会出现提示“电流环优化，垂直轴的电动机制动器一定要夹紧，以防止坐标轴下滑”，此时带制动电动机必须夹紧制动器，以防止坐标轴的下滑。

3. 611U/Ue 数字式交流伺服驱动器的初始化

驱动器的初始化设定，其操作步骤如下(以 802D 系统为例)：

(1) 利用“驱动器调试电缆”，将调试计算机与 611Ue 的 X471 接口连接。

(2) 接通驱动器电源，此时 611Ue 的状态显示为“A106”，表示驱动器没有安装正确的数据；同时驱动器上 R/F、总线接口模块上的红灯亮。

(3) 从 Windows 的“开始”菜单中找出驱动器调试软件 Simo ComU，并运行。

(4) 选择驱动器与计算机的联机方式。

【巩固小结】

通过本任务的实施，能够明确 βi 伺服系统的组成，知道 βi 伺服系统的各部分原理，对 βi 伺服系统的特点以及发展趋势有所了解，并会进行 βi 伺服系统电路的安装及接口的连接。

1. 填空题(将正确答案填在空格内)

(1) βiSVSP 伺服放大器是________、________的伺服放大器。

(2) βiSV 伺服放大器停电检测信号电缆接口是________，急停信号电缆接口是________，24 V 电源电缆接口是________。

(3) AC 线路滤波器是对________或________进行有效滤除的电路，得到________的信号，或消除一个特定频点的信号，保证放大器工作稳定。

2. 判断题(正确的打“√”，错误的打“×”)

(1) βi 系列伺服放大器是一种可靠性强、性价比高的伺服系统，该系列只用于机床的进给轴。(　　)

(2) 若 FSSB 光缆某一节点断开，则系统中会有 SV5136 的报警：FSSB 放大器数量不足。(　　)

(3) 如果没有收到急停闭合信号，则系统会产生伺服放大器 SV0410 报警，并且主电源无法加载到伺服放大器上。(　　)

(4) 控制信号连接 JD1B 用于选择 PWM 控制信号、电流检测信号、控制单元准备好信号等。(　　)

(5) βiSVSP 伺服放大器一般不需要根据伺服电动机及主轴电动机的型号来确定。(　　)

(6) SIEMENS 611U/Ue 用于进给驱动的伺服驱动模块有单轴与双轴两种结构形式，带有 PROFIBUS - DP 总线接口。(　　)

3. 问答题

(1) βiSVSP 伺服放大器及其伺服电动机的特点是什么？

(2) 简述绝对式编码器电池导线的连接方法。

项目五　数控机床供电电路、I/O 模块电路及刀架电路的安装与调试

任务一　供电电路的安装与调试

【任务目标】

(1) 掌握数控机床供电电路的原理；
(2) 掌握数控机床供电电路的安装调试方法。

【任务布置】

根据电路电气原理图，如图 5-1 所示，完成数控机床供电电路的安装。
元件及工量具准备：详见表 5-1。
工时：4。
任务要求：
(1) 根据图纸要求，正确选择元件，并安装到安装接线板上；
(2) 所有元件连接应与电气图纸一致；
(3) 元件布置、布线应合理规范；
(4) 导线线径和颜色应符合图纸要求；
(5) 正确选用冷压端头，端头压接规范、牢固可靠；
(6) 导线与元件连接处需穿号码管，号码管的标号应清晰规范与图纸一致；
(7) 用万用表进行静态检测，检查供电电路接线是否正确；
(8) 通电调试，用万用表检测供电电路中各部分电源的电压值是否正常。

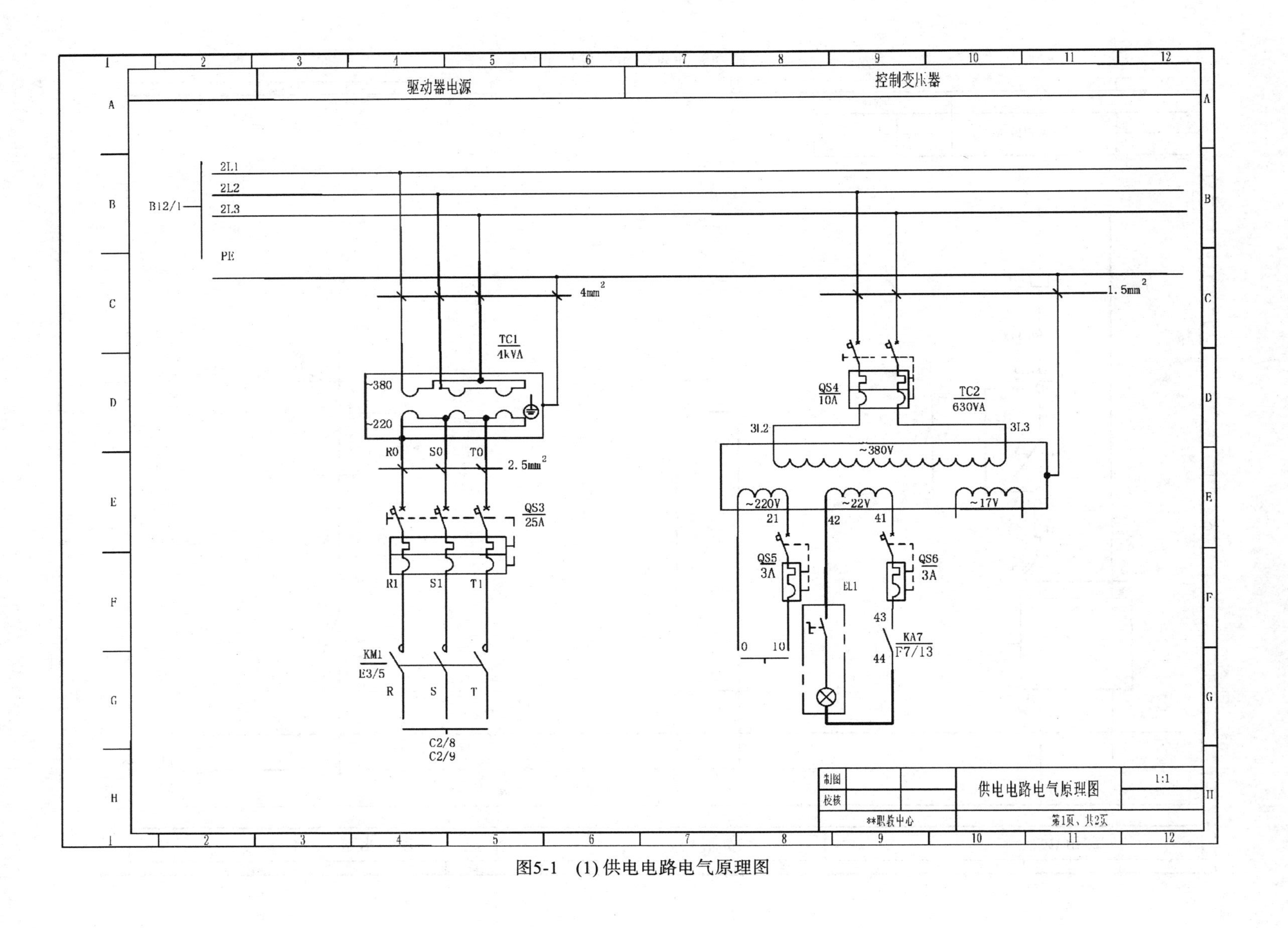

图5-1　(1) 供电电路电气原理图

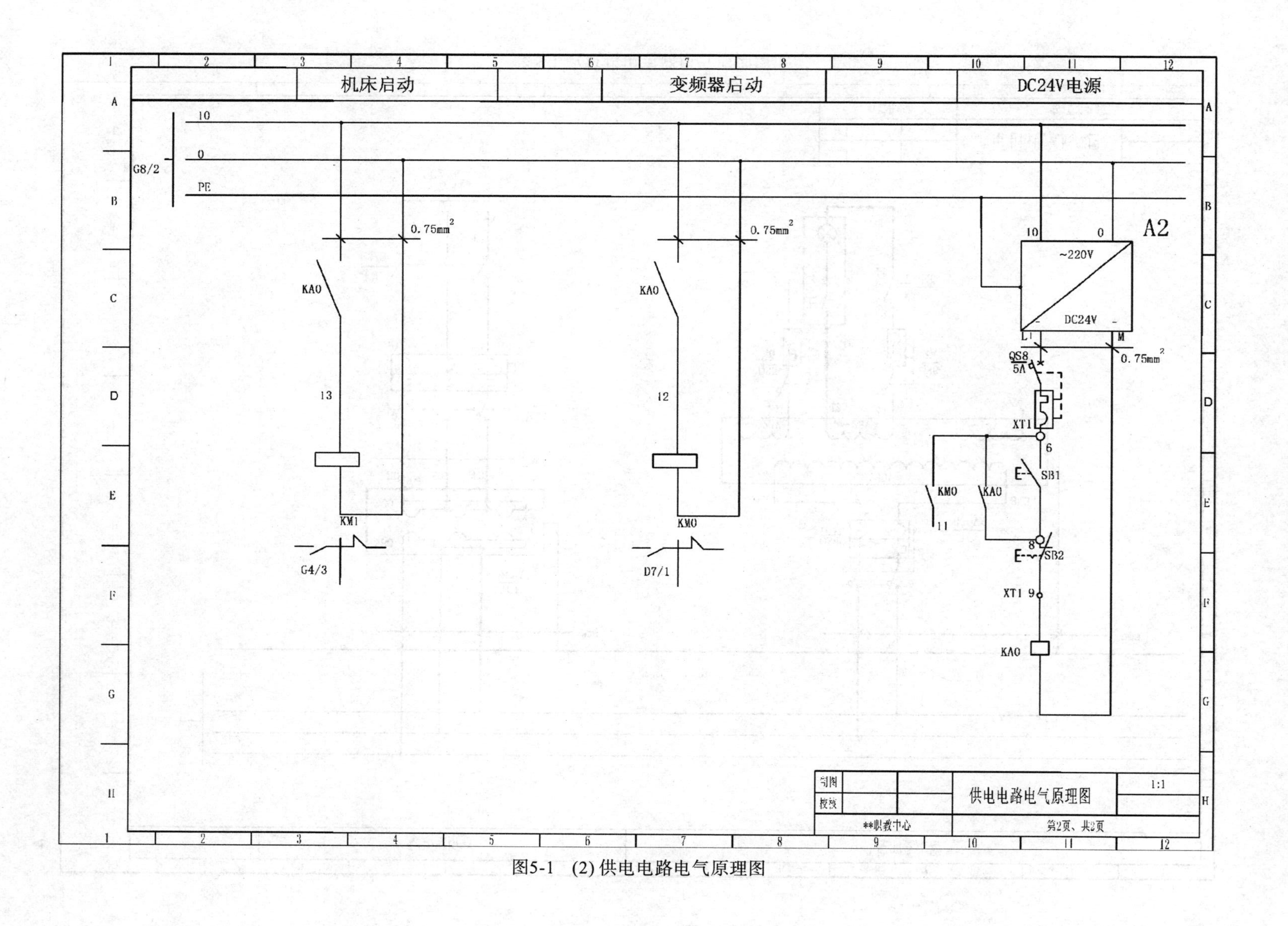

图5-1 (2) 供电电路电气原理图

表 5-1　工量具、元件及耗材清单

序号	电气代号	名称和用途	型　号	数量
1	TC1	变压器	三相变压器	1只/组
2	TC2	变压器	单相变压器	1只/组
3	QS	低压断路器	DZ47-60 C25/3P	1只/组
4	QS	低压断路器	DZ47-60 C3/1P	2只/组
5	QS	低压断路器	DZ47-60 C5/1P	1只/组
6	QS	低压断路器	DZ47-60 C10/2P	1只/组
7	KA	小型中间继电器	JQX-13F/MY2 DC 24V	1只/组
8	KM	接触器	西门子 3TB40 22-0X 220V	2只/组
9	VC1	开关电源	AC 220-DC 24 V	1只/组
10	SB	按钮		2只/组
11	XT	接线端子	TD15	2米/组
12	导线	蓝色/红色	BVR 0.75 mm^2	各1卷/组
13	导线	黑色	BVR 1.5 mm^2	1卷/组
14	导线	黑色/黄绿色	BVR 2.5 mm^2	各1卷/组
15	导线	黑色	BVR 4 mm^2	1卷/组
16	端子	U形冷压端子	UT 1-3	100只/组
17	端子	U形冷压端子	UT 2-4	100只/组
18	卡轨	金属卡槽	和接触器、断路器、继电器配合	2米/组
19	号码管	号码管	1.5	1米/组
20		剥线钳		1只/组
21		压线钳		1只/组
22		斜口钳		1只/组
23		一字螺丝刀	1.5/2.5/5 mm	1只/组
24		十字螺丝刀	2.5/5 mm	1只/组
25		数字万用表		1只/组
26		绝缘胶布		1圈/组
27		记号笔		1只/组
28		扎带		20根/组

【任务评价】

供电电路的安装与调试评分标准

学号： 姓名：

序号	项目	技术要求	配分	评分标准	自评	互评	教师评分
1	电气元件选择与检测	正确选择电气元件，对电气元件质量进行检验	10	元件选择不正确，每个扣1分； 元件错检或漏检，每个扣1分			
2	电气元件布局与安装	按照图纸要求，正确利用工具安装电气元件，要求元件布局合理，安装准确、牢固	10	元件布局不合理，每个扣1分； 元件安装不牢固，每个扣1分； 安装时漏装螺钉，每个扣1分			
3	工量具使用及保护	工量具规范使用，不能损坏，摆放整齐	10	仪器仪表使用不规范，扣5分； 仪器仪表损坏，扣5分； 工具、器材摆放凌乱，扣3分			
4	布线	接线正确，导线两端套号码管，压端子；端子连接牢靠；同方向连线进行绑扎时，线路应清晰不凌乱，无错接和漏接现象	20	不按电路图接线，每处扣3分； 接点松动、露铜过长，每处扣2分； 损伤导线绝缘或线芯，每根扣1分； 漏装或套错号码管，每处扣1分			
5	功能检测	驱动器电源供电正常；变频器电源供电正常；系统电源供电正常	30	驱动器供电不正常，扣10分； 变频器供电不正常，扣10分； 系统电源供电不正常，扣10分			
6	其他	清点元件	5	未清点实训设备及耗材，扣2分			
		团队合作	5	分工不明确，成员不积极参与，酌情扣分			
		文明生产	5	出现没有穿戴防护用品、带电操作等违反安全文明生产规程的，不得分			
		环境卫生	5	卫生不到位不得分			
总分			100				

【任务分析】

1. 识读电气原理图

图 5-1(1)中 TC1 为三相降压变压器，将三相 380 V 变为三相 220 V，给伺服驱动器提供电源；TC2 为控制变压器，TC2 一次侧为 AC 380 V，二次侧分别为 AC 220 V、AC 22 V、AC 17 V，其中 AC 220 V 给交流接触器线圈、润滑电动机、冷却电动机和 24 V 开关电源提供电源；AC 22 V 给工作灯提供电源。VC1 为 24 V 开关电源，将 AC 220 V 转换为 DC 24 V 电源，给数控系统、PLC 输入/输出、24 V 继电器线圈、伺服模块等提供直流电源；QS3、QS4、QS5、OS6、QS8 断路器为电路的短路保护；KM0 为控制变频器电源的交流接触器；KM1 为控制驱动器电源的交流接触器；KA0 为控制 24 V 电源的继电器。

通过对图 5-1(2)中启动电路的分析可见，按下启动按钮 SB1 后，继电器 KA0 线圈得电，继电器 KA0 常开触头闭合，当松开启动按钮 SB1 后，SB1 的常开触头虽然恢复分断，但继电器 KA0 的辅助常开触头闭合时已将按钮 SB1 常开触头短接，使控制电路仍保持接通，继电器 KA0 继续得电。按下停止按钮 SB2 切断控制电路时，继电器 KA0 线圈失电，其自锁触头已分断解除了自锁，而这时 SB1 也是分断的，所以当松开 SB2 其常闭触头恢复闭合后，继电器 KA0 也不会自行得电。当启动按钮松开后，继电器通过自身的辅助常开触头使其线圈保持得电的作用叫做自锁。与启动按钮并联起自锁作用的辅助常开触头叫做自锁触头。

2. 选配元件

根据电气原理图及元件清单，本任务需要明确断路器、变压器、继电器、接触器、按钮及开关电源的数目、种类、规格，选择合适的电气元件。

因为任务中需要使用开关电源，所以选择开关电源时应注意以下事项：

(1) 选用合适的输入电压规格。

(2) 选择合适的功率。为了使电源的寿命增长，可选用多 30%输出功率额定的开关电源。

(3) 考虑负载特性。如果负载是马达、灯泡或电容性负载，当开机瞬间电流较大时，应选用合适电源以免过载。如果负载是马达时，应考虑停机时电压倒灌。

(4) 此外尚需考虑电源的工作环境温度及有无额外的辅助散热设备。

(5) 根据应用所需选择各项功能。

① 保护功能：过电压保护(OVP)、过温度保护(OTP)、过负载保护(OLP)等。

② 应用功能：信号功能(供电正常、供电失效)、遥控功能、遥测功能、并联功能等。

③ 特殊功能：功因矫正(PFC)、不断电(UPS)等。

3. 电气元件的检查

(1) 外观检查。

(2) 触头检查。

(3) 电磁机构和传动机构的检查。检查元件电磁机构和传动部件的动作是否灵活；用万用表检查所有元件的电磁线圈的通断情况，测量它们的直流电阻并做好记录，以备检查线路和排除故障时参考。

(4) 电气元件规格的检查。核对各电气元件的规格与图纸要求是否一致。

4. 安装电气元件

根据电气原理图将电气元件固定在电柜上。电气元件要摆放均匀、整齐、紧凑、合理。紧固各元件时应用力均匀，紧固程度适当，做到既要使元件安装牢固，又不使其损坏。各元件的安装位置间距要合理，便于元件的更换。

5. 布线

从电源端起，根据电气原理图，按线号顺序布线。布线应该走线合理及接点不得松动，严禁损伤线芯和导线绝缘；接点牢固，不得松动。其中TC1的一次侧采用BVR 4 mm^2(黑色)的导线、二次侧采用BVR 2.5 mm^2(黑色)的导线，TC2的一次侧采用BVR 1.5 mm^2(黑色)的导线，PE线采用BVR 2.5 mm^2(黄绿色)的导线，AC 220V部分采用BVR 0.75 mm^2(红色)的导线，AC 24 V部分采用BVR 0.75 mm^2(蓝色)的导线。

6. 自检

(1) 对照原理图、接线图，从电源端开始逐段核对端子接线的线号，排除漏接、错接现象，重点检查控制线路中易接错的线号。

(2) 检查端子接线是否牢固。

(3) 用万用表静态检查。在线路不通电时，手动模拟电器的操作动作，并用万用表测量线路的通断情况以及线圈阻值判断电路有无异常情况。

7. 运行调试

(1) 合上电源开关，接通三相交流电源。

(2) 测量TC1、TC2二次侧电压是否正常。

(3) 合上QS5，测量VC1输出DC 24V是否正常。

(4) 合上QS3、QS4、QS5、QS8，按下SB1，观察KM0、KM1接触器的动作情况，以及驱动器、变频器和数控系统的启动情况。

(5) 按下SB2，断开供电电源，观察各部分的断电情况；断开QS3、QS4、QS5、QS8，调试结束。

【安全提醒】

(1) 操作人员工作时应穿戴好防护用品。

(2) 电气设备运转中，若发现有异味、冒烟、运转不顺等现象时，应立即关掉电源，并报请更换或报修，切勿惊慌逃避，以免灾害扩大。

(3) 电路中如发现电线绝缘材料有破裂，则应立即更换新品，以免发生触电事故。

【知识储备】

1. 变压器的分类

变压器的种类多种多样，以便达到不同的使用目的并适应不同的工作条件，可按其用途、相数、铁芯结构、冷却方式、容量大小等来进行分类。

从用途来看，变压器可分为电力变压器、试验变压器、测量变压器及特殊用途变压器。电力变压器用在电力系统中，用来升高电压的变压器称为升压变压器；用来降低电压的变压器称为降压变压器。升压变压器与降压变压器除了额定电压不同以外，在原理和结构上并无差别。此外，电力变压器还有配电变压器和联络变压器。试验变压器用于实验室，有调压变压器和高压试验变压器。测量变压器用于测量大电流和高电压，主要是仪用互感器，包括电压互感器和电流互感器。特殊用途变压器有电炉用变压器、电焊用变压器、电解用整流变压器、晶闸管线路中的变压器、自控系统中的脉冲变压器等。

从相数来看，变压器可分为单相变压器、三相变压器和多相变压器。电力变压器以三相居多。从每相绕组数目来看，变压器可分为单绕组变压器、双绕组变压器、三绕组和多绕组变压器。通常变压器都为双绕组变压器，单绕组变压器又称自耦变压器，三绕组变压器(即联络变压器)用于把三种电压等级的电网连接在一起，大容量电厂中用做厂用电源的分裂变压器就是一种多绕组变压器。

从铁芯结构看，变压器可分为芯式变压器、壳式变压器、渐开线式变压器和辐射式变压器等。

从冷却方式看，变压器可分为以空气为冷却介质的干式变压器、以油为冷却介质的油浸变压器、以特殊气体为冷却介质的充气变压器。油浸变压器又分自冷、风冷和强制油循环冷却的变压器。自冷是利用温差产生变压器油的自循环进行冷却；风冷是利用装在散热器上的吹风机进行冷却；强制油循环冷却是利用专门设备(如油泵)强迫变压器油加速循环。

从容量大小看，变压器可分为小型变压器(10～630 kVA)、中型变压器(800～6300 kVA)、大型变压器(8000～63 000 kVA)和特大型变压器(90 000 kVA 以上)。

2. 变压器的结构及工作原理

变压器是将两组或两组以上的线圈绕制在同一个线圈骨架上，或绕在同一铁芯上制成的。单相变压器和三相变压器的内部结构基本相同，均是由铁芯(器身)和绕组两部分组成的，如图 5-2 所示。本任务中由于 FANUC 伺服驱动器的电源要求为三相 220 V，所以需要用到三相变压器 TC1，将三相 380 V 转为三相 220 V。

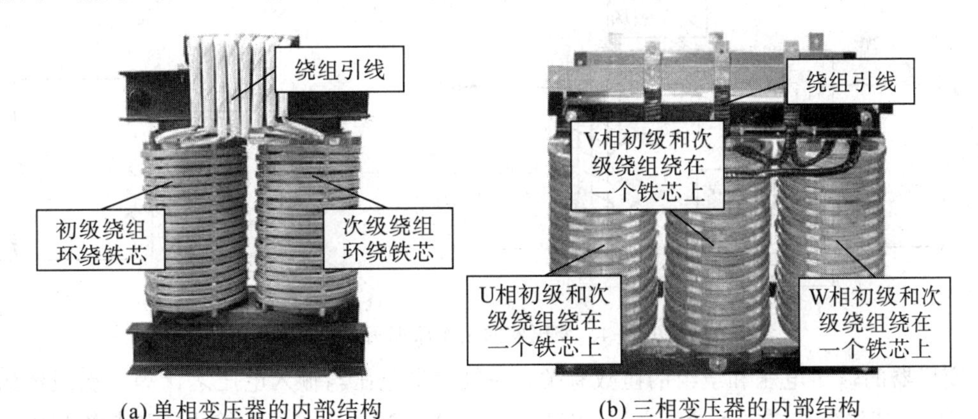

(a) 单相变压器的内部结构　(b) 三相变压器的内部结构

图 5-2　变压器的内部结构图

绕组是变压器的电路，铁芯是变压器的磁路，二者构成变压器的核心即电磁部分。绕组是用绝缘良好的漆包线、纱包线或丝包线在铁芯(骨架)上绕制而成的。变压器在工作时，电源输入端的绕组为初级绕组(或称一次绕组)，电源输出端的绕组为次级绕组(或称二次绕组)。

绕组相数不同，其绕组数也不同。单相变压器的内部有两组绕组，而三相变压器的内部有6组绕组，如图5-3所示。

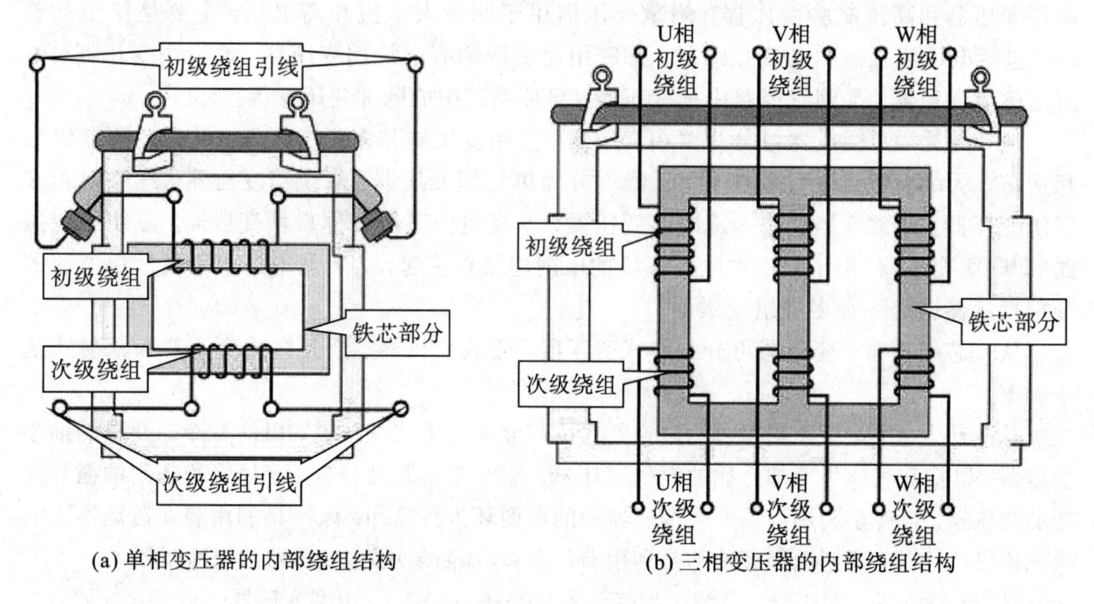

(a) 单相变压器的内部绕组结构 (b) 三相变压器的内部绕组结构

图5-3 变压器的内部绕组示意图

变压器的工作原理示意图如图5-4所示。变压器的基本工作原理是电磁感应原理，变压器的初级绕组和次级绕组相当于两个电感器，当交流电压加到初级绕组上时，在初级绕组上就形成了电动势，产生出交变的磁场，次级绕组受到初级绕组的作用，也产生与初级绕组磁场变化规律相同的感应电动势(电压)，于是次级绕组输出交流电压，这就是变压器的变压过程。

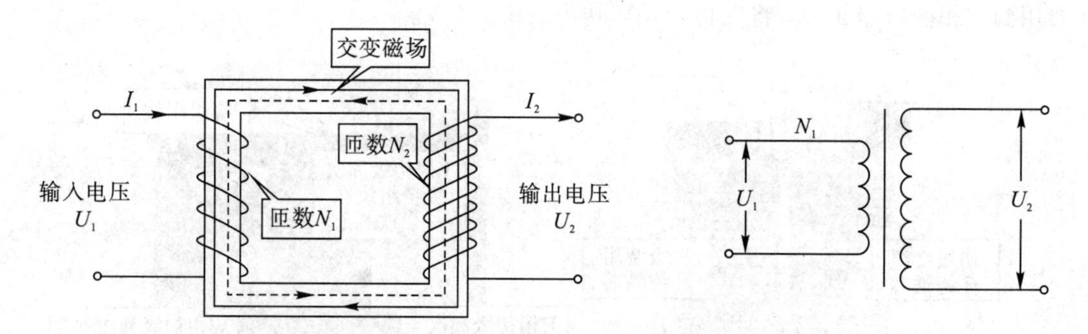

图5-4 变压器的工作原理示意图

变压器的输出电压和绕组的匝数有关，一般输出电压与输入电压之比等于次级绕组的匝数 N_2 与初级绕组的匝数 N_1 之比，即 $U_2/U_1=N_2/N_1$；变压器的输出电流与输出电压成反比($I_2/I_1=U_1/U_2$)，通常降压变压器输出的电压降低，但输出的电流增大了，具有输出强电流的能力。

3. 开关电源

开关电源是利用现代电力电子技术，控制开关管开通和关断的时间比率，维持稳定输出电压的一种电源。开关电源一般由脉冲宽度调制(PWM)控制IC和MOSFET构成。随着电力电子技术的发展和创新，使得开关电源技术也在不断地创新。目前，开关电源以小型、轻量和高效率的特点被广泛应用于几乎所有的电子设备上，是当今电子信息产业飞速发展不可缺少的一种电源方式。

现代开关电源有两种：一种是直流开关电源；另一种是交流开关电源。本任务中采用的是直流开关电源，如图 5－5 所示，直流开关电源将交流 220 V 转变为直流 24 V。

图 5－5　直流开关电源

直流开关电源的功能是将电能质量较差的原生态电源(粗电)，如市电电源或蓄电池电源，转换成满足设备要求的质量较高的直流电压(精电)。直流开关电源的核心是 DC/DC 转换器。因此直流开关电源的分类是依赖 DC/DC 转换器分类的。也就是说，直流开关电源的分类与 DC/DC 转换器的分类是基本相同的，DC/DC 转换器的分类基本上就是直流开关电源的分类。

直流 DC/DC 转换器按输入与输出之间是否有电气隔离可以分为两类：一类是有隔离的称为隔离式 DC/DC 转换器；另一类是没有隔离的称为非隔离式 DC/DC 转换器。

【拓展阅读】

线性电源与开关电源

电源是电路设计中的重要部分，电源的稳定性在很大程度上决定了电路的稳定性。线性电源和开关电源是比较常见的两种电源，在原理上有很大的不同，原理上的不同决定了两者应用上的不同。

1. 开关电源与线性电源原理上的区别

线性电源的基本原理是市电经过一个工频变压器降压成低压交流电之后，通过整流和滤波形成直流电，最后通过稳压电路输出稳定的低压直流电。线性电源原理如图 5－6 所示。

图 5－6　线性电源原理图

开关电源的基本原理是输入端直接将交流电整流变成直流电，再在高频震荡电路的作用下，用开关管控制电流的通断，形成高频脉冲电流，最后在电感(高频变压器)的帮助下，输出稳定的低压直流电。其原理图如图 5－7 所示。

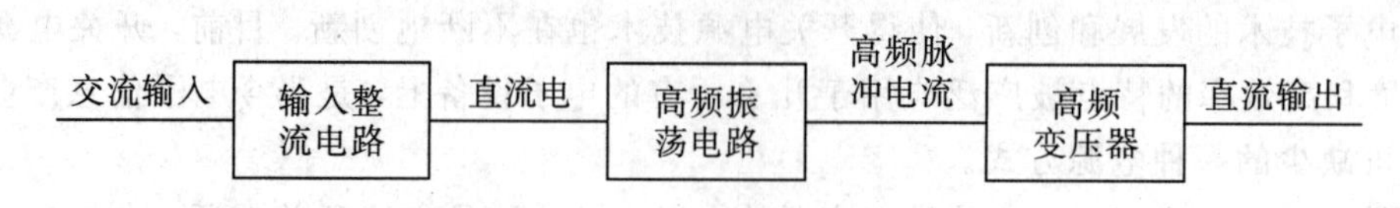

图 5-7 开关电源原理图

2. 开关电源与线性电源的优缺点

1）开关电源的优缺点

主要优点：体积小、重量轻(体积和重量只有线性电源的 20%～30%)、效率高(一般为 60%～70%，而线性电源只有 30%～40%)、自身抗干扰性强、输出电压范围宽、模块化。

主要缺点：由于逆变电路中会产生高频电压，对周围设备有一定的干扰，因此需要良好的屏蔽及接地。交流电经过整流可以得到直流电，但是，由于交流电压及负载电流的变化，使得整流后得到的直流电压通常会造成 20%～40%的电压变化。为了得到稳定的直流电压，必须采用稳压电路来稳压。

2）线性电源的优缺点

线性电源的优点：结构相对简单、输出纹波小、高频干扰小。结构简单，维修方便，维修线性电源的难度远低于开关电源，线性电源的维修成功率也远高于开关电源。纹波是叠加在直流稳定量上的交流分量。输出纹波越小，也就是说输出直流电纯净度越高，这是直流电源品质的重要标志。过高纹波的直流电将影响收发信机的正常工作。目前高档线性电源纹波可以达到 0.5 mV 的水平，一般产品可以做到 5 mV 的水平。如果输入滤波足够好，则高频干扰和高频噪声可降到足够低。

线性电源的缺点：需要庞大而笨重的变压器，所需的滤波电容的体积和重量也相当大，而且电压反馈电路在线性状态下工作，调整管上有一定的电压降，在输出较大工作电流时，致使调整管的功耗太大、转换效率低，还要安装很大的散热片，因此这种电源不适合计算机等设备，将逐步被开关电源所取代。

3. 开关电源与线性电源应用上的区别

线性电源功率器件工作在线性状态，由于其一直在工作，导致它的工作效率低，一般在 50%～60%，而且其体积大、笨重、效率低、发热量也大。但是线性电源有开关电源没有的优点：纹波小、调整率好、对外干扰小，适用于模拟电路、各类放大器等。

开关电源体积小、电流大、效率高，但是纹波大、干扰大。随着电子技术的不断发展，开关电源的设计也越来越科学，开关电源的缺点将慢慢被消除，所以开关电源将是以后应用的主流趋势，逐渐代替线性电源。

【巩固小结】

通过本任务的实施，能够知道数控机床供电部分的电路原理，掌握数控机床的伺服驱动器电源、变频器电源以及系统电源供电原理，并能根据电气原理图进行供电线路的安装与调试。

1. 填空题(将正确答案填在空格内)

(1) 变压器的基本工作原理是________，变压器的初级绕组和次级绕组相当于两个电感器，当交流电压加到初级绕组上时，在初级绕组上就形成了________，产生出交变的磁场，次级绕组受到初级绕组的作用，也产生与初级绕组磁场变化规律相同的________，于是次级绕组输出交流电压，这就是变压器的变压过程。

(2) 现代开关电源有两种：一种是________；另一种是交流开关电源。直流开关电源的核心是________。

(3) 变压器从相数上来分，可分为________、________和多相变压器。

2. 判断题(正确的打"√"，错误的打"×")

(1) 在电气原理图上必须表明电气控制元件的实际安装位置。(　　)

(2) 线圈通电时处于断开状态的触点称为常开触点。(　　)

(3) 小型中间继电器是用来传递信号或同时控制多个电路的，不可直接用它控制电气执行元件。(　　)

3. 简答题

(1) 请分析原理图中自锁线路控制过程。

(2) 变压器常见的分类有哪些?

任务二　I/O模块电路的安装与调试

【任务目标】

(1) 掌握数控机床I/O模块电路的接口原理；

(2) 掌握数控机床I/O模块电路的安装调试方法。

【任务布置】

根据电路电气原理图，如图5-8所示，完成数控机床I/O模块电路的安装。

元件及工量具准备：详见表5-2。

工时：4。

任务要求：

(1) 根据图纸要求，正确选择元件，并安装到安装接线板上；

(2) 所有元件连接应与电气图纸一致；

(3) 元件布置、布线应合理规范；

(4) 导线线径和颜色应符合图纸要求；

(5) 正确选用冷压端头，端头压接规范、牢固可靠；

(6) 导线与元件连接处需穿号码管，号码管的标号应清晰规范与图纸一致；

(7) 用万用表进行静态检测，检查电路接线是否正确；

(8) 通电调试，检查I/O模块是否正常工作。

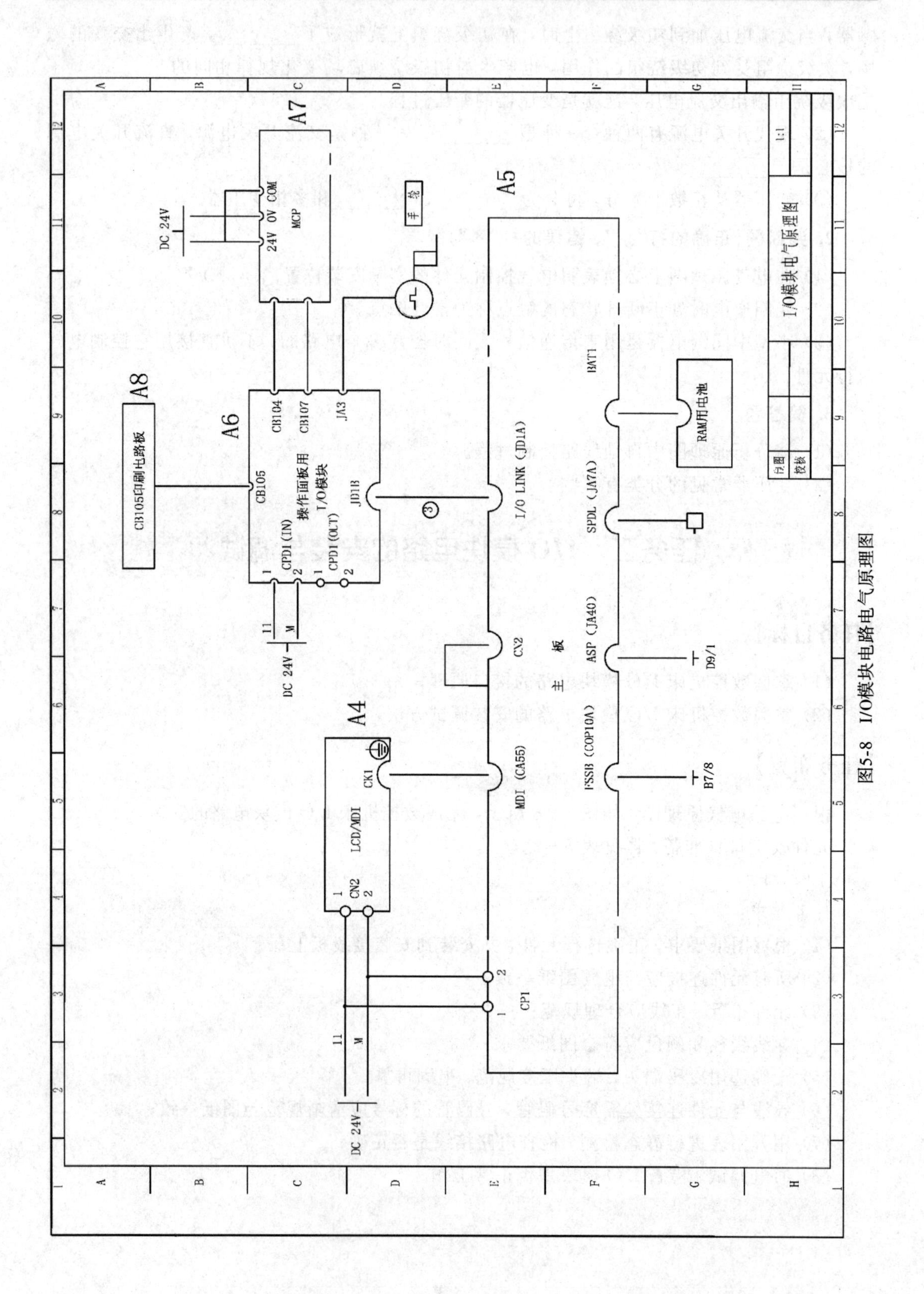

图5-8 I/O模块电路电气原理图

表 5-2　工量具、元件及耗材清单

序号	电气代号	名称和用途	型　号	数量
1	导线	蓝色	BVR 0.75 mm^2	1卷/组
2	端子	U形冷压端子	1-3	100只/组
3	端子	U形冷压端子	2-4	100只/组
4	号码管	号码管	1.5	1米/组
5	FANUC I/O模块	FANUC I/O模块	FANUC 0i系列用I/O模块	1只/组
6		电缆	机床I/O模块专用电缆	1套/组
7		剥线钳		1只/组
8		压线钳		1只/组
9		斜口钳		1只/组
10		一字螺丝刀	1.5/2.5/5mm	1只/组
11		十字螺丝刀	2.5/5mm	1只/组
12		数字万用表		1只/组
13		绝缘胶布		1圈/组
14		记号笔		1只/组
15		扎带		20根/组

【任务评价】

I/O模块电路安装与调试评分标准

学号：　　　　　　　　　　　　　　　　　　　　　　姓名：

序号	项目	技术要求	配分	评分标准	自评	互评	教师评分
1	电气元件选择与检测	正确选择电气元件；对电气元件质量进行检验	10	元件选择不正确，每个扣1分； 元件错检或漏检，每个扣1分			
2	电气元件布局与安装	按照图纸要求，正确利用工具安装电气元件，要求元件布局合理，安装准确、牢固	10	元件布局不合理，每个扣1分； 元件安装不牢固，每个扣1分； 安装时漏装螺钉，每个扣1分			

续表

序号	项目	技术要求	配分	评分标准	自评	互评	教师评分
3	工量具使用及保护	工量具规范使用，不能损坏，摆放整齐	10	仪器仪表使用不规范，扣5分； 仪器仪表损坏，扣5分； 工具、器材摆放凌乱，扣3分			
4	布线	接线正确，导线两端套号码管，压端子；端子连接牢靠；同方向连线进行绑扎时，线路应清晰不凌乱，无错接和漏接现象	20	不按电路图接线，每处扣3分； 接点松动、露铜过长，每处扣2分； 错接或漏接，每根扣2分； 漏装号码管，每处扣1分			
5	功能检测	I/O模块工作正常	30	I/O模块与系统连接不正常，扣10分； I/O模块与MCP面板连接不正常，扣10分； I/O模块与手轮连接不正常，扣10分			
6	其他	清点元件	5	未清点实训设备及耗材，扣2分			
		团队合作	5	分工不明确，成员不积极参与，酌情扣分			
		文明生产	5	出现没有穿戴防护用品、带电操作等违反安全文明生产规程的，不得分			
		环境卫生	5	卫生不到位不得分			
总分			100				

【任务分析】

1. 识读电气原理图

图5-8所示为机床I/O模块电气原理图。图中A4、A6、A7为FANUC数控机床I/O模块，其中A4是LCD/MDI用的I/O模块，A6是操作面板用的I/O模块，A7是用户控制面板(MCP)用的I/O模块。I/O模块的电气安装调试比较简单，大部分是FANUC数控机床专有的电缆接插件，主要是数控系统CNC与I/O模块之间、I/O模块与I/O模块之间、I/O模块与手轮的连接。

2. 选配、检测元件

(1) 根据电气原理图及元件清单，本任务中需要选择FANUC I/O模块以及FANUC

专用的电缆。

（2）外观检查。检查电气元件的外观是否清洁完整、外壳有无碎裂、零部件是否齐全有效等。

3. 安装电气元件

根据电气原理图将电气元件固定在电柜上。电气元件要摆放均匀、整齐、紧凑、合理。紧固各元件时应用力均匀，紧固程度适当，做到既要使元件安装牢固，又不使其损坏。各元件的安装位置间距要合理，便于元件的更换。

4. 布线

根据电气原理图，按线号顺序布线。布线应该走线合理及接点和接插件口不得松动，严禁损伤线芯和导线绝缘。其中 I/O 模块的电源为 DC 24V，由机床供电电路提供，这部分采用 BVR 0.75 mm^2 的蓝色导线连接。其余 CNC 与 I/O 模块之间、I/O 模块与 I/O 模块之间、I/O 模块与手轮之间采用专用电缆连接，注意接口与线型不要混淆。

5. 自检

（1）对照原理图、接线图，从电源端开始逐段核对端子接线的线号，排除漏接、错接现象，重点检查控制线路中易接错的线号。

（2）检查端子接线和接插口是否牢固。检查所有端子上接线的接触情况，用手一一摇动、拨拉端子上的接线，不允许有松脱现象，以避免通电试车时因虚接造成的麻烦，将故障排除在通电之前。检查所有接插口是否牢固，以免接触不良影响 I/O 模块正常工作。

（3）用万用表检查。不通电的情况下用万用表测量线路的通断情况；利用万用表检查各模块的供电电源是否正常，确保模块的电源没问题，以免损坏 I/O 模块。

【安全提醒】

（1）实训中遇到异常情况，应立即断开电源，检查线路，排除故障后，经指导教师同意，方可重新送电。

（2）湿手禁止去触摸电气设备。

（3）对电气设备调试中潜在的可能危险要有充分的认识，并有适当的应急措施和防护措施，防患于未然。

【知识储备】

FANUC 系统的 I/O 模块是通过专用的 I/O LINK 与系统进行通信的。FANUC 机床 I/O 模块类型包括操作面板用 I/O 模块、分线盘 I/O、I/O UNIT MODEL A、I/O LINK 轴、0i 用 I/O 模块等。

1. I/O 模块的物理位置设定

FANUC 0i－D 系列主板上的 I/O 接口为 JD51A，通过信号线连接相邻的 I/O 模块 JD1B 接口，再从这个模块的 JD1A 接口连接到下一个模块的 JD1B 接口，依此类推，直到连接到最后一个 I/O 模块的 JD1B 接口，而最后一个 I/O 模块的 JD1A 接口为空，连接示意图如图 5－9 所示。

按照这种 JD1A－JD1B 方式串行连接的各 I/O 模块，其物理位置按照组、基座、槽的

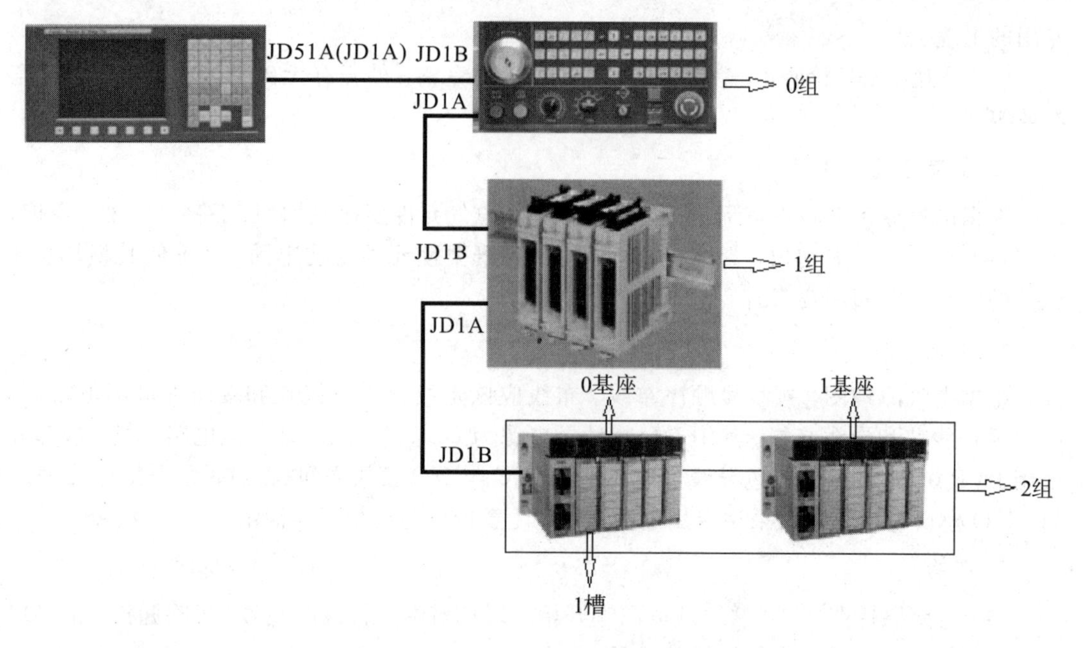

图 5－9　系统与 I/O 模块连接示意图

方式定义。

(1) 组。系统和 I/O 单元之间通过 JD1A－JD1B 方式串行连接，离系统最近的单元称为第 0 组，依此类推。

(2) 基座。使用 I/O UNIT MODEL A 时，在同一组中可以连接扩展模块，因此在同一组中为区分其物理位置，定义主副单元分别为 0 基座、1 基座。

(3) 槽。使用 I/O UNIT MODEL A 时，在一个基座上可以安装 5～10 槽的 I/O 模块，从左至右依次定义其物理位置为 1 槽、2 槽、……，其他通用 I/O 单元不分基座、槽号，定义为 0 基座、1 槽。图 5－10 所示为系统 I/O 模块的物理位置设定示例。

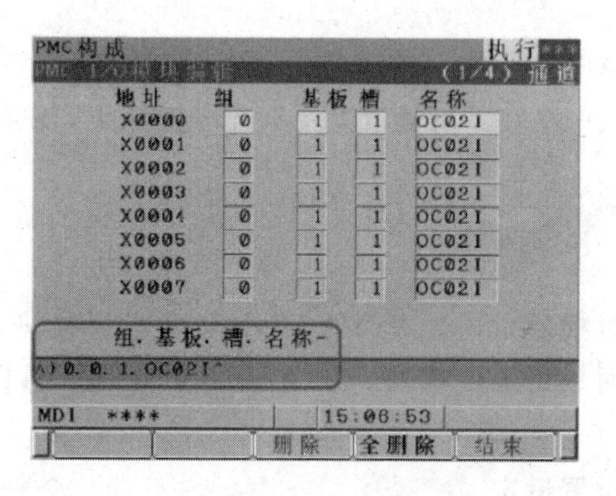

图 5－10　物理位置设定

2. I/O 模块的接口及作用

图 5－11 所示为 FANUC 0i 用 I/O 模块。I/O 模块用做机床强电信号的驱动。I/O 模块用串行数据接口 I/O LINK 与 CNC 连接后，每一个 I/O 点被分配为唯一的输入/输出地址，接机床的一个强电控制执行元件的工作点，如：强电柜中的继电器触点、接触器触点、

电磁阀；操作面板上的按键、按钮、开关、指示灯等。

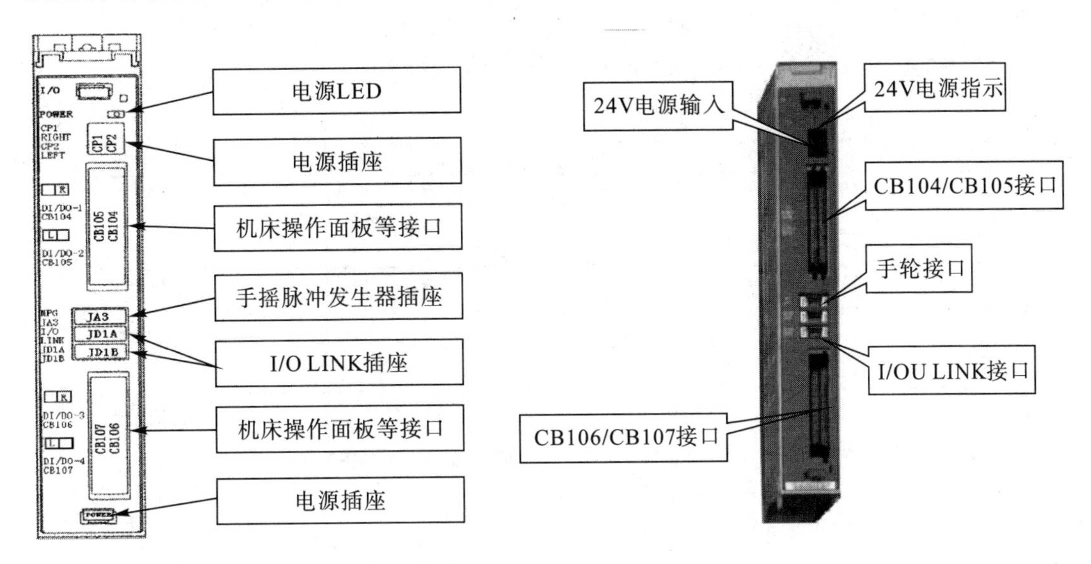

图 5-11　FANUC 0i 用 I/O 模块

FANUC 0i 用 I/O 模块各接口的名称及作用，见表 5-3。

表 5-3　接口名称及作用

接口名称	接口作用与连接
CP1A	DC 24 V 输入电源接口
CP1B	DC 24 V 输出电源接口
JD1B	用于传输 I/O 信号，从系统主板 JD51A 接口接入
JD1A	可连至下一个 I/O 单元的 JD1B 接口
JA3	机床面板的手摇脉冲发生器接口
CB104～CB107	机床侧输入/输出信号接口

3. I/O 模块的输入/输出信号接口地址

0i 用 I/O 模块的机床侧输入/输出信号接口地址如图 5-12 所示，采用 4 个 50 芯插座连接的方式，分别是 CB104/CB105/CB106/CB107。模块输入点共有 96 位，CB104 输入单元每个 50 芯插座中包含 24 位的输入点，这些输入点被分为 3 个字节；CB104 输出单元输出点有 64 位，每个 50 芯插座中包含 16 位的输出点，这些输出点被分为两个字节。

4. FANUC PMC 的地址类型

PMC 顺序程序的地址表明了信号的位置。这些地址包括机床的输入/输出信号和 CNC 的输入/输出信号、内部继电器、计数器、保持型继电器、数据表等。每一地址由地址号(每 8 个信号)和位号(0～7)组成，其格式如下：

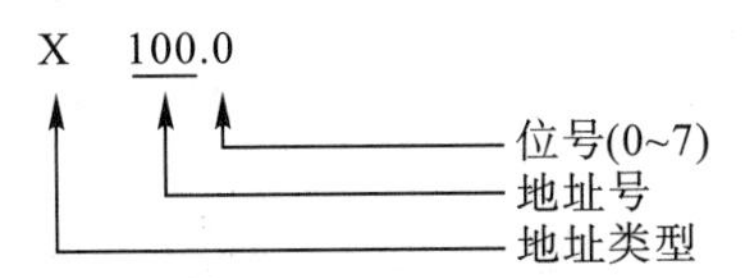

CB104 HIROSE 50PIN

	A	B
01	0V	+24V
02	Xm+0.0	Xm+0.1
03	Xm+0.2	Xm+0.3
04	Xm+0.4	Xm+0.5
05	Xm+0.6	Xm+0.7
06	Xm+1.0	Xm+1.1
07	Xm+1.2	Xm+1.3
08	Xm+1.4	Xm+1.5
09	Xm+1.6	Xm+1.7
10	Xm+2.0	Xm+2.1
11	Xm+2.2	Xm+2.3
12	Xm+2.4	Xm+2.5
13	Xm+2.6	Xm+2.7
14		
15		
16	Yn+0.0	Yn+0.1
17	Yn+0.2	Yn+0.3
18	Yn+0.4	Yn+0.5
19	Yn+0.6	Yn+0.7
20	Yn+1.0	Yn+1.1
21	Yn+1.2	Yn+1.3
22	Yn+1.4	Yn+1.5
23	Yn+1.6	Yn+1.7
24	DOCOM	DOCOM
25	DOCOM	DOCOM

CB105 HIROSE 50PIN

	A	B
01	0V	+24V
02	Xm+3.0	Xm+3.1
03	Xm+3.2	Xm+3.3
04	Xm+3.4	Xm+3.5
05	Xm+3.6	Xm+3.7
06	Xm+8.0	Xm+8.1
07	Xm+8.2	Xm+8.3
08	Xm+8.4	Xm+8.5
09	Xm+8.6	Xm+8.7
10	Xm+9.0	Xm+9.1
11	Xm+9.2	Xm+9.3
12	Xm+9.4	Xm+9.5
13	Xm+9.6	Xm+9.7
14		
15		
16	Yn+2.0	Yn+2.1
17	Yn+2.2	Yn+2.3
18	Yn+2.4	Yn+2.5
19	Yn+2.6	Yn+2.7
20	Yn+3.0	Yn+3.1
21	Yn+3.2	Yn+3.3
22	Yn+3.4	Yn+3.5
23	Yn+3.6	Yn+3.7
24	DOCOM	DOCOM
25	DOCOM	DOCOM

CB106 HIROSE 50PIN

	A	B
01	0V	+24V
02	Xm+4.0	Xm+4.1
03	Xm+4.2	Xm+4.3
04	Xm+4.4	Xm+4.5
05	Xm+4.6	Xm+4.7
06	Xm+5.0	Xm+5.1
07	Xm+5.2	Xm+5.3
08	Xm+5.4	Xm+5.5
09	Xm+5.6	Xm+5.7
10	Xm+6.0	Xm+6.1
11	Xm+6.2	Xm+6.3
12	Xm+6.4	Xm+6.5
13	Xm+6.6	Xm+6.7
14	COM4	
15		
16	Yn+4.0	Yn+4.1
17	Yn+4.2	Yn+4.3
18	Yn+4.4	Yn+4.5
19	Yn+4.6	Yn+4.7
20	Yn+5.0	Yn+5.1
21	Yn+5.2	Yn+5.3
22	Yn+5.4	Yn+5.5
23	Yn+5.6	Yn+5.7
24	DOCOM	DOCOM
25	DOCOM	DOCOM

CB107 HIROSE 50PIN

	A	B
01	0V	+24V
02	Xm+7.0	Xm+7.1
03	Xm+7.2	Xm+7.3
04	Xm+7.4	Xm+7.5
05	Xm+7.6	Xm+7.7
06	Xm+10.0	Xm+10.1
07	Xm+10.2	Xm+10.3
08	Xm+10.4	Xm+10.5
09	Xm+10.6	Xm+10.7
10	Xm+11.0	Xm+11.1
11	Xm+11.2	Xm+11.3
12	Xm+11.4	Xm+11.5
13	Xm+11.6	Xm+11.7
14		
15		
16	Yn+6.0	Yn+6.1
17	Yn+6.2	Yn+6.3
18	Yn+6.4	Yn+6.5
19	Yn+6.6	Yn+6.7
20	Yn+7.0	Yn+7.1
21	Yn+7.2	Yn+7.3
22	Yn+7.4	Yn+7.5
23	Yn+7.6	Yn+7.7
24	DOCOM	DOCOM
25	DOCOM	DOCOM

图 5 - 12　I/O 模块输入/输出信号接口地址

PMC 地址有以下种类，不同类别地址的符号也不相同。

X：由机床至 PMC 的输入信号(MT→PMC)，如接近开关、急停信号等。

Y：由 PMC 至机床的输出信号(PMC→MT)。

F：由 CNC 至 PMC 的输入信号(CNC→PMC)。

G：由 PMC 至 CNC 的输出信号(PMC→CNC)。

R、T、C、K、D、A：PMC 程序使用的内部地址。

【拓展阅读】

西门子 I/O 模块 PP72/48

西门子输入/输出模块 PP72/48 可提供 72 个数字输入和 48 个数字输出，如图 5 - 13 所示，每个模块具有三个独立的 50 芯插槽，每个插槽中包括了 24 位数字量输入和 16 位数字量输出。

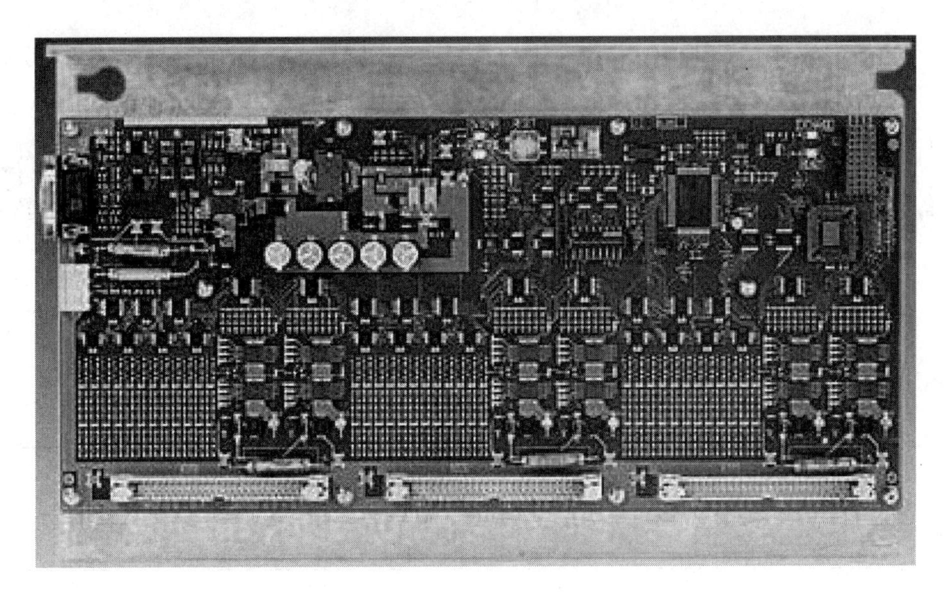

图 5-13　西门子输入/输出模块 PP72/48 模块实物图

西门子输入/输出模块 PP72/48 的结构及接口含义如图 5-14 所示。

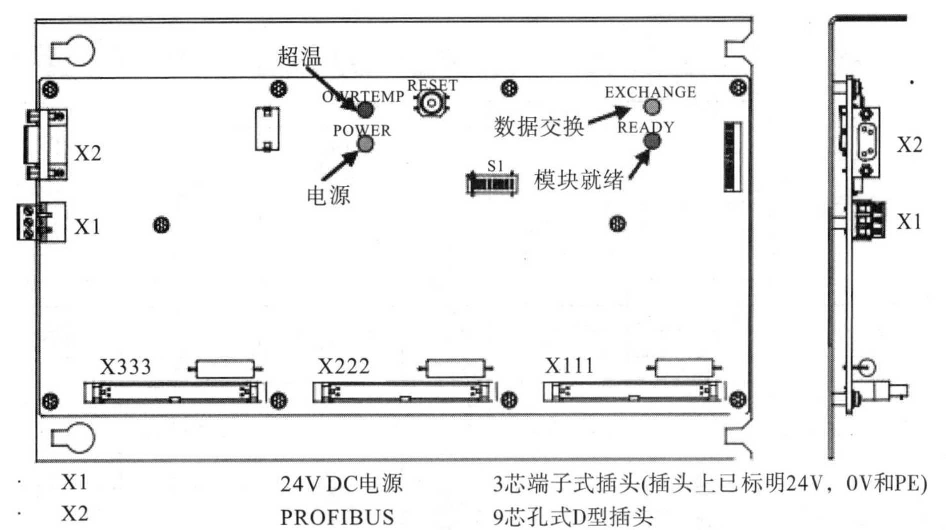

· X1	24V DC电源	3芯端子式插头(插头上已标明24V，0V和PE)
· X2	PROFIBUS	9芯孔式D型插头
· X111，X222，X333	50芯扁平电缆插头	(用于数字量输入和输出，可与端子转换器连接)
· S1	PROFIBUS地址开关	
· 4个发光二极管	PP72/48状态显示	

图 5-14　PP72/48 模块的结构图

西门子 802Dsl 系统最多可配置三块 PP 模块，地址分别为 9、8、7，地址按相应跳线地址的设置的顺序从小到大排列。PP72/48 模块与系统连接示意图，如图 5-15 所示。

第一个 PP72/48 模块(总线地址：9)输入/输出信号的逻辑地址和接口端子号的对应关系图，如图 5-16 所示。

第二个 PP72/48 模块(总线地址：8)输入/输出信号的逻辑地址和接口端子号的对应关系图如图 5-17 所示。

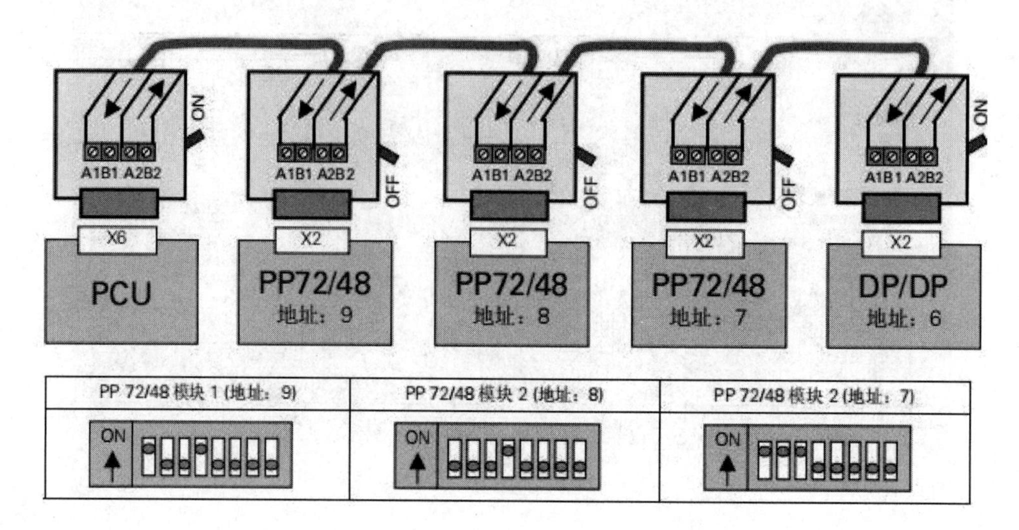

图 5-15 PP72/48 与系统连接示意图

端子	X111	X222	X333	端子	X111	X222	X333
1	数字输入公共端 0V DC			2	24V DC 输出*		
3	I0.0	I3.0	I6.0	4	I0.1	I3.1	I6.1
5	I0.2	I3.2	I6.2	6	I0.3	I3.3	I6.3
7	I0.4	I3.4	I6.4	8	I0.5	I3.5	I6.5
9	I0.6	I3.6	I6.6	10	I0.7	I3.7	I6.7
11	I1.0	I4.0	I7.0	12	I1.1	I4.1	I7.1
13	I1.2	I4.2	I7.2	14	I1.3	I4.3	I7.3
15	I1.4	I4.4	I7.4	16	I1.5	I4.5	I7.5
17	I1.6	I4.6	I7.6	18	I1.7	I4.7	I7.7
19	I2.0	I5.0	I8.0	20	I2.1	I5.1	I8.1
21	I2.2	I5.2	I8.2	22	I2.3	I5.3	I8.3
23	I2.4	I5.4	I8.4	24	I2.5	I5.5	I8.5
25	I2.6	I5.6	I8.6	26	I2.7	I5.7	I8.7
27, 29	无定义			28, 30	无定义		
31	Q0.0	Q2.0	Q4.0	32	Q0.1	Q2.1	Q4.1
33	Q0.2	Q2.2	Q4.2	34	Q0.3	Q2.3	Q4.3
35	Q0.4	Q2.4	Q4.4	36	Q0.5	Q2.5	Q4.5
37	Q0.6	Q2.6	Q4.6	38	Q0.7	Q2.7	Q4.7
39	Q1.0	Q3.0	Q5.0	40	Q1.1	Q3.1	Q5.1
41	Q1.2	Q3.2	Q5.2	42	Q1.3	Q3.3	Q5.3
43	Q1.4	Q3.4	Q5.4	44	Q1.5	Q3.5	Q5.5
45	Q1.6	Q3.6	Q5.6	46	Q1.7	Q3.7	Q5.7
47, 49	数字输出公共端 24VDC			48, 50	数字输出公共端 24VDC		

图 5-16 第一个 PP72/48 模块输入/输出信号的逻辑地址和接口端子号的对应关系图

第三个 PP72/48 模块(总线地址：7)输入/输出信号的逻辑地址和接口端子号的对应关系图，如图 5-18 所示。

端子	X111	X222	X333	端子	X111	X222	X333
1	数字输入公共端 0V DC			2	24V DC 输出*		
3	I 9.0	I 12.0	I 15.0	4	I 9.1	I 12.1	I 15.1
5	I 9.2	I 12.2	I 15.2	6	I 9.3	I 12.3	I 15.3
7	I 9.4	I 12.4	I 15.4	8	I 9.5	I 12.5	I 15.5
9	I 9.6	I 12.6	I 15.6	10	I 9.7	I 12.7	I 15.7
11	I 10.0	I 13.0	I 16.0	12	I 10.1	I 13.1	I 16.1
13	I 10.2	I 13.2	I 16.2	14	I 10.3	I 13.3	I 16.3
15	I 10.4	I 13.4	I 16.4	16	I 10.5	I 13.5	I 16.5
17	I 10.6	I 13.6	I 16.6	18	I 10.7	I 13.7	I 16.7
19	I 11.0	I 14.0	I 17.0	20	I 11.1	I 14.1	I 17.1
21	I 11.2	I 14.2	I 17.2	22	I 11.3	I 14.3	I 17.3
23	I 11.4	I 14.4	I 17.4	24	I 11.5	I 14.5	I 17.5
25	I 11.6	I 14.6	I 17.6	26	I 11.7	I 14.7	I 17.7
27, 29	无定义			28, 30	无定义		
31	Q 6.0	Q 8.0	Q 10.0	32	Q 6.1	Q 8.1	Q 10.1
33	Q 6.2	Q 8.2	Q 10.2	34	Q 6.3	Q 8.3	Q 10.3
35	Q 6.4	Q 8.4	Q 10.4	36	Q 6.5	Q 8.5	Q 10.5
37	Q 6.6	Q 8.6	Q 10.6	38	Q 6.7	Q 8.7	Q 10.7
39	Q 7.0	Q 9.0	Q 11.0	40	Q 7.1	Q 9.1	Q 11.1
41	Q 7.2	Q 9.2	Q 11.2	42	Q 7.3	Q 9.3	Q 11.3
43	Q 7.4	Q 9.4	Q 11.4	44	Q 7.5	Q 9.5	Q 11.5
45	Q 7.6	Q 9.6	Q 11.6	46	Q 7.7	Q 9.7	Q 11.7
47, 49	数字输出公共端 24VDC			48, 50	数字输出公共端 24VDC		

图 5-17 第二个 PP72/48 模块输入/输出信号的逻辑地址和接口端子号的对应关系图

端子	X111	X222	X333	端子	X111	X222	X333
1	数字输入公共端 0V DC			2	24V DC 输出*		
3	I 18.0	I 21.0	I 24.0	4	I 18.1	I 21.1	I 24.1
5	I 18.2	I 21.2	I 24.2	6	I 18.3	I 21.3	I 24.3
7	I 18.4	I 21.4	I 24.4	8	I 18.5	I 21.5	I 24.5
9	I 18.6	I 21.6	I 24.6	10	I 18.7	I 21.7	I 24.7
11	I 19.0	I 22.0	I 25.0	12	I 19.1	I 22.1	I 25.1
13	I 19.2	I 22.2	I 25.2	14	I 19.3	I 22.3	I 25.3
15	I 19.4	I 22.4	I 25.4	16	I 19.5	I 22.5	I 25.5
17	I 19.6	I 22.6	I 25.6	18	I 19.7	I 22.7	I 25.7
19	I 20.0	I 23.0	I 26.0	20	I 20.1	I 23.1	I 26.1
21	I 20.2	I 23.2	I 26.2	22	I 20.3	I 23.3	I 26.3
23	I 20.4	I 23.4	I 26.4	24	I 20.5	I 23.5	I 26.5
25	I 20.6	I 23.6	I 26.6	26	I 20.7	I 23.7	I 26.7
27, 29	无定义			28, 30	无定义		
31	Q 12.0	Q 14.0	Q 16.0	32	Q 12.1	Q 14.1	Q 16.1
33	Q 12.2	Q 14.2	Q 16.2	34	Q 12.3	Q 14.3	Q 16.3
35	Q 12.4	Q 14.4	Q 16.4	36	Q 12.5	Q 14.5	Q 16.5
37	Q 12.6	Q 14.6	Q 16.6	38	Q 12.7	Q 14.7	Q 16.7
39	Q 13.0	Q 15.0	Q 17.0	40	Q 13.1	Q 15.1	Q 17.1
41	Q 13.2	Q 15.2	Q 17.2	42	Q 13.3	Q 15.3	Q 17.3
43	Q 13.4	Q 15.4	Q 17.4	44	Q 13.5	Q 15.5	Q 17.5
45	Q 13.6	Q 15.6	Q 17.6	46	Q 13.7	Q 15.7	Q 17.7
47, 49	数字输出公共端 24VDC			48, 50	数字输出公共端 24VDC		

图 5-18 第三个 PP72/48 模块输入/输出信号的逻辑地址和接口端子号的对应关系图

【巩固小结】

通过本任务的实施，知道 FANUC 系统数控机床 FANUC 0i 用 I/O 模块的接口及连接，FANUC 系统地址的分类，能够进行 I/O 模块与系统主板、操作面板和手轮的连接。

1. 填空题(将正确答案填在空格内)

(1) PMC 顺序程序的地址表明了信号的位置，这些地址包括________和________、内部继电器、________、保持型继电器、________等，每一地址由________和________组成。

(2) PMC 中不同类别地址的符号各不相同，下列地址的含义是：

X：________________ Y：________________

F：________________ G：________________

(3) FANUC 0i 用 I/O 模块共有________个机床侧输入/输出信号接口，分别是 CB104、________、CB106 和________。

2. 判断题(正确的打“√”，错误的打“×”)

(1) 在 CNC 机床中，PMC 主要用于开关量控制。(　　)

(2) CNC 装置和机床之间的信号一般不直接连接，而通过 I/O 接口电路连接。(　　)

(3) 数控机床的运动量是由数控系统内的可编程控制器 PMC 控制的。(　　)

3. 简答题

(1) 画出 I/O 模块的连接示意图，并写出接口含义。

(2) FANUC 机床 I/O 模块的类型有哪些？

任务三　刀架电路的安装与调试

【任务目标】

(1) 掌握数控机床刀架电路的原理；

(2) 掌握数控机床刀架电路的安装调试方法。

【任务布置】

根据刀架电路电气原理图，如图 5-19 所示，完成数控机床刀架的主电路安装。

元件及工量具准备：详见表 5-4。

工时：8。

任务要求：

(1) 根据图纸要求，正确选择元件，并安装到安装接线板上；

(2) 所有元件连接应与电气图纸一致；

(3) 元件布置、布线应合理规范；

(4) 导线线径和颜色应符合图纸要求；

(5) 正确选用冷压端头，端头压接规范、牢固可靠；

(6) 导线与元件连接处需穿号码管，号码管的标号应清晰规范与图纸一致；

(7) 用万用表进行静态检测，检查刀架主电路和刀架控制电路接线是否正确；

(8) 通电调试，检查刀架电路换刀功能是否正确。

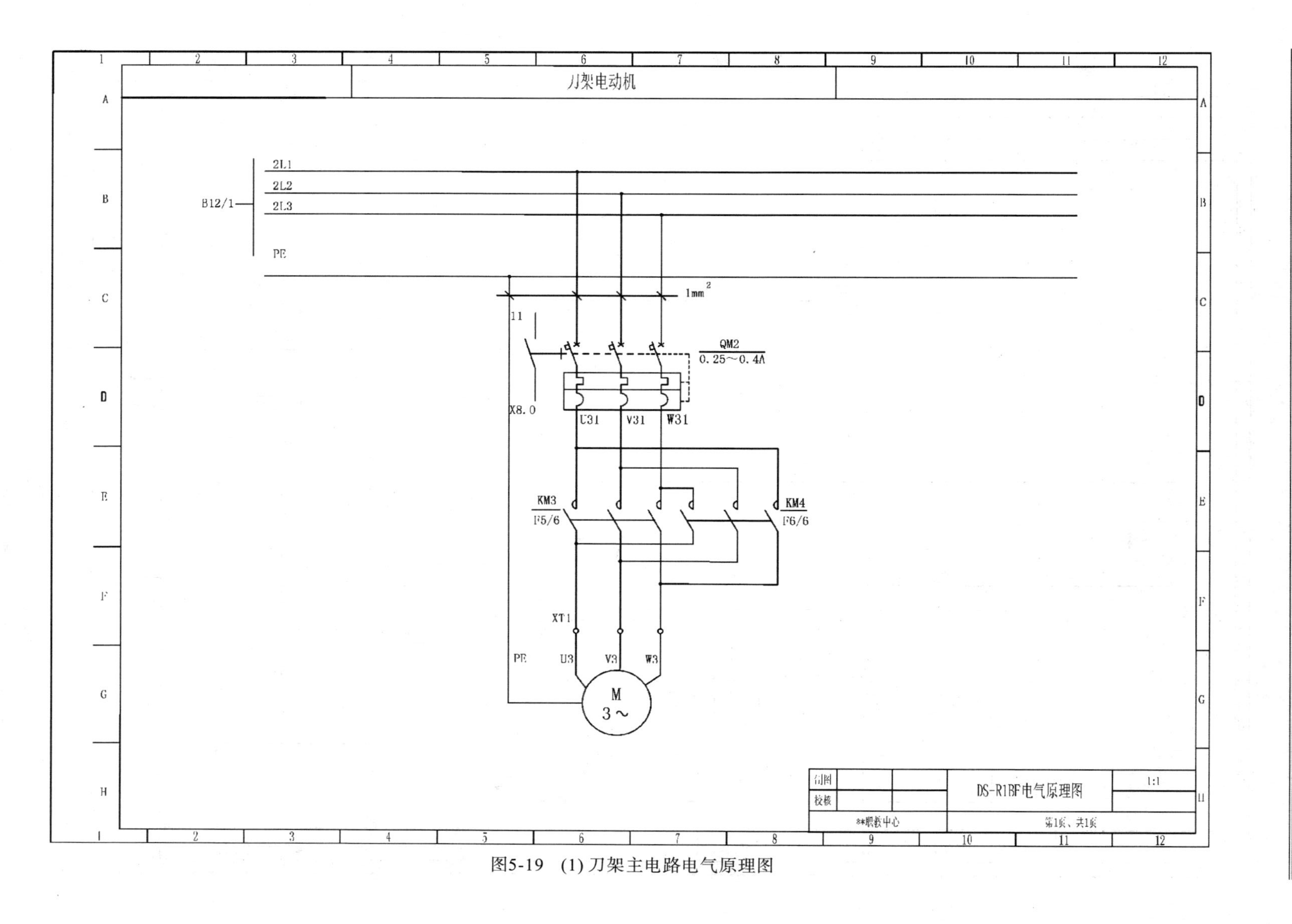

图5-19 (1)刀架主电路电气原理图

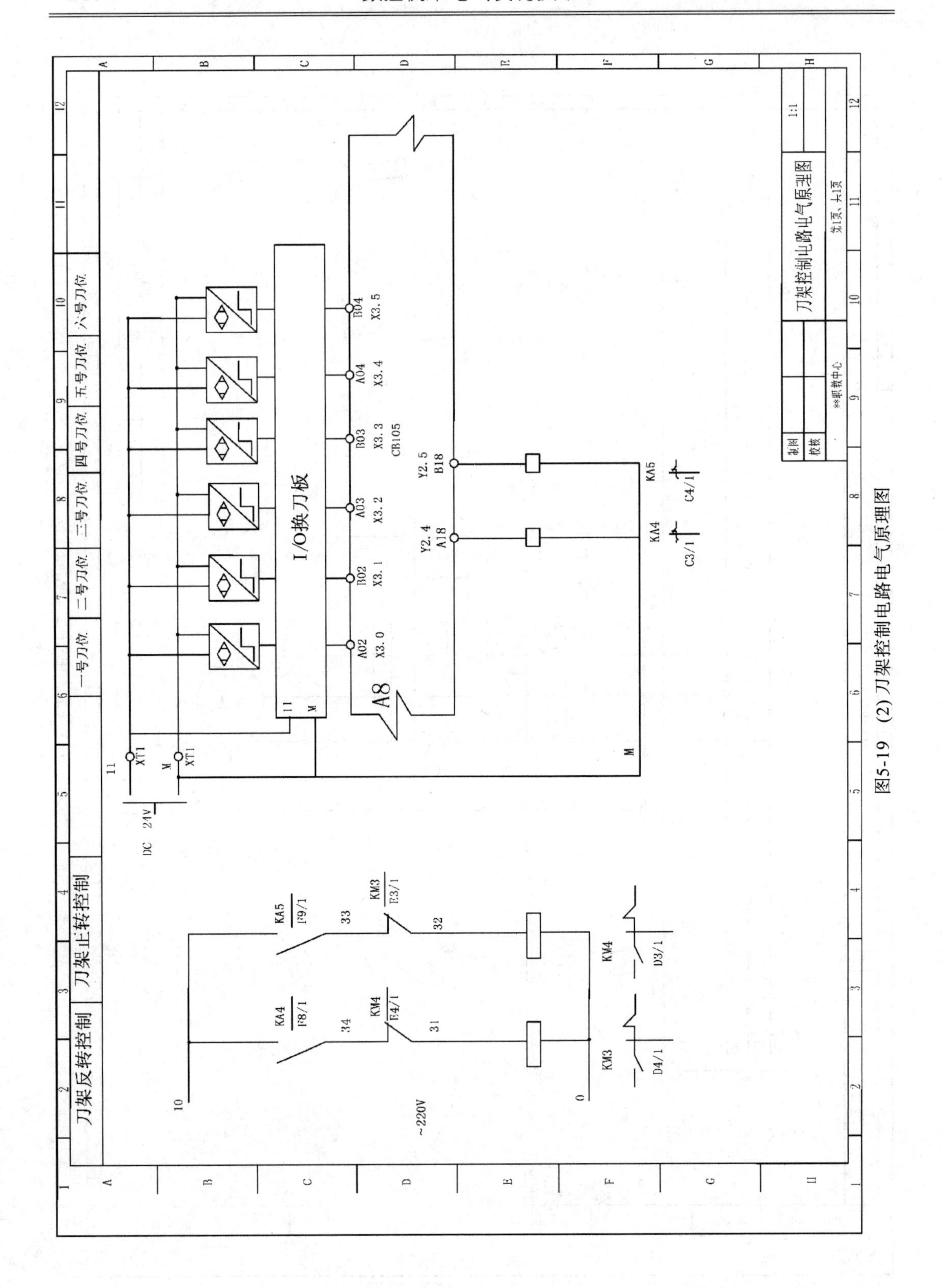

图5-19 (2) 刀架控制电路电气原理图

表5-4　工量具、元件及耗材清单

序号	电气代号	名称和用途	型　号	数量
1	QM	电机保护断路器	DZ108-20 0.25～0.4A	1只/组
2	KM	接触器	西门子3TB40 22-0X 220 V	2只/组
3	KA	小型中间继电器	JQX-13F/MY2 DC 24 V	2只/组
4	XT	接线端子	TD15	2米/组
5	导线	蓝色	BVR 0.75 mm^2	1卷/组
6	导线	红色	BVR 1.0 mm^2	1卷/组
7	导线	黄绿双色	BVR 2.5 mm^2	1卷/组
8	端子	U形冷压端子	1-3	100只/组
9	端子	U形冷压端子	2-4	100只/组
10	卡轨	金属卡槽	和接触器、断路器、继电器配合	2米/组
11	号码管	号码管	1.5	1米/组
12		剥线钳		1只/组
13		压线钳		1只/组
14		斜口钳		1只/组
15		一字螺丝刀	1.5/2.5/5 mm	各1只/组
16		十字螺丝刀	2.5/5 mm	各1只/组
17		数字万用表		1只/组
18		绝缘胶布		1圈/组
19		记号笔		1只/组
20		扎带		20根/组

【任务评价】

刀架电路的电气安装与调试评分标准

学号： 姓名：

序号	项目	技术要求	配分	评分标准	自评	互评	教师评分
1	电气元件选择与检测	正确选择电气元件；对电气元件质量进行检验	10	元件选择不正确，每个扣1分； 元件错检或漏检，每个扣1分			
2	电气元件布局与安装	按照图纸要求，正确利用工具安装电气元件，要求元件布局合理，安装准确、牢固	10	元件布局不合理，每个扣1分； 元件安装不牢固，每个扣1分； 安装时漏装螺钉，每个扣1分			
3	工量具使用及保护	工量具规范使用，不能损坏，摆放整齐	10	仪器仪表使用不规范，扣5分； 仪器仪表损坏，扣5分； 工具、器材摆放凌乱，扣3分			
4	布线	接线正确，导线两端套号码管，压端子；端子连接牢靠；同方向连线进行绑扎时，线路应清晰不凌乱，无错接和漏接现象	20	不按电路图接线，每处扣3分； 接点松动、露铜过长，每处扣2分； 损伤导线绝缘或线芯，每根扣1分； 错接或漏接，每根扣2分； 漏装或套错号码管，每处扣1分			
5	功能检测	刀架换刀正常	30	刀架主电路不正常，扣15分； 刀架控制电路不正常，扣15分			
6	其他	清点元件	5	未清点实训设备及耗材，扣2分；			
		团队合作	5	分工不明确，成员不积极参与，酌情扣分			
		文明生产	5	出现没有穿戴防护用品、带电操作等违反安全文明生产规程的，不得分			
		环境卫生	5	卫生不到位不得分			
总分			100				

【任务分析】

1. 识读电气原理图

图 5-19(1)所示主电路中涉及的元件有电动机保护断路器 QM2，两个接触器即正转用的接触器 KM3 和反转用的接触器 KM4。当接触器 KM3 的 3 对主触头接通时，三相电源的相序按 U31、V31、W31 接入电动机。而当 KM4 的 3 个主触头接通时，三相电源的相序按 W31、V31、U31 接入电动机，电动机即反转。

图 5-19(2)所示控制电路中交流控制回路部分采用交流 220 V 电源供电，直流控制回路采用直流 24 V 电源供电。当有手动换刀或自动换刀指令时，经过系统处理转变为刀位信号，这时 PMC 输出 Y2.4 有效，KA4 继电器线圈通电，KA4 继电器常开触点闭合，KM3 交流接触器线圈通电，交流接触器主触点吸合，刀架电动机正转；当 PMC 输入点检测到指令刀具所对应的刀位信号时，PMC 输出 Y2.4 有效撤销，刀架电动机正转停止；接着 PMC 输出 Y2.5 有效，KA5 继电器线圈通电，KA5 继电器常开触点闭合，KM4 交流接触器线圈通电，交流接触器主触点吸合，刀架电动机反转，延时一定时间以后(该时间由参数设定，并根据现场情况做调整)，PMC 输出 Y2.5 有效撤销，KM4 交流接触器主触点断开，刀架电动机反转停止，换刀过程完成。为防止电源短路和电气互锁，在刀架电动机正转接触器线圈回路中串入反转接触器 KM4 的常闭触点，在反转接触器线圈回路中串入正转接触器 KM3 的常闭触点。这里需要注意的是，刀架转位选刀只能一个方向转动，即刀架电动机正转，而刀架电动机反转时，刀架锁紧定位。

2. 选配、检测元件

(1) 元件选配。根据刀架电气原理图和元件清单，本任务需要一个电动机保护开关 QM，两个交流接触器和两个中间继电器。

(2) 外观检查。检查电气元件的外观是否清洁完整、外壳有无碎裂、零部件是否齐全有效等。

(3) 触头检查。检查电气元件的触头有无熔焊粘连、氧化锈蚀等现象；检查触头的闭合、分断动作是否灵活，在不通电的情况下，用万用表检查各触头的分、合情况。

(4) 电磁机构和传动机构的检查。检查元件电磁机构和传动部件的动作是否灵活；用万用表检查所有元件的电磁线圈的通断情况，测量它们的直流电阻并做好记录，以备检查线路和排除故障时参考。

(5) 电气元件规格的检查。核对各电气元件的规格与图纸要求是否一致，如：电器的电压等级和电流容量、触头的数目和开闭状况等，不符合要求的应更换或调整。

3. 安装电气元件

根据电气原理图将电气元件固定在电柜上。电气元件要摆放均匀、整齐、紧凑、合理。紧固各元件时应用力均匀，紧固程度适当，做到既要使元件安装牢固，又不使其损坏。各元件的安装位置间距要合理，便于元件的更换。

4. 布线

(1) 按照刀架电路安装接线图在电柜上接线。主电路采用 BVR 1.0 mm^2(红色)的导线，接地线采用 BVR 2.5 mm^2(绿/黄双色线)的导线。控制电路交流控制回路部分采用 BVR

0.75 mm^2(红色)的导线，控制电路直流控制回路部分采用 BVR 0.75 mm^2(蓝色)的导线。

(2) 按接线图规定的方位，截取适当长短导线，剥去两端绝缘外皮。为保证导线与端子接触良好，使用多股芯线时要将线头绞紧，必要时可用烫锡处理。

(3) 将成型的导线套上号码管，根据接线端子的情况，压好对应的端子。

5. 自检

(1) 对照原理图、接线图，从电源端开始逐段核对端子接线的线号。

(2) 检查端子接线是否牢固。

(3) 用万用表检查。在线路不通电时，手动模拟接触器 KM3、KM4 的操作动作，并用万用表测量线路的通断情况。利用万用表检测主电路不带负荷(即电动机)时的相间电阻，判断绝缘情况和接触主触头接触的可靠性以及正反控制线路的电源换相线路和热继电器是否良好、动作是否正常等。

6. 通电调试

(1) 安装控制板与机床主体航插连接，注意每个航插不要接错。

(2) 接通电源，合上电源开关，用万用表检测各项电源电压是否正常。

进行换刀操作，观察机床换刀情况是否正常，若有异常，立即停车断电检查。

【安全提醒】

(1) 实训前，应了解操作要求、操作顺序及所用设备的性能和指标，熟悉实训任务所需的元件及电路情况。

(2) 拔下插头时，应手握插头取下，切勿图方便直接以拉扯电线的方式拔出，这样极易造成电线内部铜线断裂。

【知识储备】

1. 典型刀架分类

数控机床刀架通常是指数控车床刀架，它可使数控车床在工件一次夹紧中完成多种甚至所有的加工工序，以缩短加工的辅助时间，减少加工过程中由于多次安装工件而引起的误差，从而提高机床的加工效率和加工精度。数控车床使用的刀架是最简单的自动换刀装置，按照结构形式划分，可以分为排刀式刀架、转盘式刀架、转塔式刀架等；按照驱动形式划分，有液压驱动和电机驱动两种。各式刀架如图 5-20 所示。

(a) 排刀式刀架

(b) 液压驱动刀架

(c) 电动刀架

图 5-20 各式刀架

目前，国内数控车床刀架以电动为主，分为转塔式和转盘式两种。转塔式刀架有四、六工位两种形式，主要用于简易数控车床；转盘式刀架有八、十等工位，可正、反方向旋转，就近选刀，用于全功能数控车床。

2. 电动刀架结构

电动刀架具有结构简单、控制容易、价格低廉等特点，它是国产普及型数控车床使用最为广泛、最简单的车床自动换刀装置。

电动刀架一般由专业厂家生产，产品有六工位、四工位等不同的规格，四工位电动刀架最为常用。但是，一般的电动刀架只能用来装夹方柄车刀，且可安装的刀具数量少、刀架定位精度低，加上刀架只能单向回转选刀、换刀时间长、加工效率低，因此，一般不能用于全功能型数控车床。

虽然，目前国内生产电动刀架的厂家较多，但刀架的内部结构与原理基本相同。以四工位刀架为例，其内部结构原理如图 5-21 所示。

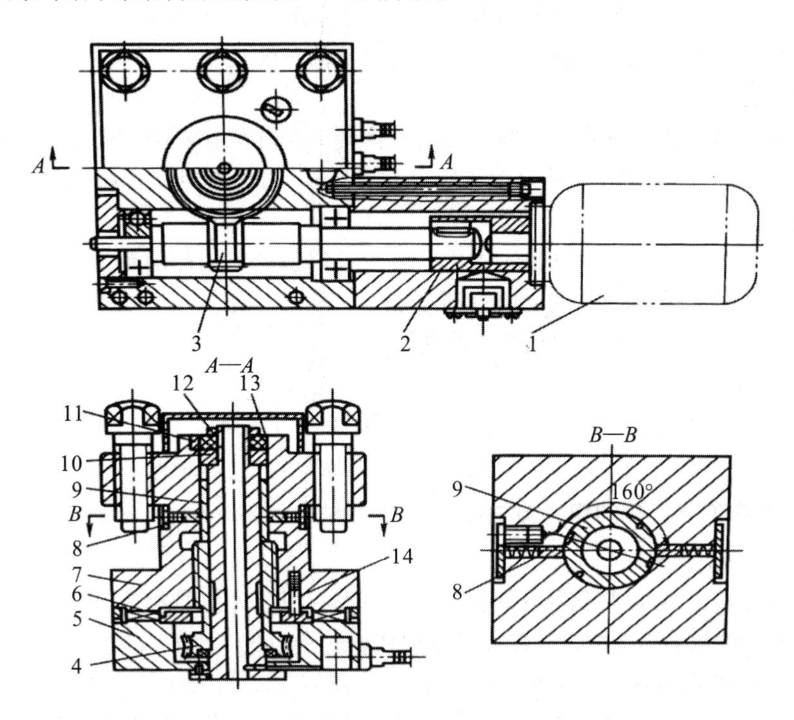

1—电动机；2—联轴器；3—蜗杆；4—蜗轮轴；5—底座；6—粗定位盘；7—刀架体；8—球头销；9—转位套；10—检测盘安装座；11—发信磁体；12—固定螺母；13—刀位检测盘；14—粗定位销

图 5-21　四工位刀架内部结构原理图

电动刀架由电动机、蜗轮蜗杆副、底座、刀架体、转位套、刀位检测装置等部件组成。车刀可通过刀架体上部的 9 个固定螺钉夹紧于刀架体上，电动机正转时，刀架体可在蜗轮蜗杆的带动下抬起、回转，进行换刀；电动机反转时，刀架体可通过蜗杆、粗定位盘落下、夹紧。刀架的刀位检测一般使用霍尔元件，刀架的精确定位利用齿牙盘实现。

3. 电动刀架换刀的动作原理

电动刀架各部件的作用与换刀的动作原理具体如下。

1）刀架抬起

当 CNC 执行换刀指令 T 时，如现行刀位与 T 指令要求的位置不符，CNC 将输出刀架正转信号 TL+，刀架电动机将启动并正转。电动机可通过联轴器、蜗杆，带动上部加工有外螺纹的蜗轮轴转动。

蜗轮轴的内孔与中心轴外圆采用动配合，外螺纹与刀架体的内螺纹结合；中心轴固定在底座上，用于刀架体的回转支承。当电动机正转时，蜗轮轴将绕中心轴旋转，由于正转刚开始时，刀架体上的端面齿牙盘处在啮合状态，故刀架体不能转动；因此，蜗轮轴的转动，将通过其螺纹配合，使刀架体向上抬起，并逐步脱开端面齿牙盘而松开。

2）刀架转位

当刀架体抬到一定位置后，端面齿牙盘将被完全脱开，此时，与蜗轮轴连接的转位套将转过160°左右，使转位套上的定位槽正好移动至与球头销对准的位置，因此，球头销将在弹簧力的作用下插入到转位套的定位槽中，从而使得转位套带动刀架体进行转位，实现刀具的交换。

刀架正转时，由于粗定位盘上端面的定位槽沿正转方向为斜面退出，因此，正转时刀架体上的定位销将被逐步向上推出，而不影响刀架的正转运动。

3）刀架定位

刀架体转动时，将带动刀位检测的发信磁体转动，当发信磁体转到T代码指定刀位的检测霍尔元件上时，CNC将撤销刀架正转信号TL＋、输出刀架反转信号TL－，使得刀架电动机反转。

电动机反转时，定位销在弹簧的作用下将沿粗定位盘上端面的定位槽斜面反向进入定位槽中，刀架体的反转运动将被定位销所禁止，刀架体粗定位并停止转动。此时，蜗轮轴的回转，将使刀架体通过螺纹的配合，垂直落下。

4）刀架锁紧

随着电动机反转的继续，刀架体的端面齿牙盘将与底座啮合，并锁紧。当锁紧后，电动机被堵转停止。CNC经过延时，撤销刀架反转信号TL－，结束换刀动作。

4. 数控车床刀架刀号的识别方法

1）脉冲编码器识别

脉冲编码器输出A相B相和一转信号Z相，A相和B相信号相差90°作为鉴相信号。编码器每转的信号除以刀号，也即每转n个脉冲代表一个刀位。比如编码器转一周发出360个脉冲，则可认为60个脉冲为一刀号。CNC数编码器转过了几个脉冲，就可判断出到几号位了，并且CNC会记住刀位号，再换刀时，CNC会从这个已记的刀号脉冲，继续数脉冲。

2）开关识别

数控车床刀架转轴上有一个“挡铁”（蓝色矩形条），相当于刀位“0”位，刀架共有6个刀位，每30°上安装一个感应开关，如图5－22所示，每当“挡铁”接近某一个感应开关时，感

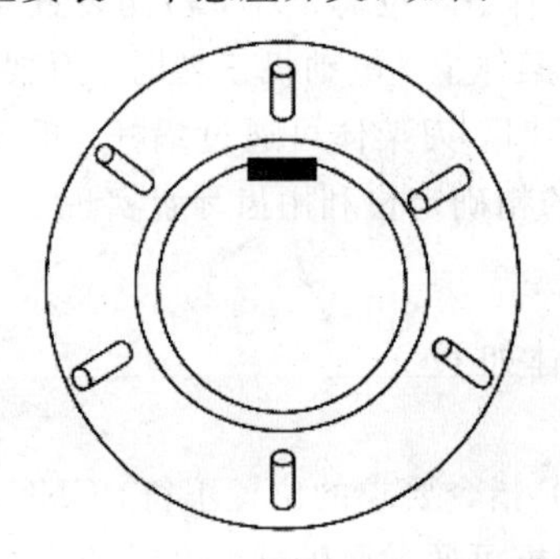

图5－22 刀位信号盘

应开关(NPN 结输出)输出一个低电平信号，并送到 PMC 诊断地址。

5. 数控车床刀架换刀的 PMC 原理

(1) 刀架控制涉及的 I/O 信号如下：

输入信号：

X3.0～X3.3　1～4 号刀到位信号输入

X8.0　刀架电动机过载报警

输出信号：

Y2.4　刀架正转继电器输出

Y2.5　刀架反转继电器输出

(2) 数控刀架的换刀程序流程。根据对换刀工作过程的分析，换刀控制的流程图如图 5-23 所示。

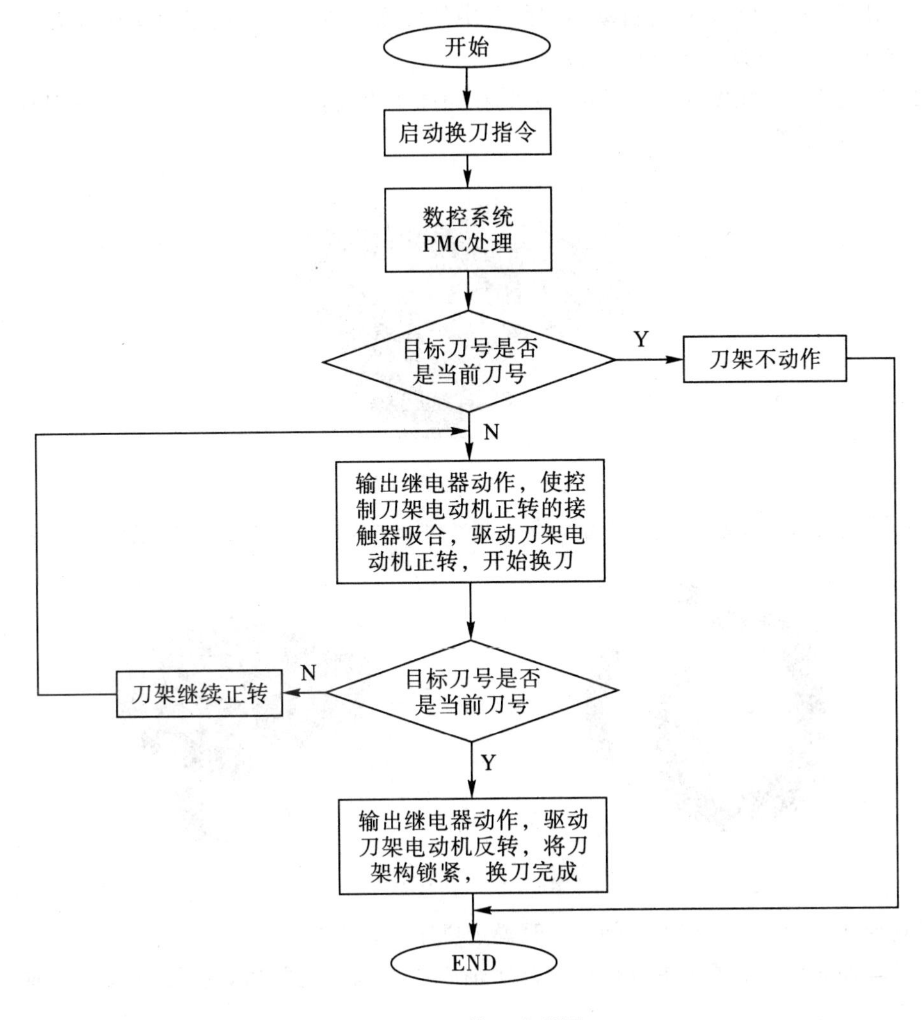

图 5-23　换刀流程图

【拓展阅读】

加工中心的刀库及换刀形式

自动换刀数控机床多采用刀库式自动换刀装置。带刀库的自动换刀系统由刀库和刀具交换机构组成，它是多工序数控机床上应用最广泛的换刀方法。其换刀过程较为复杂，首先把加工过程中需要使用的全部刀具分别安装在标准的刀柄上，在机外进行尺寸预调整之后，按一定的方式放入刀库，换刀时先在刀库中进行选刀，并由刀具交换装置从刀库和主轴上取出刀具。在进行刀具交换之后，将新刀具装入主轴，把旧刀具放回刀库。存放刀具的刀库具有较大的容量，它既可安装在主轴箱的侧面或上方，也可作为单独部件安装到机床以外。

1. 刀库的种类

刀库用于存放刀具，它是自动换刀装置中的主要部件之一。根据刀库存放刀具的数目和取刀方式，刀库可设计成不同类型。

(1) 直线刀库。如图 5-24 所示，刀具在刀库中直线排列、结构简单，存放刀具数量有限(一般 8～12 把)，较少使用。

图 5-24 直线刀库

(2) 圆盘刀库。如图 5-25 所示，存刀量少则 6～8 把，多则 50～60 把，有多种形式。

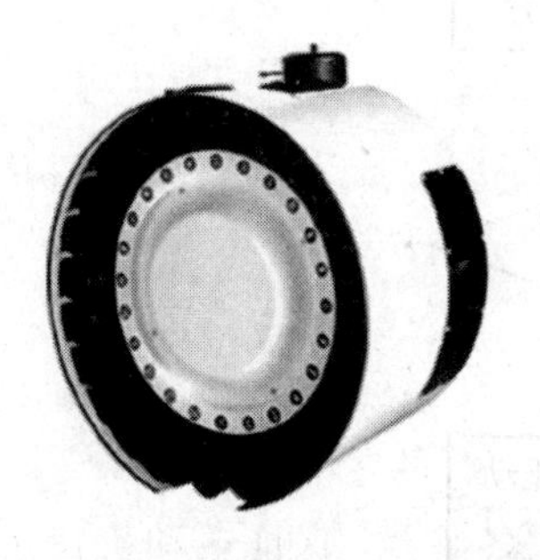

图 5-25 圆盘刀库

刀具径向布置，占用较大空间，一般置于机床立柱上端。

刀具轴向布置，常置于主轴侧面，刀库轴心线可以垂直放置，也可以水平放置。刀具轴向布置较多使用。

刀具为伞状布置，多斜放于立柱上端。

为进一步扩充存刀量，有的机床使用多圈分布刀具的圆盘刀库，多层圆盘刀库和多排圆盘刀库。多排圆盘刀库每排 4 把刀，可整排更换。

(3) 链式刀库。如图 5－26 所示，链式刀库是较常使用的形式，常用的有单排链式刀库和加长链条的链式刀库。

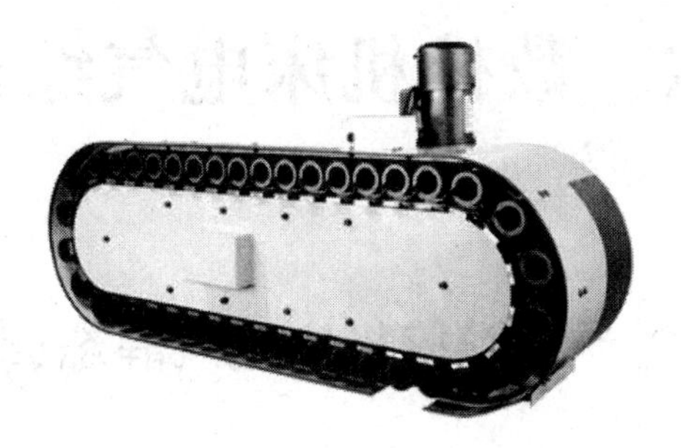

图 5－26　链式刀库

(4) 其他刀库。如：格子箱式刀库。

2. 换刀方式

数控机床的自动换刀装置中，实现刀库与机床主轴之间传递和装卸刀具的装置称为刀具交换装置。

(1) 无机械手换刀。必须首先将用过的刀具送回刀库，然后再从刀库中取出新刀具，这两个动作不可能同时进行，因此换刀时间长。

(2) 机械手换刀。采用机械手进行刀具交换的方式应用得最为广泛，这是因为机械手换刀有很大的灵活性，而且可以减少换刀时间。

【巩固小结】

通过本任务的实施，能够知道数控车床四工位刀架的结构及换刀原理，会分析数控机床的刀架电路的电气原理图，并能根据电气原理图进行刀架线路的安装与调试。

1. 填空题(将正确答案填在空格内)

(1) 数控车床使用的刀架是最简单的自动换刀装置，按照结构形式划分，可以分为________、________、________等；按照驱动形式划分，有________和________两种。

(2) 电动刀架由电动机、________、底座、刀架体、转位套、________等部件组成。

(3) 刀架换刀的动作依次为刀架抬起、________、________、________。

2. 判断题(正确的打"√"，错误的打"×")

(1) 为了方便，可以带电拖拉电源线来移动电器。(　　)

(2) 在临近带电部分操作时，无需考虑人与带电部分的距离。(　　)

(3) 电动机的短路保护装置，应采用自动开关或熔断器，保证电动机在正常启动时保护装置不动作。(　　)

(4) 刀架某一位刀号不停转，其余刀位可以正常工作，最有可能是此位置的霍尔元件损坏了。(　　)

3. 简答题

(1) 刀架电动机的正反转如何实现?

(2) 简述刀架换刀的动作原理。

项目六 数控机床电气综合装调

任务一 数控机床电气静态调试

【任务目标】

（1）掌握数控机床日常维护的方法；

（2）能够进行数控机床电气静态调试；

（3）能对静态调试中发现的问题进行分析处理。

【任务布置】

根据某数控机床电气原理图，如图 6-1 所示，完成整个机床电路的安装，并进行数控机床电气静态调试。

元件准备：详见表 6-1。

工时：8。

任务要求：

（1）根据图纸，进行整块板综合接线；

（2）电气板上所有连接应与电气图纸一致；

（3）元件布局、布线应合理规范；

（4）导线线径和颜色应符合图纸要求；

（5）用万用表检查各个回路的静态电阻值，应符合要求；

（6）机床各个按钮和单元间连接线应符合图纸要求；

（7）通过静态检测判断各主要功能部件连接是否正常。

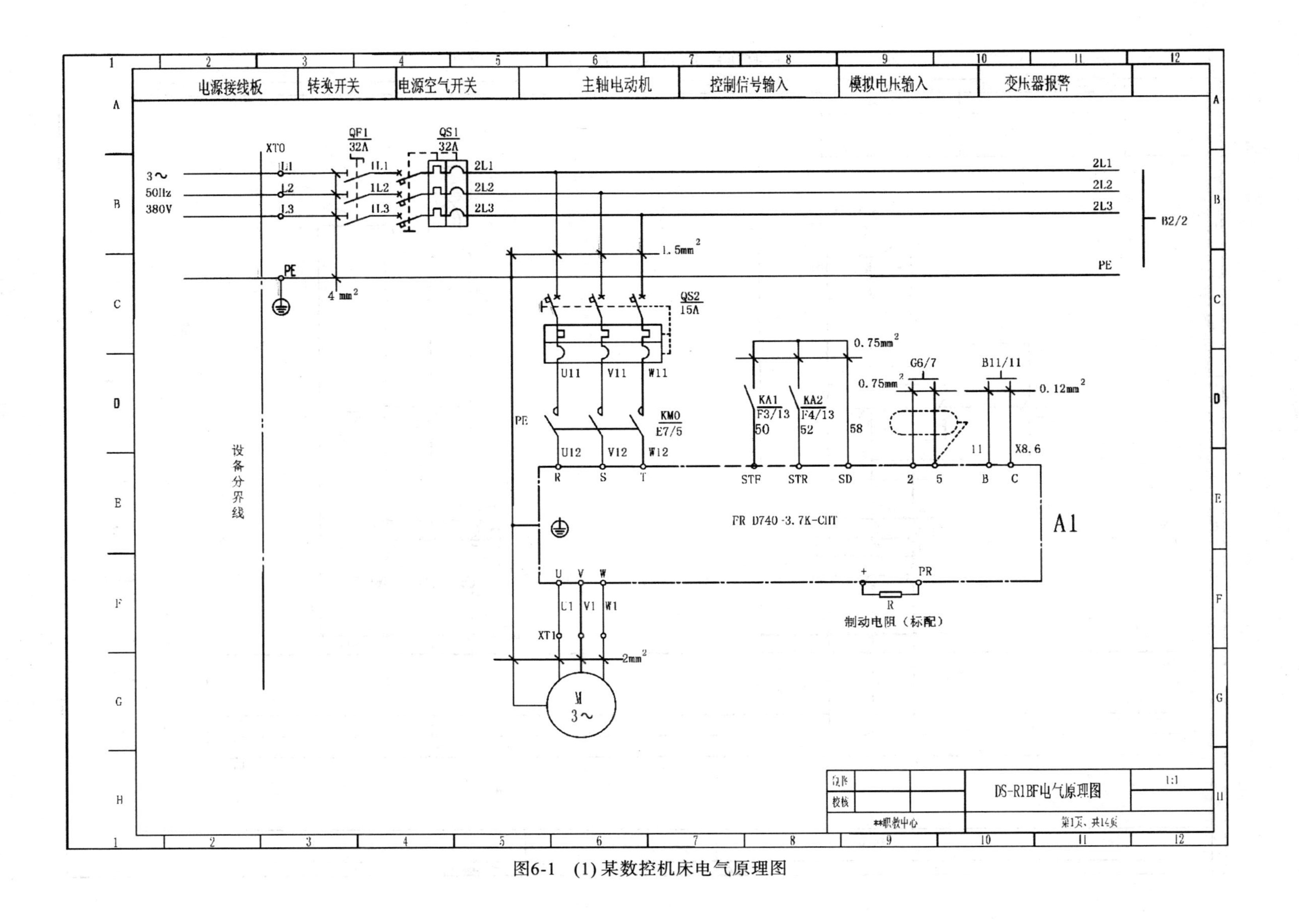

图6-1　(1) 某数控机床电气原理图

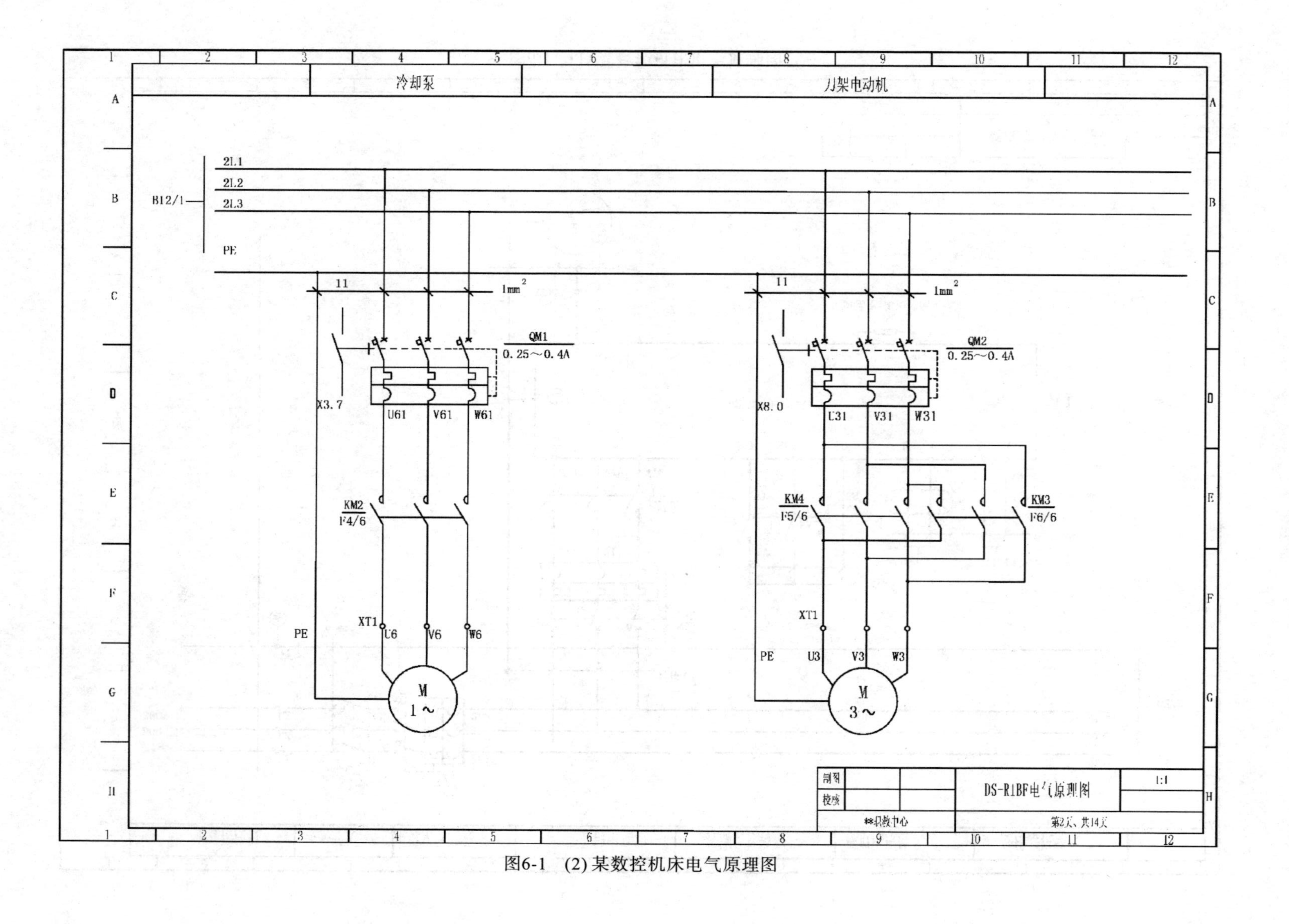

图6-1 (2) 某数控机床电气原理图

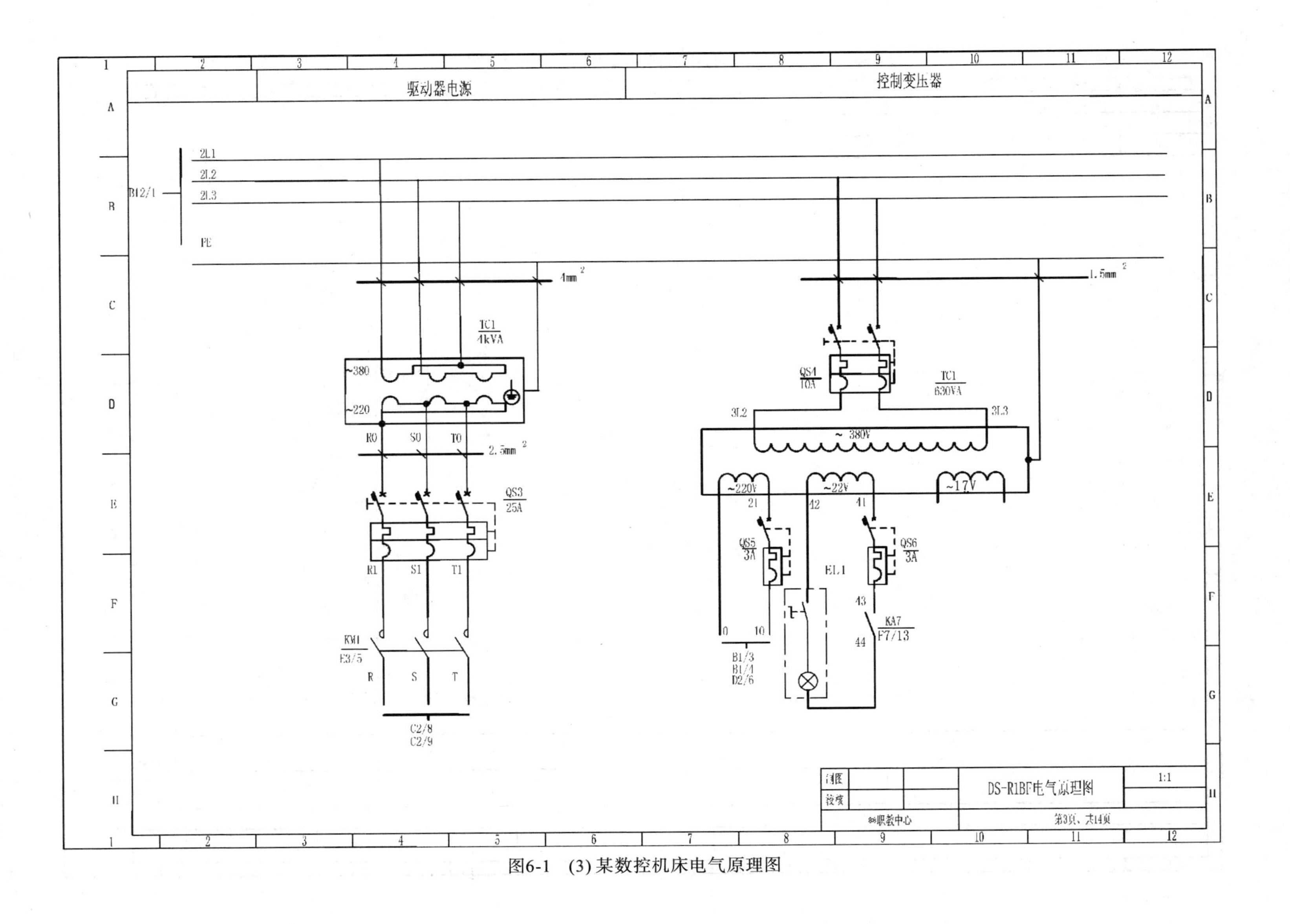

图6-1　(3) 某数控机床电气原理图

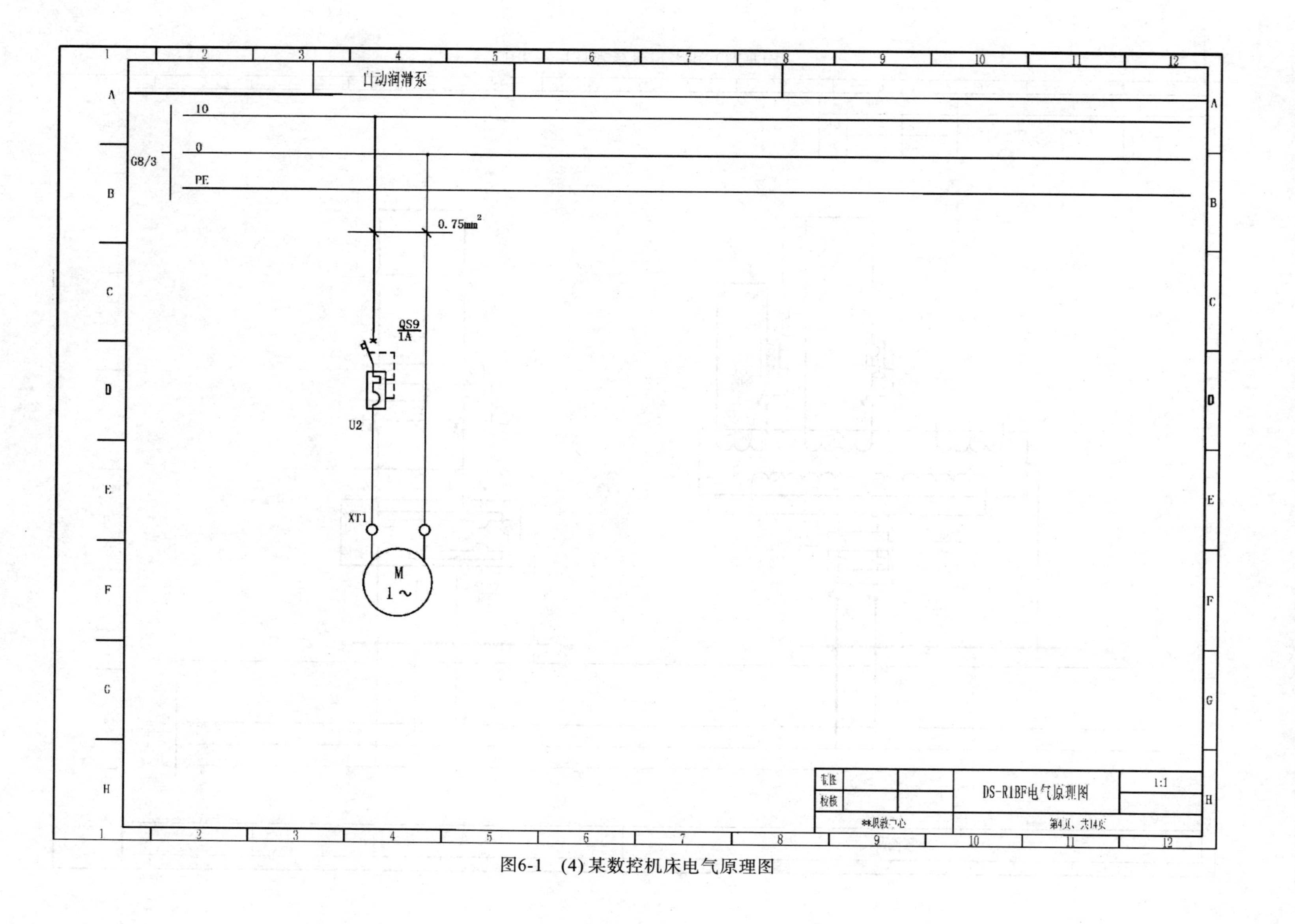

图6-1 (4) 某数控机床电气原理图

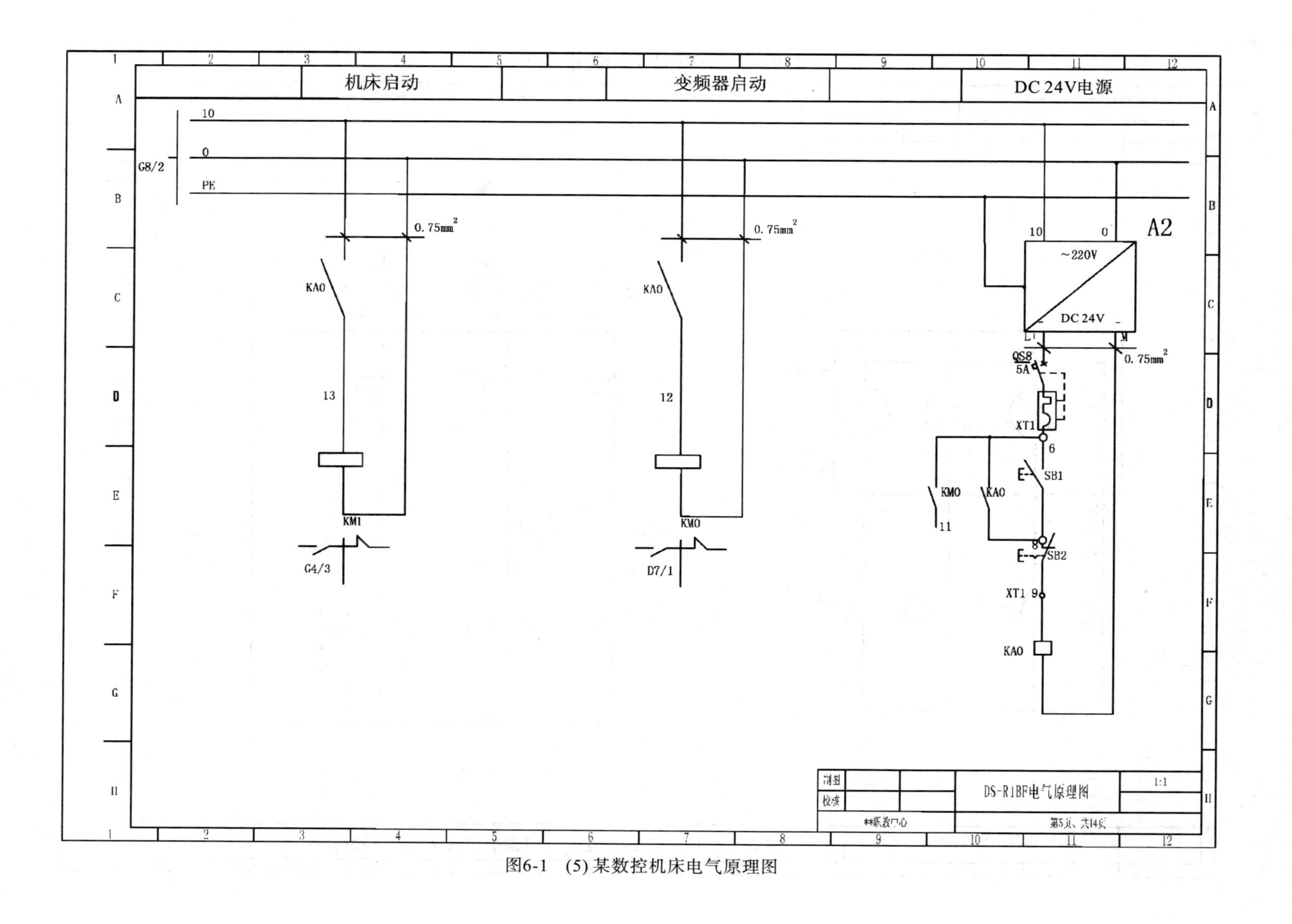

图6-1 (5) 某数控机床电气原理图

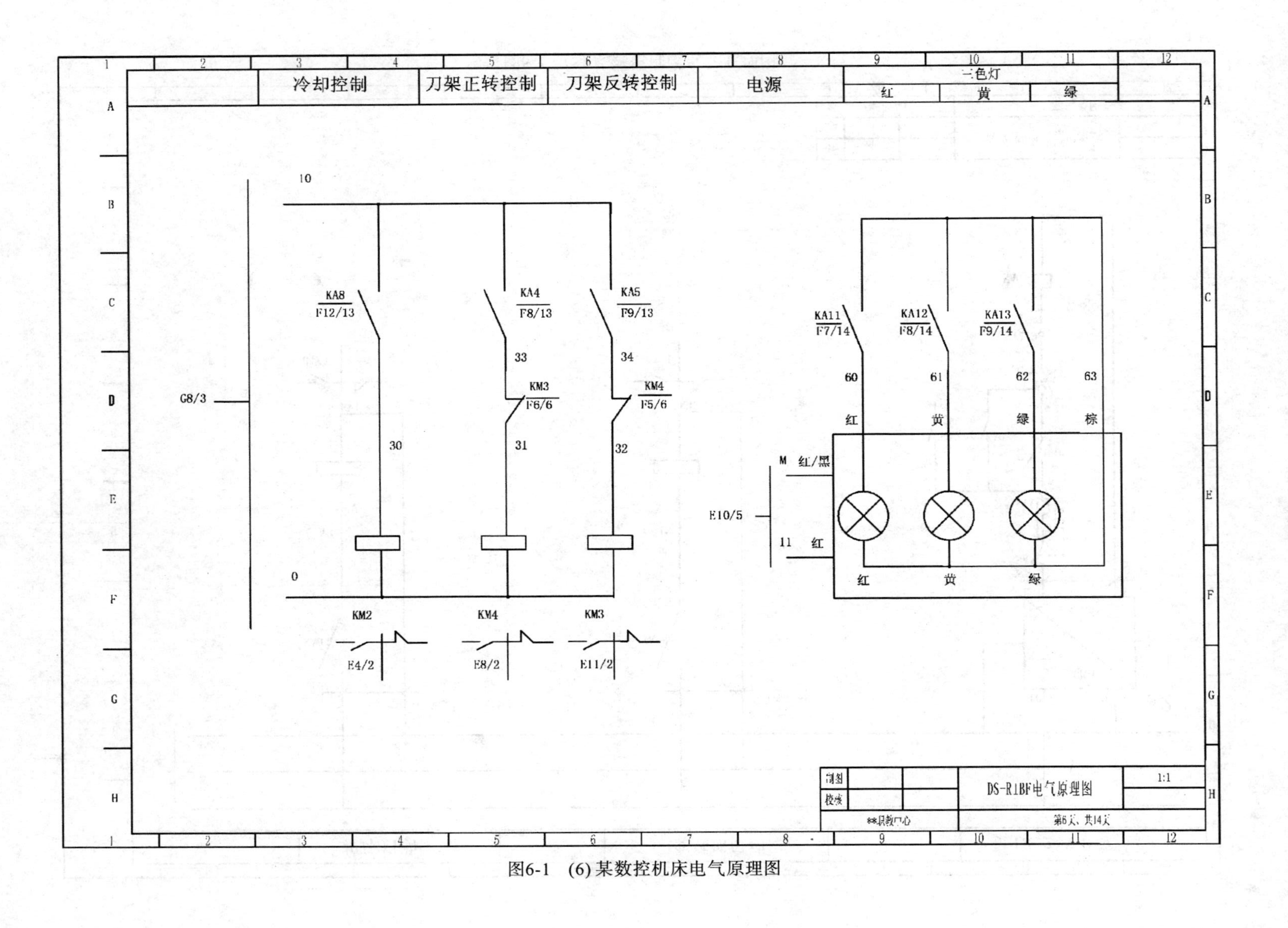

图6-1 (6)某数控机床电气原理图

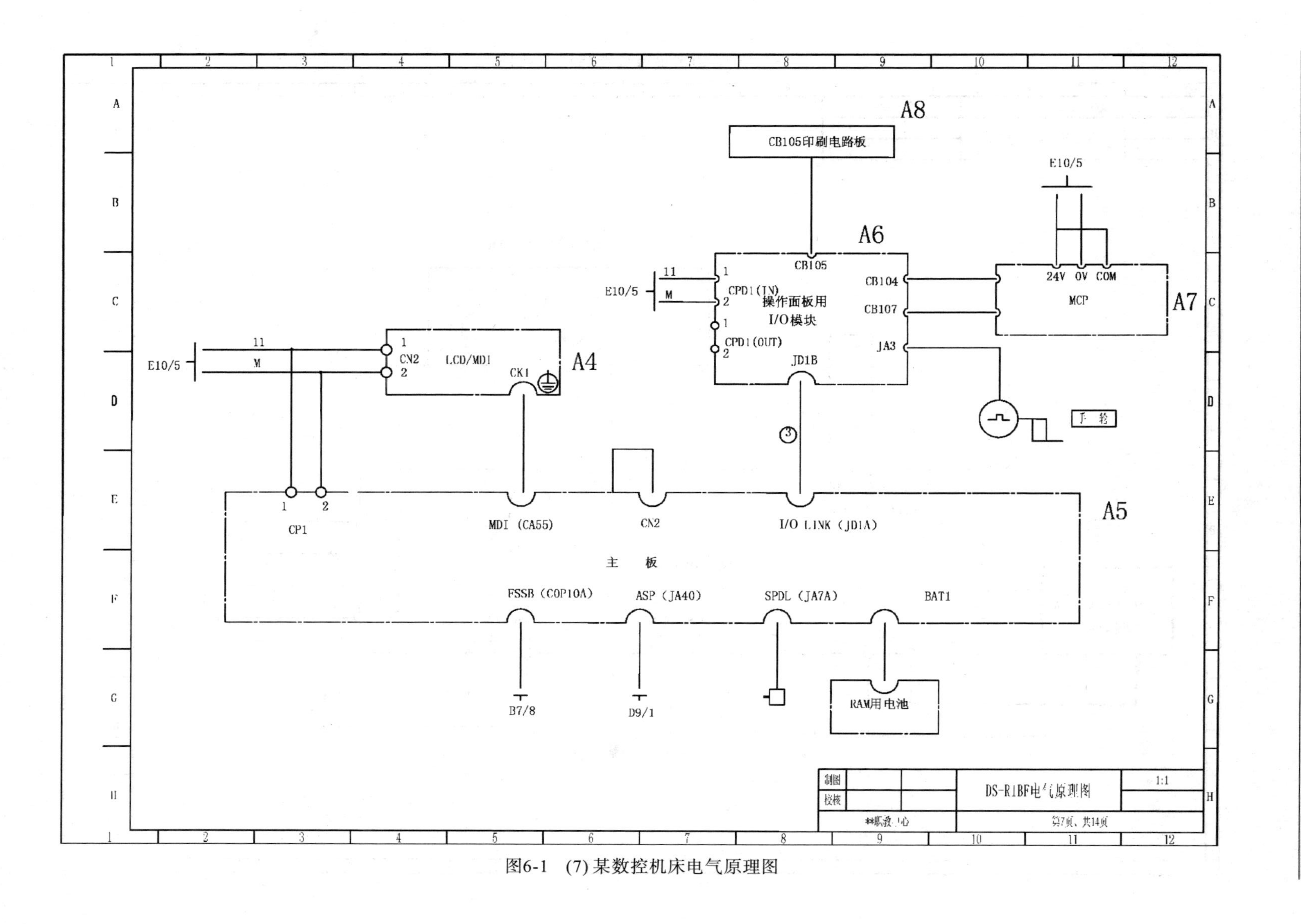

图6-1　(7) 某数控机床电气原理图

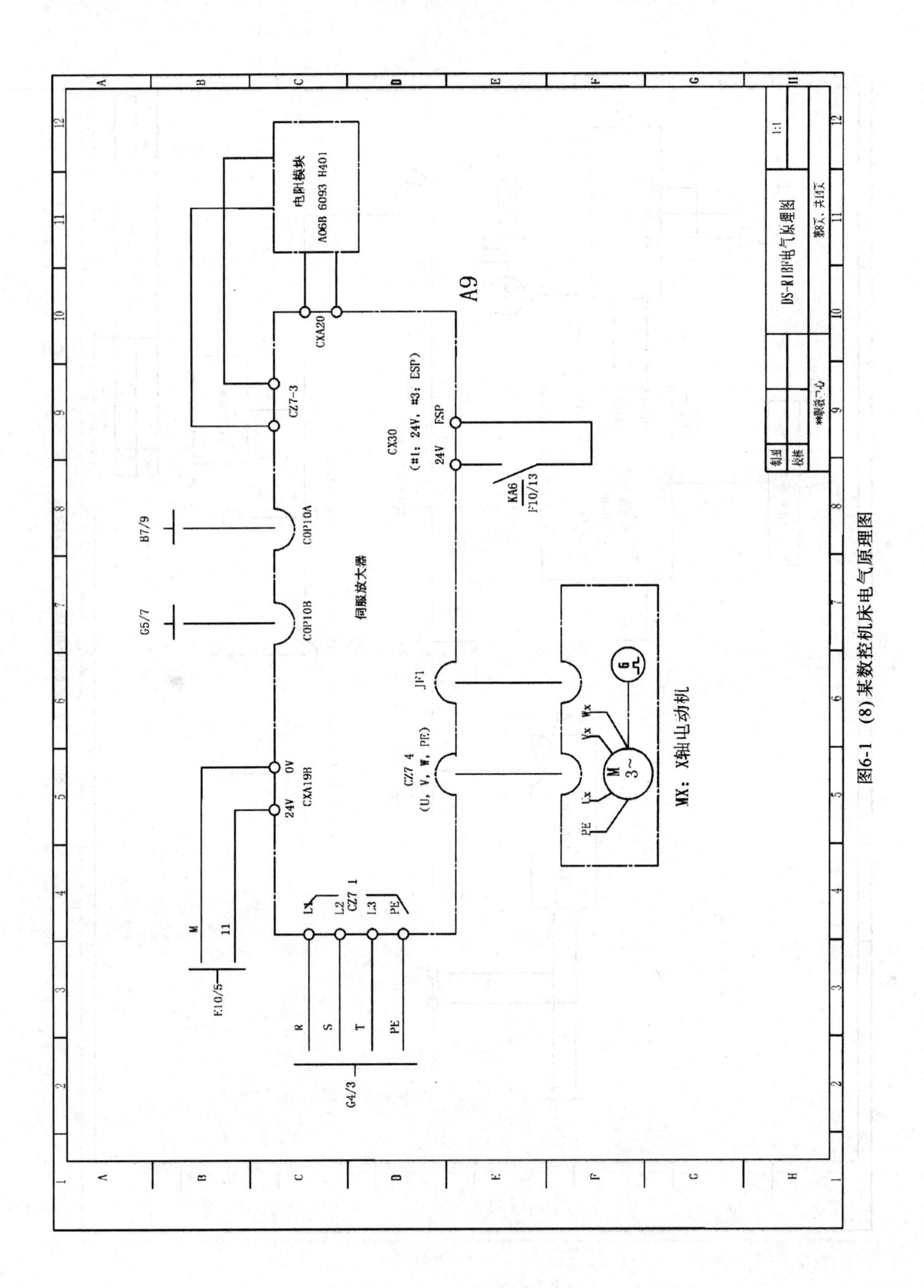

图6-1 (8) 某数控机床电气原理图

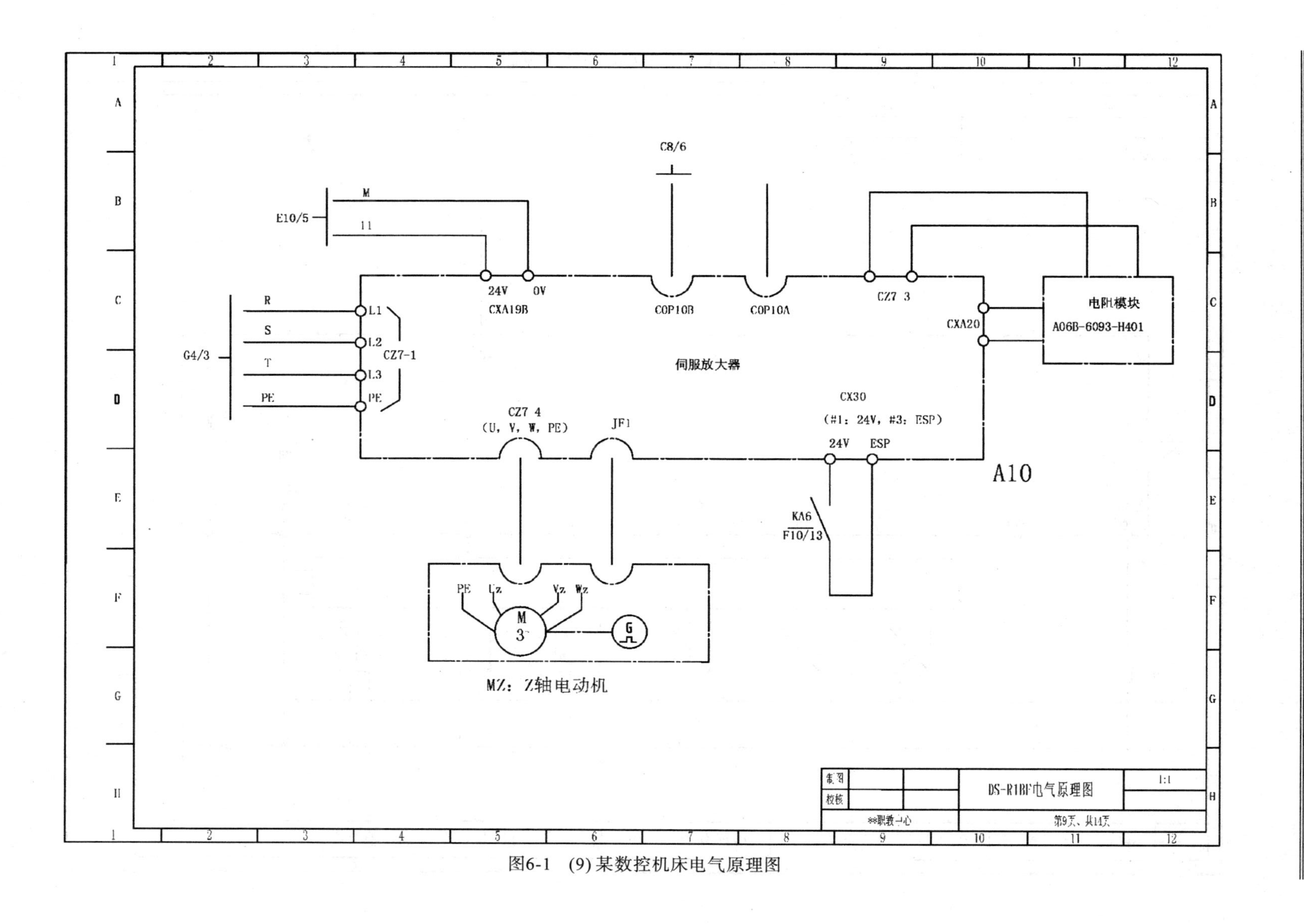

图6-1 (9)某数控机床电气原理图

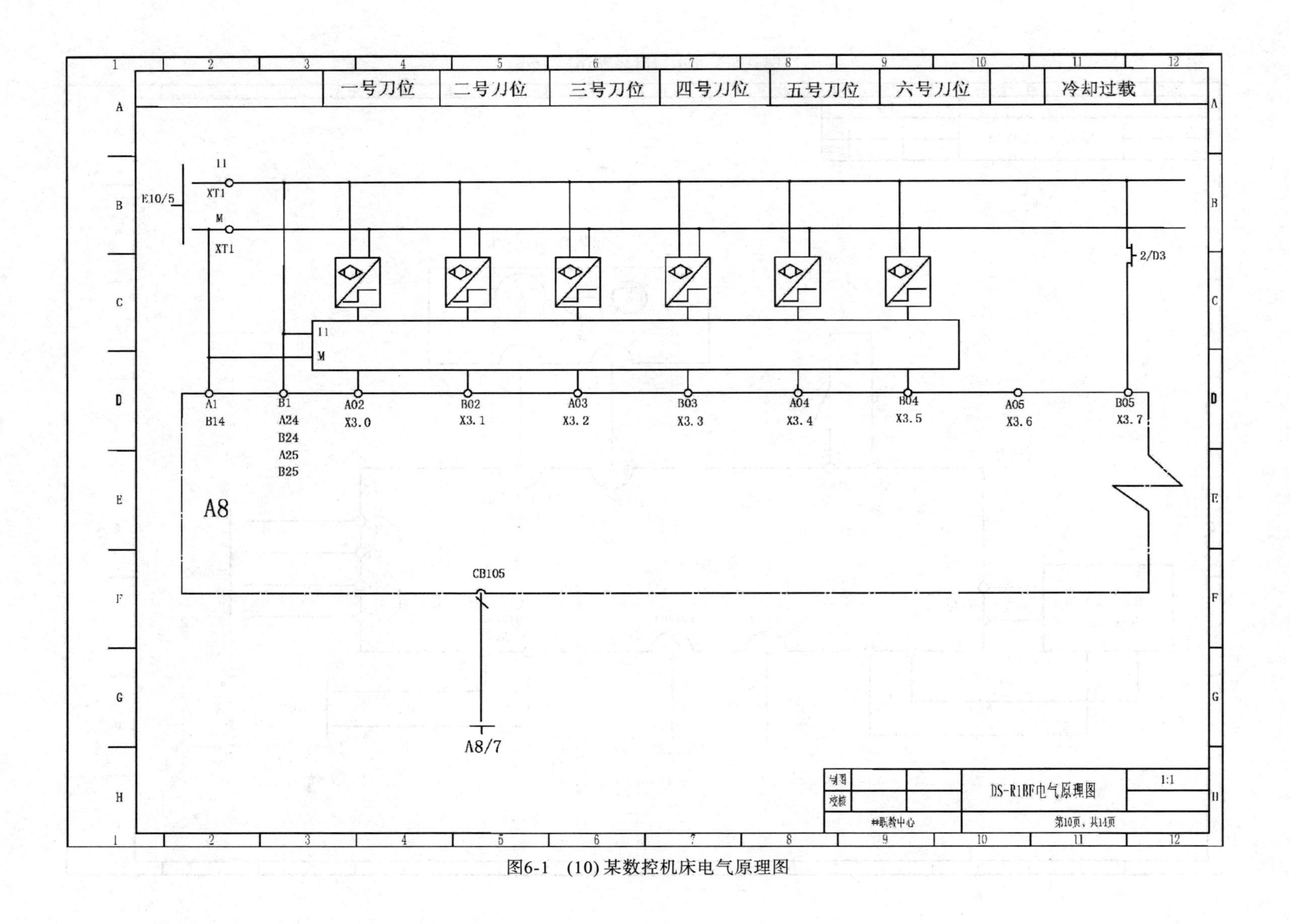

图6-1 (10)某数控机床电气原理图

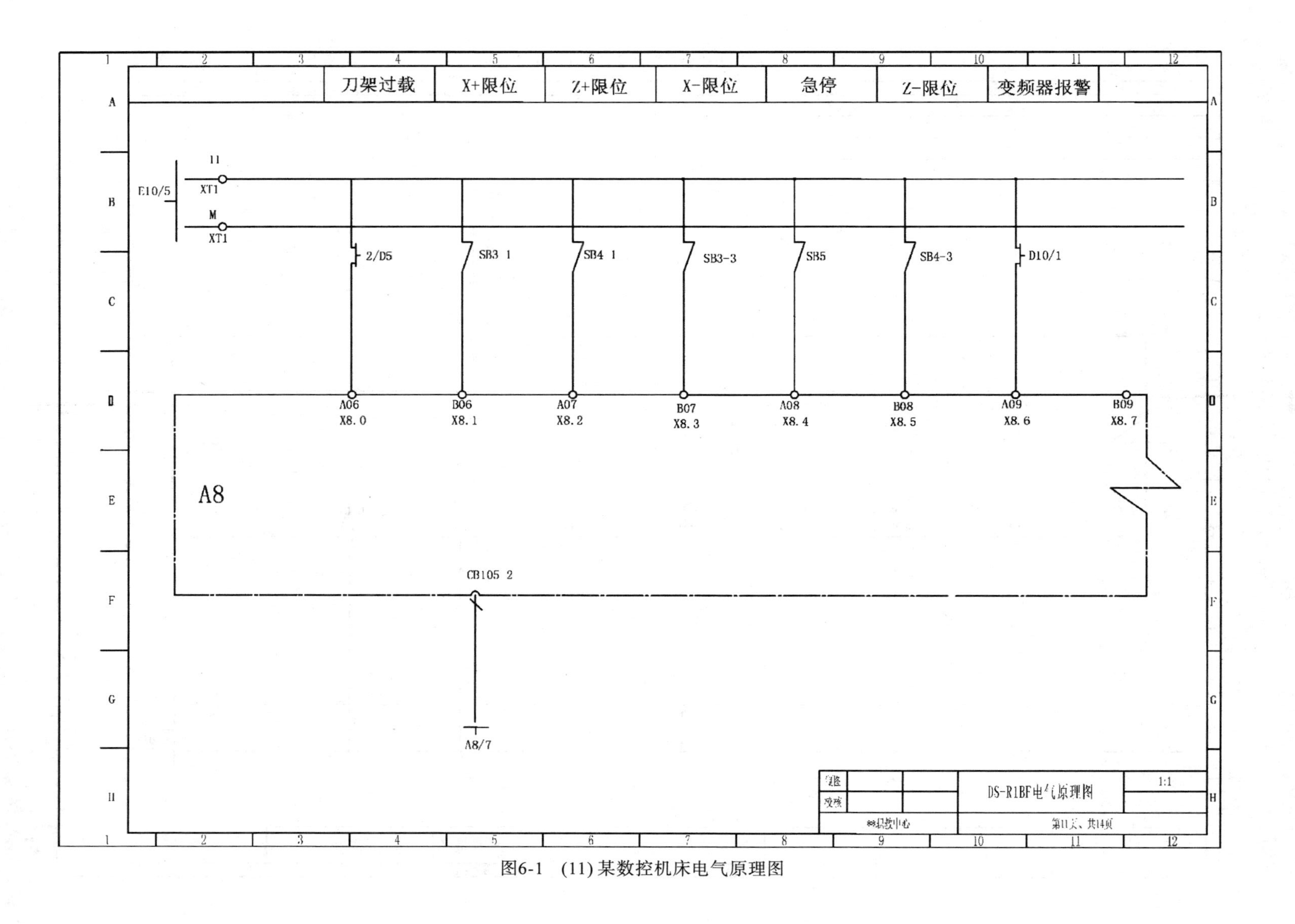

图6-1　(11)某数控机床电气原理图

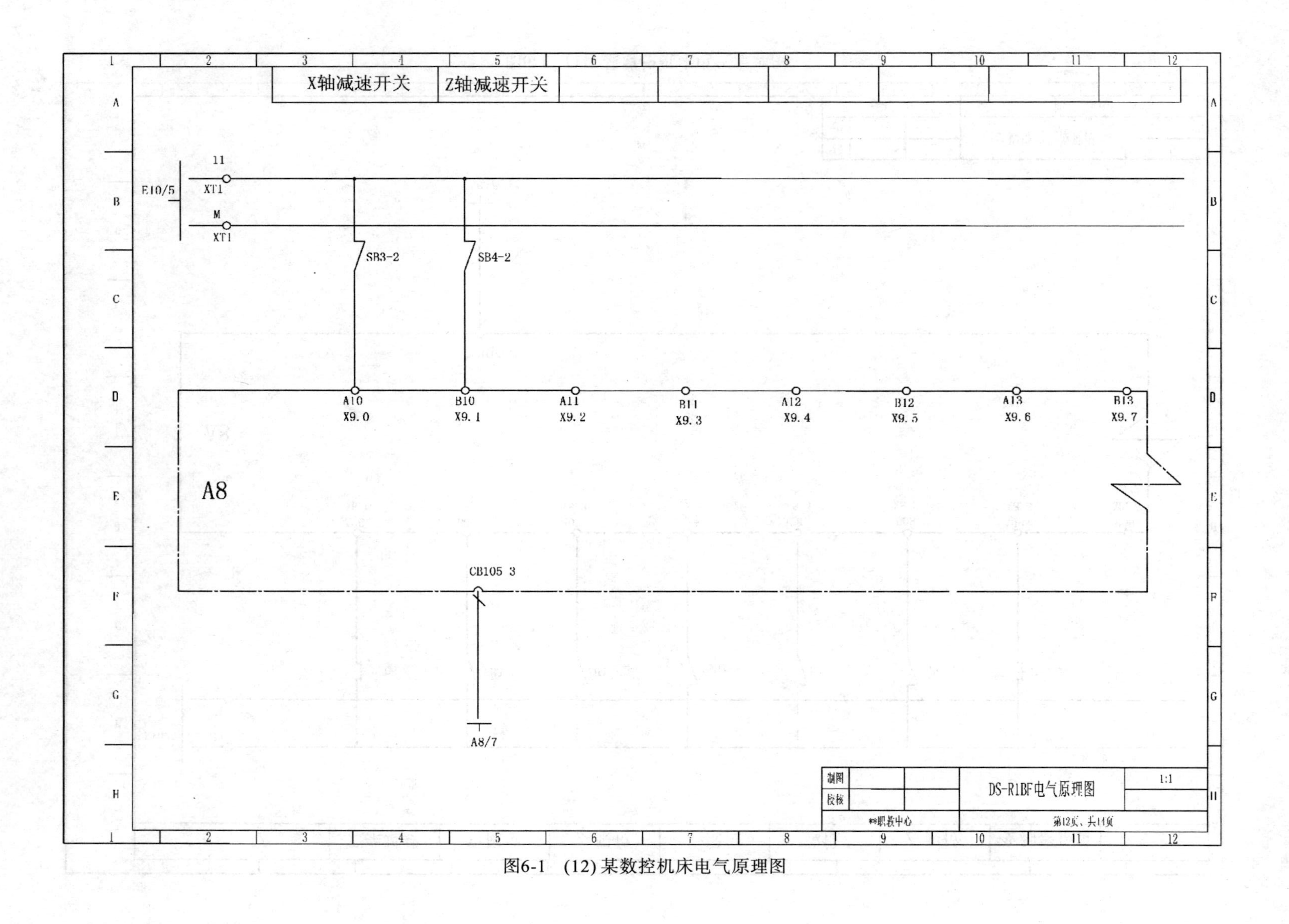

图6-1 (12)某数控机床电气原理图

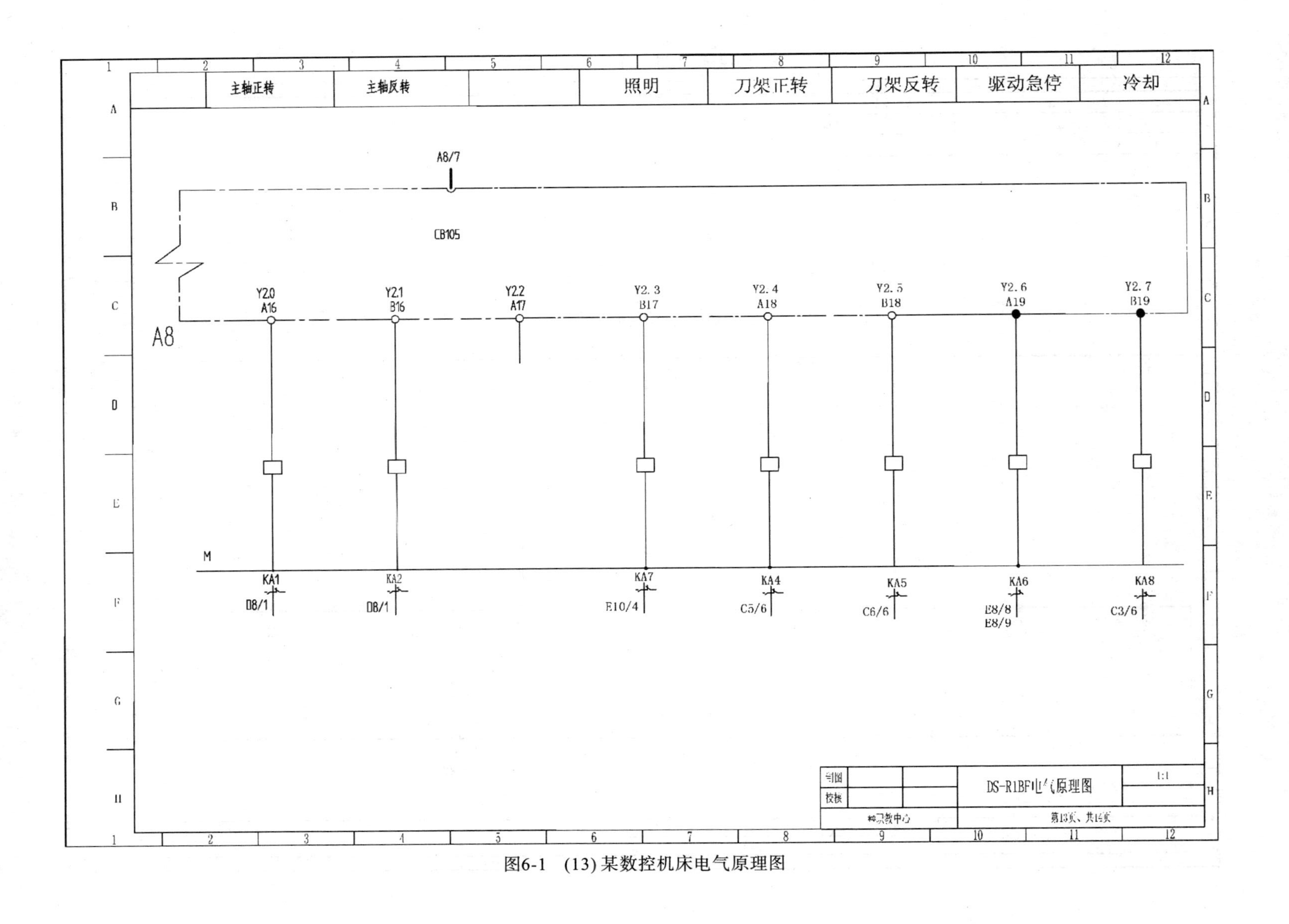

图6-1 (13) 某数控机床电气原理图

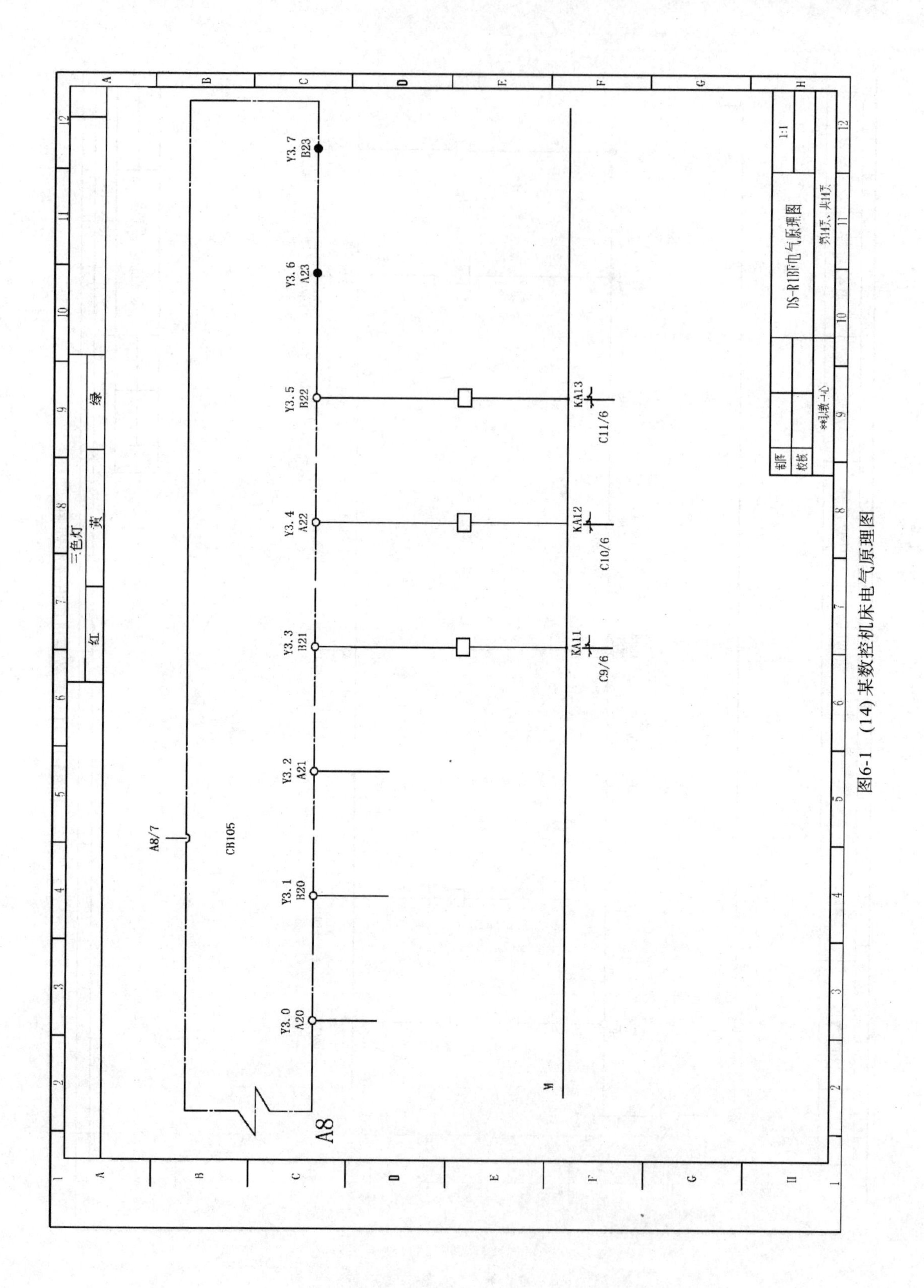

图6-1 (14) 某数控机床电气原理图

表 6-1　工量具、元件及耗材清单

序号	电气代号	名称和用途	型　号	数量
1	QF	空气开关	DZ47-60 C32/3P	1只/组
2	QS	空气开关	DZ47-60 C32/3P	1只/组
3	QS	空气开关	DZ47-60 C25/3P	1只/组
4	QS	空气开关	DZ47-60 C15/3P	1只/组
5	QS	空气开关	DZ47-60 C10/2P	1只/组
6	QS	空气开关	DZ47-60 C5/1P	1只/组
7	QS	空气开关	DZ47-60 C3/1P	2只/组
8	QS	空气开关	DZ47-60 C1/1P	1只/组
9	QM	保护开关	DZ108-20(0.25～0.4A)	2只/组
10	KM	接触器	西门子 3TB40 22-0X 220V	5只/组
11	TC	变压器	JBK3	1只/组
12	KA	小型中间继电器	JQX-13F/MY2DC24V	12只/组
13	KA	小型中间继电器	JQX-13F/MY4DC24V	1只/组
14	A1	开关电源	S-145-24	1只/组
15	A2	I/O 转接板		1个/组
16	XT	接线端子	TD15	2米/组
17	导线	黑色	BVR 2.5mm^2	1卷/组
18	导线	红色/蓝色	BVR 0.75mm^2	各1卷/组
19	导线	黄绿双色	BVR 2.5mm^2	1卷/组
20	端子	U形冷压端子	0.75/1.5/1-3/2-4	各1袋/组
21	端子	针形冷压端子	7508/1508	各1袋/组
22	卡轨	金属卡槽		2米/组
23	号码管	号码管	1.5	1米/组
24		常用电工工具		1套/组

【任务评价】

数控机床电路的电气安装与调试评分标准

学号： 姓名：

序号	项目	技术要求	配分	评分标准	自评	互评	教师评分
1	电气元件选择与检测	正确选择电气元件；对电气元件质量进行检验	10	元件选择不正确，每个扣1分； 元件错检或漏检，每个扣1分			
2	电气元件布局与安装	按照图纸要求，正确利用工具安装电气元件，要求元件布局合理，安装准确、牢固	10	元件布局不合理，每个扣1分； 元件安装不牢固，每个扣1分； 安装时漏装螺钉，每个扣1分			
3	工量具使用及保护	工量具规范使用，不能损坏，摆放整齐	10	仪器仪表使用不规范，扣5分； 仪器仪表损坏，扣5分； 工具、器材摆放凌乱，扣3分			
4	布线	接线正确，导线两端套号码管，压端子；端子连接牢靠；同方向连线进行绑扎时，线路应清晰不凌乱，无错接和漏接现象	20	不按电路图接线，每处扣3分； 接点松动、露铜过长，每处扣2分； 损伤导线绝缘或线芯，每根扣1分； 错接或漏接，每根扣2分； 漏装或套错号码管，每处扣1分			
5	功能检测	主轴、刀架、伺服、冷却、润滑、照明功能连接正常	30	每项功能不正常，扣5分			
其他	1	清点元件	5	未清点实训设备及耗材，扣2分			
	2	团队合作	5	分工不明确，成员不积极参与，酌情扣分			
	3	文明生产	5	出现没有穿戴防护用品、带电操作等违反安全文明生产规程的，不得分			
	4	环境卫生	5	卫生不到位不得分			
总分			100				

【任务分析】

本任务主要是在各模块单项接线的基础上，整块板综合接线。接线数量多，耗时长，在接线前要熟读电气原理图，理解各元件的控制原理，做到按图施工，细心、耐心，保证施工质量。接线完成后，在通电之前首先要做好下列检查。

1. 机床和调试环境安全检查

(1) 各种部件(机械部件、电气部件)的安装是否可靠、稳固。

(2) 在机床运动机构的动作范围内是否有障碍物或人员。

(3) 电器柜内是否有未连接的导线或其他没有固定的金属物体。

(4) 检查调试场地是否有危及安全的物品，包括固体障碍物、易滑的物体、液体物质等，凡存在以上物品，需立即清除。

2. 机床电器检查

打开机床电控箱，检查继电器、接触器、熔断器外观有无异常，检查伺服电动机速度控制单元插座、主轴电动机速度控制单元插座等有无松动，如有松动应恢复正常状态，有锁紧机构的接插件一定要锁紧，有转接盒的机床一定要检查转接盒上的插座接线有无松动。

3. CNC 电箱检查

打开 CNC 电箱门，检查各类接口插座，如伺服电动机反馈线插座、主轴脉冲发生器插座、手摇脉冲发生器插座、CRT 插座等，如有松动要重新插好，有锁紧机构的一定要锁紧。按照说明书检查各个印刷线路板上的短路端子的设置情况，要符合机床生产厂设定的状态，确实有误的应重新设置，一般情况下无需重新设置，但用户一定要对短路端子的设置状态做好原始记录。

4. 接线质量检查

检查所有的接线端子，包括强弱电部分在装配时机床生产厂自行接线的端子及各电机电源线的接线端子，每个端子都要用旋具紧固一次，直到用旋具拧不动为止。

5. 电磁阀检查

所有电磁阀都要用手推动数次，以防止长时间不通电造成的动作不良，如发现异常应做好记录，以备通电后确认修理或更换。

6. 限位开关检查

检查所有限位开关动作的灵活性，限位开关安装要牢固，发现动作不良或固定不牢的应立即处理。

7. 操作面板上按钮及开关检查

检查操作面板上所有按钮、开关、指示灯的接线，检查 CRT 单元上的插座及接线，发现有误应立即处理。

8. 接地检查

要求有良好的接地，测量机床地线，接地电阻不能大于 1 Ω。

9. 电源相序检查

用相序表检查输入电源的相序，确认输入电源的相序与机床上各处标定的电源相序绝对一致。

【安全提醒】

（1）接线时必须关闭设备总电源，确保操作安全。

（2）要熟悉万用表等工具，按规范进行操作。

（3）静态检测前要做好安全防护工作。

【知识储备】

数控机床电路连接完成后，还要学会对数控系统的数据进行备份和恢复。下面介绍FANUC系统的数据传输与备份。

1. 通过CF卡进行数据传输

FANUC系统可以通过CF卡输入/输出数据，但需要使用卡套，如图6-2所示。

图6-2　CF卡及相应卡套

CF卡插入卡套时要注意正反，卡套两侧的凹槽粗细不同，应注意分辨。将卡套插入系统插槽时，注意卡套上的小箭头要朝向屏幕。

可以通过读卡器在电脑上读写CF卡，如图6-3所示。

图6-3　CF卡及相应读卡器

1）引导界面

启动系统电源时，长按住如图6-4所示的软键最右端的两个按键一段时间，等SYSTEM MONITOR画面出现后，即可松开按键，此界面即为引导界面(BOOT界面)。

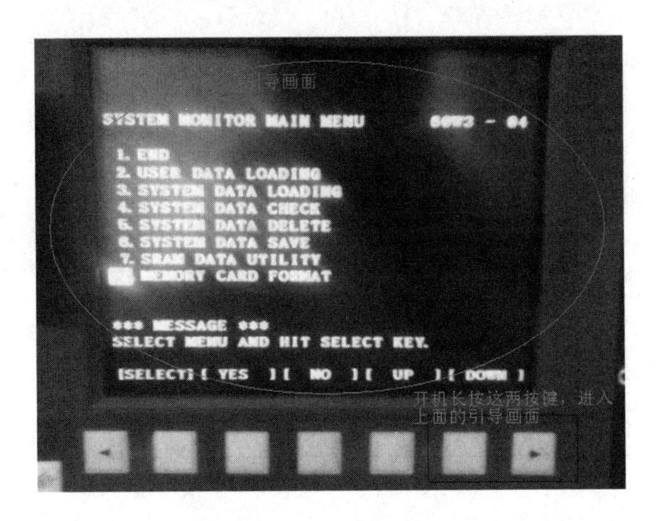

图 6-4　开机屏幕

在 BOOT 界面常用的操作主要为 SRAM 数据和 PMC 数据的传输。

(1) 通过选项“2. USER DATA LOADING”或选项“3. SYSTEM DATA LOADING”，可以将 PMC 数据输入系统。

(2) 通过选项“6. SYSTEM DATA SAVE”可以将 PMC 数据输出至 CF 卡。

(3) 通过选项“7. SRAM DATA UTILITY”，可以将 SRAM 数据输入系统或输出至 CF 卡。

2) CF 卡的数据传输

(1) 系统参数的设定、输入与输出。

① 相关系统参数设定：

将参数 110#0 设为 0，即不进行 I/OCHANNEL 号的分离控制。

将参数 20 设为 4，即 I/O 设备使用存储卡接口。

将参数 24 设为 0，即不改变 PMC 在线设定画面的设定值。将“在线”中的设定修改为：RS232 通道不使用，高速通道不使用。

② 系统参数的输出。

在编辑模式下，按下“SYSTEM”功能键，点“操作”→切换至“输入/输出”，如图 6-5 所示，点“输出”→再选择样品(不为零的参数)→选择执行。在画面的右下角到位标志的下方显示输出字样，待输出闪烁完毕后，表示成功保存在 CF 卡中。点输入→再选择执行，则是从 CF 卡中将参数传出，“输出”闪烁完毕后则保存在系统中。

③ 系统参数输入。

如果 CF 卡中的系统参数文件名为默认的 CNC-PARA. TXT，则可在参数页面直接输入，不需要选择文件。

如果 CF 卡中的系统参数文件名不是默认的 CNC-PARA. TXT，则需要在“所有 I/O”下的系统中输入，同时还需要选择参数文件。在参数页面直接输入会出现如图 6-6 所示的系统报警。

(2) 加工程序的传输。

采用编辑方式，进入程序目录界面，输入 O～9999，然后依次按软键“F 输出”、执行，机

参数 O0000 N00000
00020 I/O CHANNEL
4
00021 OUT CHANNEL/F. G.
0
00022 INP CHANNEL/B. G.
0
00023 OUT CHANNEL/B. G.
0
00024 10
00100 ENS IOP NCR CRF CTV
0 0 0 0 0 0 0 0
A)^
输出
MDI **** *** *** 08:54:08
参数 诊断 伺服引导 系统 (操作) +

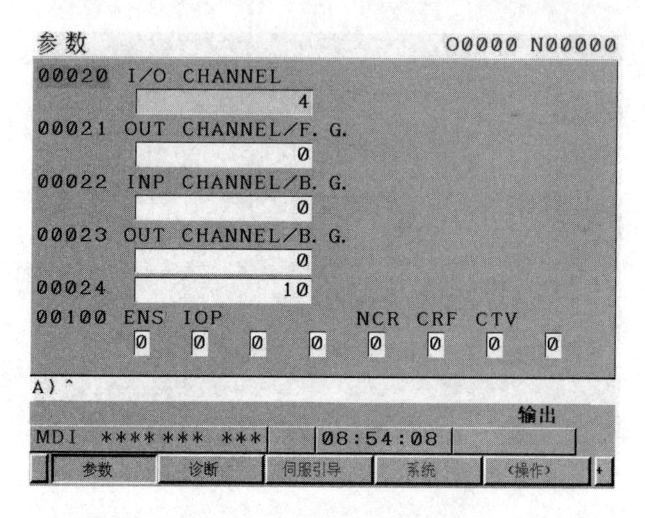

图 6-5　系统参数输出页面

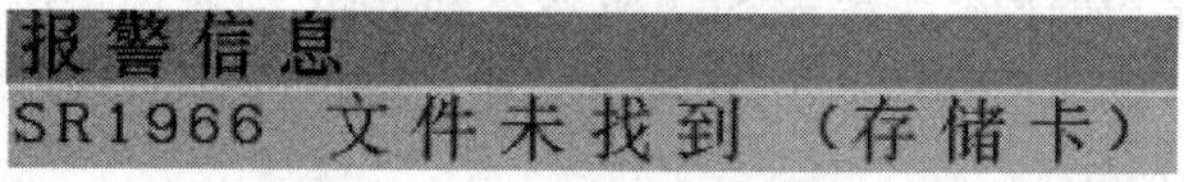

报警信息
SR1966 文件未找到（存储卡）

图 6-6　系统报警页面

床里的全部加工程序会传输到 CF 卡的一个文件中，文件自动命名为“ALL-PROG. TXT”。

如果 CF 卡中已有该文件，则会提示“是否覆盖?”。

当将加工程序输入系统时，如果系统中已经有相同文件名的加工文件，则会报警提示：“同名称的文件已经登记”。

(3) PMC 程序和参数的输入/输出。

按下“SYSTEM”功能键，点“操作”→切换至如图 6-7 所示的系统参数页面。

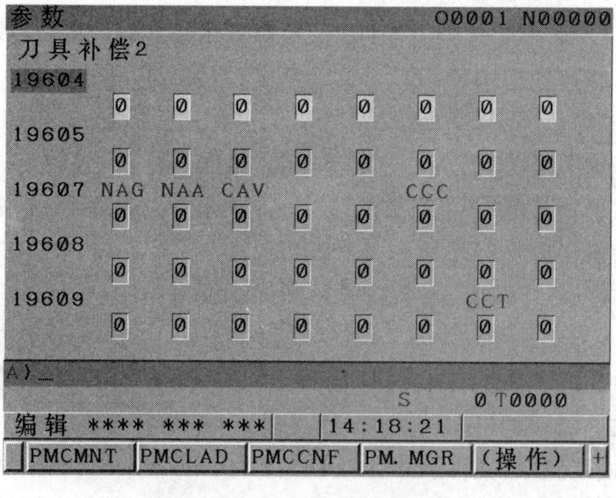

参数 O0001 N00000
刀具补偿2
19604
0 0 0 0 0 0 0 0
19605
0 0 0 0 0 0 0 0
19607 NAG NAA CAV CCC
0 0 0 0 0 0 0 0
19608
0 0 0 0 0 0 0 0
19609 CCT
0 0 0 0 0 0 0 0
A)_
S 0 T0000
编辑 **** *** *** 14:18:21
PMCMNT PMCLAD PMCCNF PM. MGR (操作) +

图 6-7　系统参数页面

点击“PMCMNT”按键后找到“I/O”选项，点击进入“PMC 数据输入/出”画面，如图 6-8 所示。

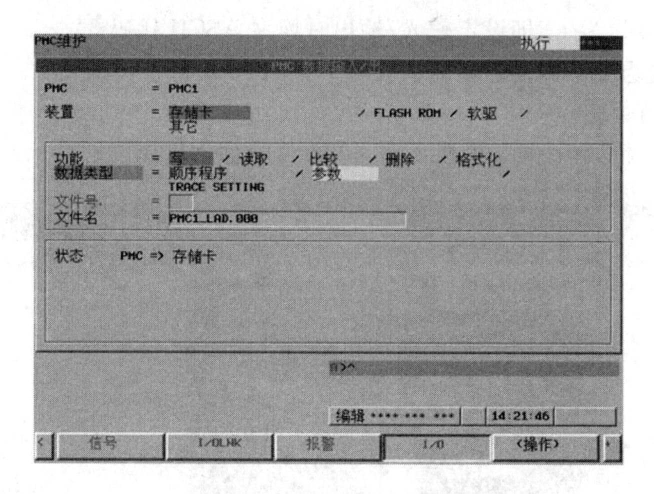

图 6-8　PMC 数据传输页面

将“装置”选择为“存储卡”，“功能”为“写入”或“读取”，“数据类型”为“顺序程序”或“参数”，设定好文件名，按下“执行”按钮等待文件传输完毕。PMC 数据传输正常结束的页面如图 6-9 所示。

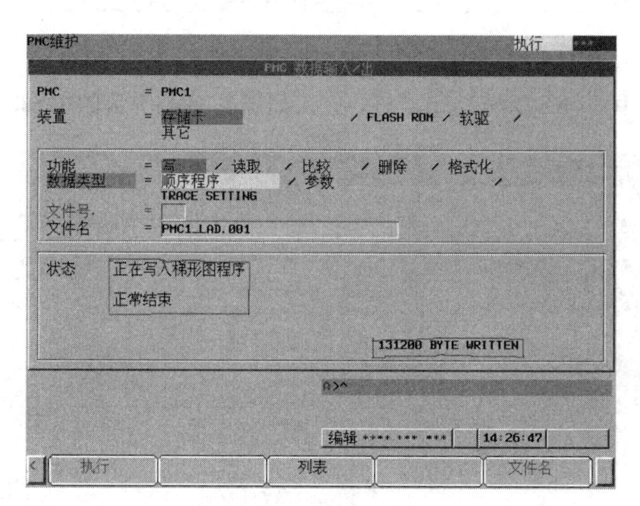

图 6-9　PMC 数据传输正常结束的页面

2. 通过 RS232 接口进行数据传输

FANUC 0i 系统可以通过 CF 卡输入/输出数据，还可以通过 RS232 接口进行数据传输。

1）相关系统参数设定

将参数 110#0 设为 0，即不进行 I/O CHANNEL 号的分离控制。

将参数 20 设为 0，即 I/O 设备使用 RS-232-C 串行端口 1。

将参数 24 设为 0，即不改变 PMC 在线设定画面的设定值。将“在线”中的设定修改为：RS232 通道使用，高速通道不使用。

将参数 0000#1 设为 1，即设定输出的数据代码为 ISO 代码。

将参数 101#0 设为 1，即设定停止位的位数为 2 位。

将参数 101＃3 设为 1，即设定输入/输出时均为 ASCII 代码。

将参数 103 设为 11，即设定传输的波特率为 9600 b/s。

2）传输软件的设置

打开 WINPCIN 传输软件，出现如图 6－10 所示的主界面。

图 6－10 WINPCIN 主界面

点击图 6－10 中的“RS232 Config”键，进入如图 6－11 所示的 RS232 连接设定页面。

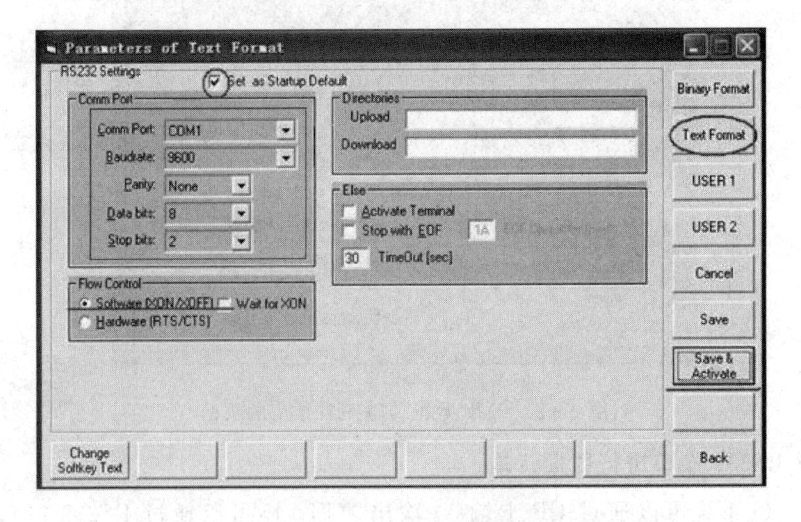

图 6－11 WINPCIN 参数设置页面

按图 6－11 进行端口、波特率等参数的设置。最后点击“Save&Activate”键，保存所做的设值，点击“Back”键返回初始界面。设定完成后，可以开始上传或下载参数。

传输时，哪方接收哪方先做准备(例如将“参数传出时”，接收方为电脑，因此电脑上的软件先准备好，之后才可传出)。

3）系统参数的输出

在 WINPCIN 主界面点击“Receive Data”键，如图 6－12 所示，选择文件存储的位置和名字。

图 6-12　WINPCIN 传输操作页面

在数控机床上选择“编辑”模式进入参数页面，点击“操作”键，找到“F 输出”选项，选择“样品”(非零值参数)或“全部”选项，点击“执行”键即可传输(传输完成时需将 WINPCIN 软件关闭，才能看到参数内容)。

4）系统参数的输入

在数控机床选择“编辑”模式进入参数页面，按“操作”键，找到“F 输入”选项，进入后按“执行”键，则页面出现“输入”字样闪烁，之后再设置 WINPCIN 软件，点击“Send Data”键，如图 6-12 所示，选择要上传的文件，然后执行。

5）加工程序的输入

在数控机床选择“编辑”模式，将程序保护钥匙打开，按“PROG”键，进入“列表”，按“操作”键，找到“输入出”→“F 输入”选项，然后输入上传程序的名字，之后按“F 名称”→“执行”键，此时屏幕右下角出现“输入”字样闪烁。

在 PC 端将 WINPCIN 软件设置好，点击“Send Data”键，找到要上传的程序(上传的程序必须在开头和结尾加“%”，第二行加“: 0001”作为程序的名字)，如图 6-13 所示。

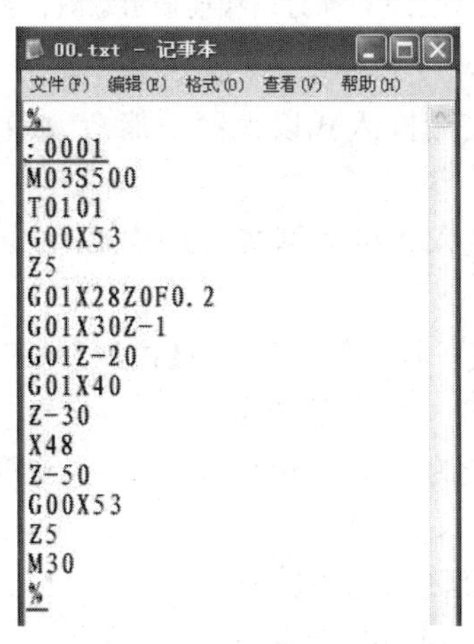

图 6-13　待上传的加工程序

3. 通过网络接口进行数据传输

CNC 与 PC 可以通过网线连接，如图 6－14 所示。

示出为FOCAS2/Ethemet功能操作的设定
通过此设定，一台电脑通过FOCAS2/Ethernet与两台CNC连接。

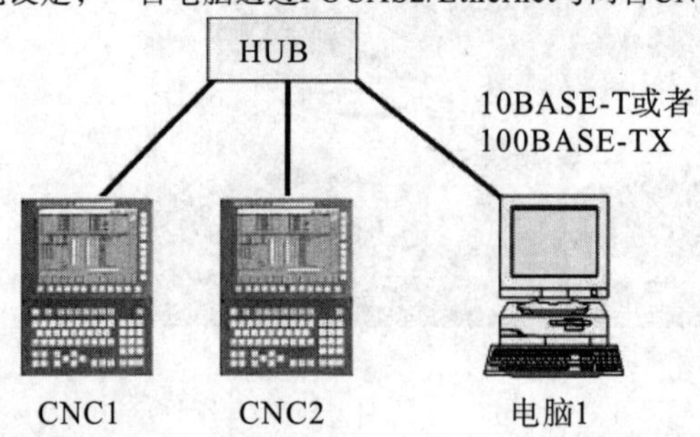

	CNC1	CNC2
IP地址	192.168.0.101	192.168.0.100
子网掩码	255.255.255.0	255.255.255.0
路由器地址	无	无
口编号(TCP)	8193	8193
口编号(UDP)	0	0
时间间隔	0	0

在“以太网参数画面”上设定。

		电脑1
IP地址		192.168.0.200
子网掩码		255.255.255.0
默认网关		无
CNC1	NCIP地址	192.168.0.100
	NC TCP端口号	8193
CNC2	NC IP地址	192.168.0.101
	NC TCP端口号	8193

在电脑(Window 2000/XP/Vista)的“Microsoft TCP/IP的属性”中设定。

在数据窗口程序库函数“cnc_allclibhndl3的自变量”中指定。

图 6－14 CNC 与 PC 通过网线连接示意图及参数设置示例

相关系统参数设定介绍如下。

将参数 14880＃0 设为 0(使用嵌入式以太网功能)。如果该参数为 1，则找不到【内嵌】软键。

将参数 0020 设为 9(使用嵌入式以太网接口)，或以下参数。

1）*以太网参数设定*

选择【SYSTEM】功能键→【扩展键】若干次→【内嵌】软键→【公共】软键，在出现的嵌入以太网公共设定页面进行如图 6－15 所示的设置。

图 6－15 注释 1：该 IP 地址为 CNC 的设定地址，要与 PC 的 IP 地址在同一网段，否则无法通信。

设定完成后，按【操作】→【再启动】→【执行】键。

图 6－15 注释 2：路由器地址可以不填。

图 6－15 注释 3：有效设备为内置板(如果是 PCMCIA 的话，则要切换过来)。

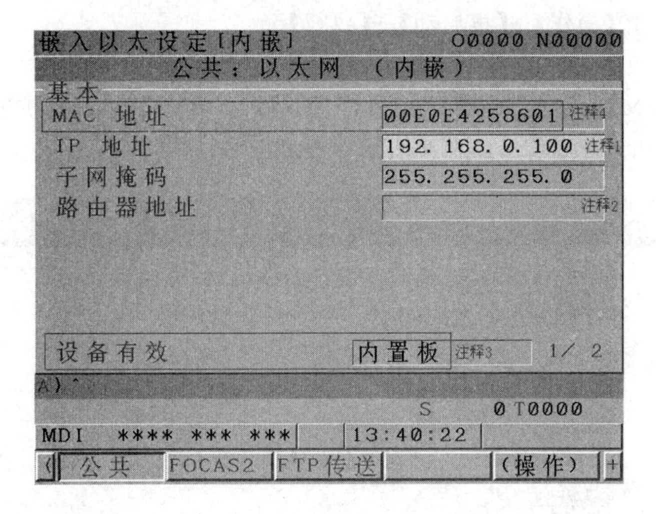

图 6－15　嵌入以太网公共设定页面

图 6－15 注释 4：如果该设备存在，则会显示 MAC 地址，而如果不存在则不会显示，如图 6－16 所示。

图 6－16　嵌入以太网设定页面

图 6－16 注释 1：CNC 中没有插网卡，所以该 MAC 地址为空白。

选择【SYSTEM】功能键→【扩展键】若干次→【内嵌】软键→【FOCAS2】软键，在出现的嵌入以太网 FOCAS2 设定页面进行如图 6－17 所示的设置。

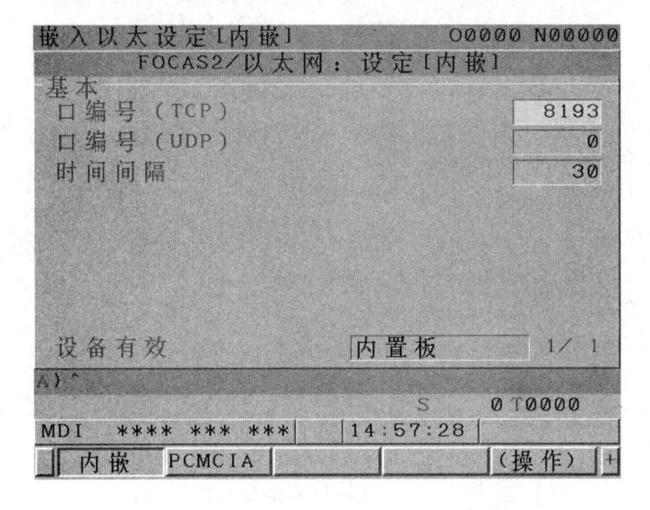

图 6－17　嵌入以太网 FOCAS2 设定页面

设定完成后，按【操作】→【再启动】→【执行】键。

2）CNC 上设置高速端口

选择【SYSTEM】功能键→【扩展键】若干次→【PMCCNF】软键→【扩展键】若干次→【在线】软键，出现如图 6－18 所示的在线监测参数页面(1)。

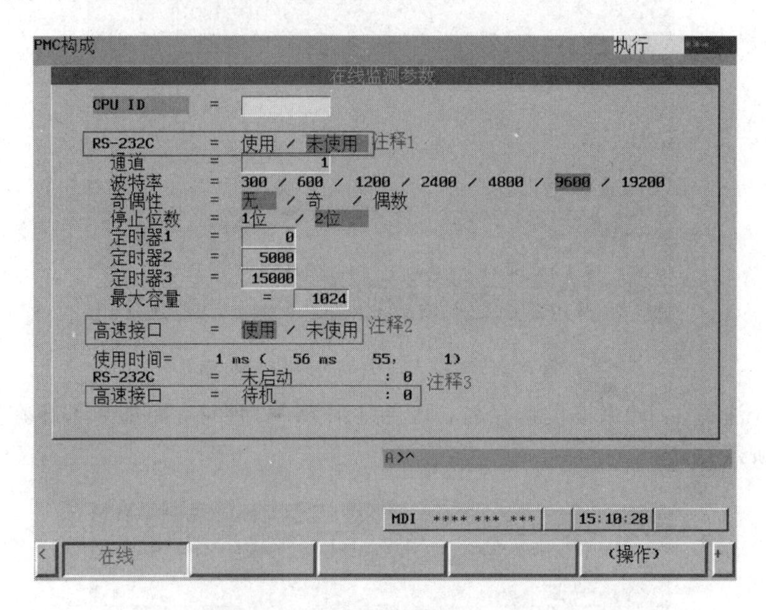

图 6－18 在线监测参数页面(1)

图 6－18 注释 1：RS232 选择“未使用”。

图 6－18 注释 2：高速接口选择“使用”。

图 6－18 注释 3：CNC 与 PC 通信成功以后会在此处有显示(见图 6－19)。

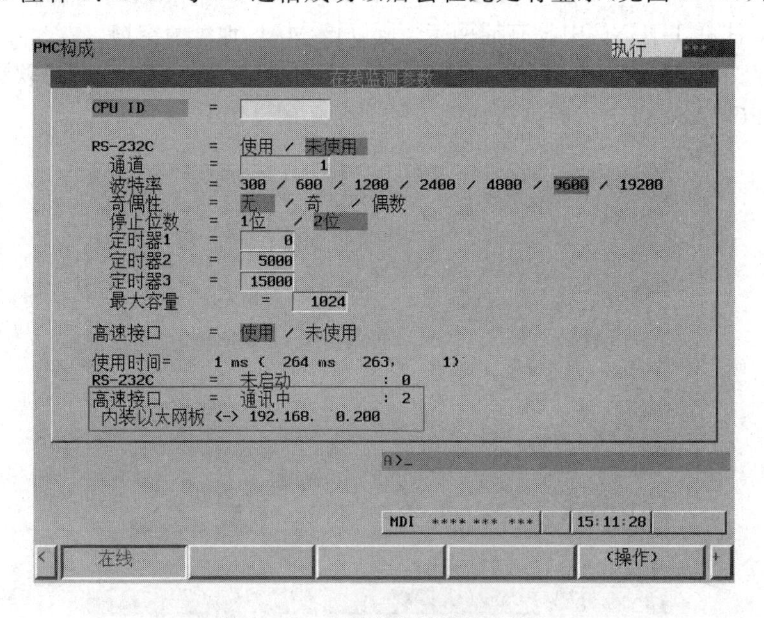

图 6－19 在线监测参数页面(2)

3）PC 的 IP 地址

PC 端 IP 地址按如图 6－20 所示进行设置。

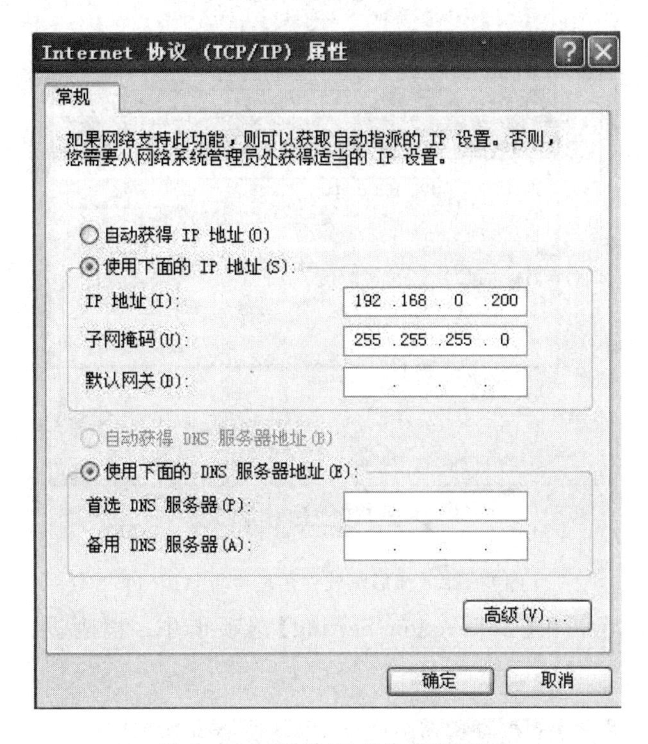

图 6－20 PC 端 IP 地址设置页面

4）连接设置

如图 6－21 所示，在 FANUC LADDER 软件中的菜单栏中选择【Tool】→【Communication】打开连接设置界面。

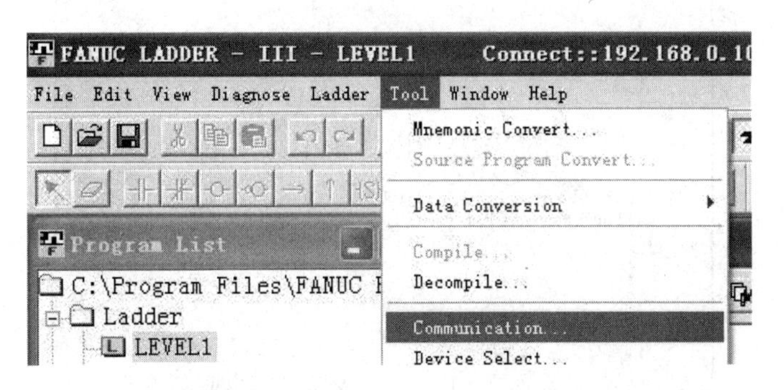

图 6－21 梯形图软件界面

在【Network Address】选项卡中，按【Add Host】键添加主机，点击【Advanced】键进行如图 6－22 所示的设置。

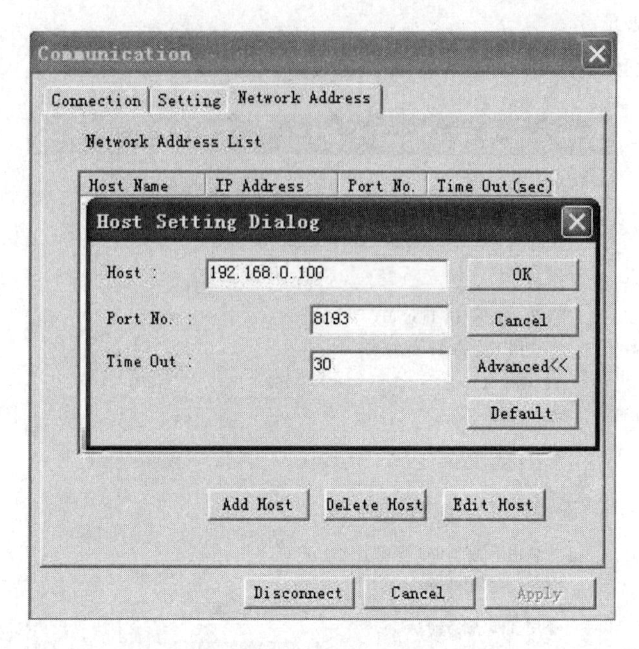

图 6-22 梯形图软件传输设置页面(1)

如图 6-23 所示，在【Connection Setting】选项卡中，把刚设的主机添加到【Use device】中。

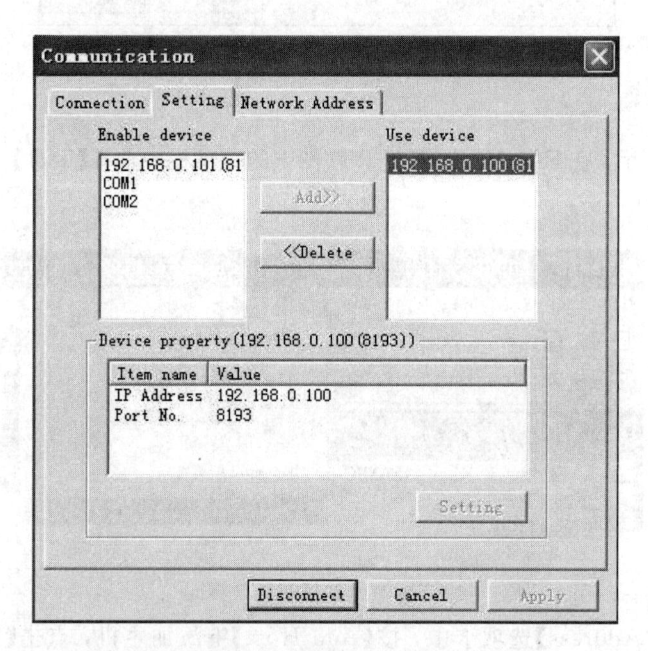

图 6-23 梯形图软件传输设置页面(2)

然后点击【Connect】按钮即可连接，如果连接成功则会出现如图 6-24 所示的画面。

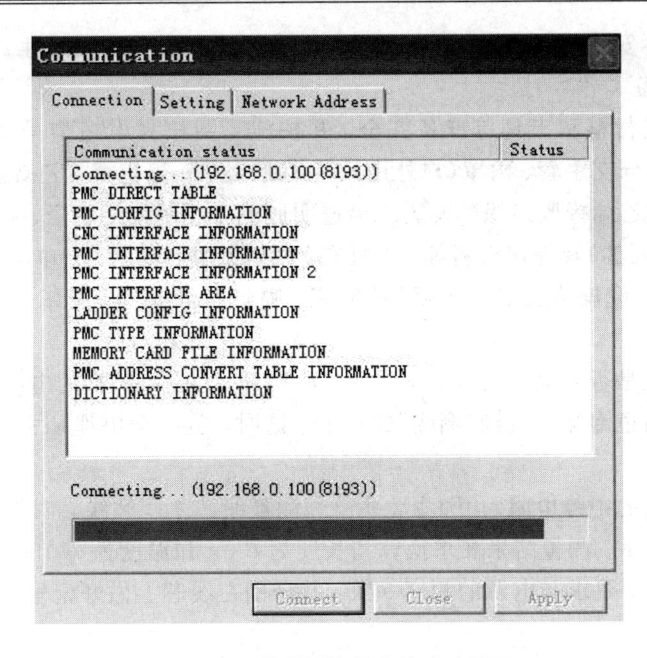

图 6-24　梯形图软件传输成功页面

【拓展阅读】

低压电缆线头的制作

制作电缆终端头是电缆施工最重要的一道工序，制作质量的好坏，不仅影响其本身的性能和寿命，而且也会对电气设备的安全运行产生直接的影响。因此，电缆头制作要合乎规程，操作要严格、规范。橡胶绝缘、聚氯乙烯护套钢带铠装电缆是常用的低压电缆，其电缆头的制作过程和方法如下所述。

1. 室内干封电缆终端头的制作

首先核对相序，核对 U、V、W 三相与电源并分别在线芯上做好标记。其次确定剥切尺寸，橡胶绝缘的尺寸、聚氯乙烯护套钢带铠装四芯电缆的外形及结构如图 6-25 所示。

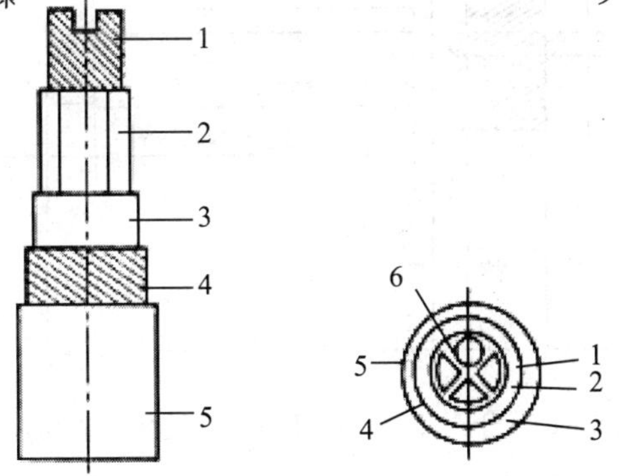

1—线芯；2—橡胶绝缘；3—聚氯乙烯护套(内护套)；4—钢铠；
5—聚氯乙烯外壳(外护套)；6—不吸潮填料

图 6-25　电缆的外形及构造图

根据终端头的实际安装位置确定电缆外护套、钢带及内护套的剥切尺寸。

1）制作前准备工作

首先将需用的材料和工具等准备齐全，并按施工图核对电缆型号及规格，其中材料有：聚氯乙烯四芯分支手套、雨罩(户外用)、自性胶黏带、黑色聚氯乙烯胶黏带、相色聚氯乙烯胶黏带、聚氯乙烯橡胶绝缘、聚氯乙烯透明胶黏带、铜接线端子、护套钢带铠装电缆外形电缆油(变压器油)及焊接涂料等；工具有：螺钉旋具、锯削刀、电工刀、钢卷尺、钢丝钳、压接钳(根据电缆规格选定)、1 kV 兆欧表、喷灯及纱布等。要求材料质量符合要求，工具洁净完好。

然后检查电缆是否受潮。先用钢丝钳将线心松开，浸到150℃的电缆油中，如有潮气，会看到油中泛出白色泡沫或听到“嘶嘶”的声音。这时，就要把电缆切去一段重新检查，直到没有潮气为止。

接着测量电缆的绝缘电阻。用 1 kV 兆欧表测量线芯之间和线芯对地之间的绝缘电阻，接线如图 6-26 所示。测量结果要求换算到长度为 l km 和温度为 20℃时，不低于 50 MΩ。最后核对线芯相序，要求与电源的相序一致，并分别在线芯上做好记号。

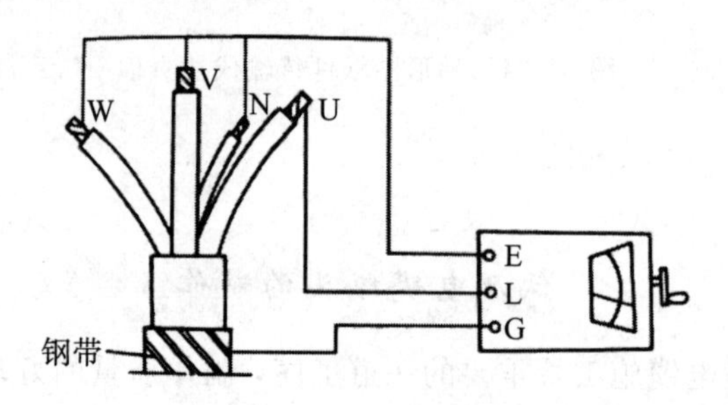

图 6-26　绝缘电阻的测量

2）确定剥切尺寸

一般聚氯乙烯干封型低压电缆终端头制作的剥切尺寸要求，如图 6-27 所示。

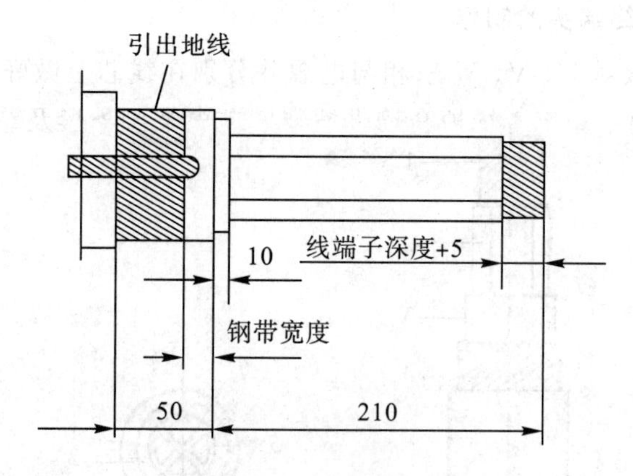

图 6-27　干封型低压电缆终端头制作的剥切尺寸

3）剥切外护套

根据剥切尺寸，用电工刀沿电缆的周长深切至铠装钢带，再沿轴向从末端向切痕深切至钢带，然后用螺钉旋具在切痕尖角处将聚氯乙烯外护套挑起，用钢丝钳将外护套撕下，如图 6－28 所示。

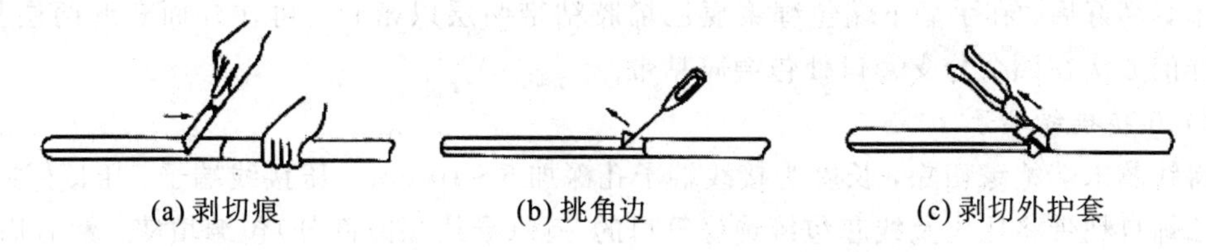

图 6－28　剥切外护套

4）锯切钢带剥除内护套及填料

在离剖塑口 30 mm 处的钢带上，用汽油擦拭干净，再用纱布或细锉等打光，表面搪上一层焊锡，装上电缆钢带卡子。在卡子的外边缘，沿周长用锯切刀在钢带上锯出一条环形深痕(深度为钢带厚度的 2/3)，再用钢丝钳逆钢带缠绕方向把钢带撕下。用锉刀修锉锯切口，使之平滑无刺。

切除内护套及填料时，可先用喷灯稍微加热电缆，使填料软化，然后用刀割下填料，下刀剥切方向应向外，如图 6－29 所示。

图 6－29　剥除内护套及填料

5）焊接地线

选用 10～25 mm^2 的多股软铜线或铜编织带与钢带焊接。焊接应牢固光滑，速度要快，焊接涂料不能浸蚀其他部分，焊好后擦去焊接处的污垢。

6）包缠线心绝缘

根据分支手套内径的大小，在钢带末端及线芯上用聚氯乙烯胶粘带包缠充填，包缠数层以使分支手套管能较紧地套在钢带上面而不致使线芯与手套之间产生空气间隙。包缠时要将线芯末端的导体部分一起包住，最外层包带应在裸导体部分打结扎紧，如图 6－30 所示。

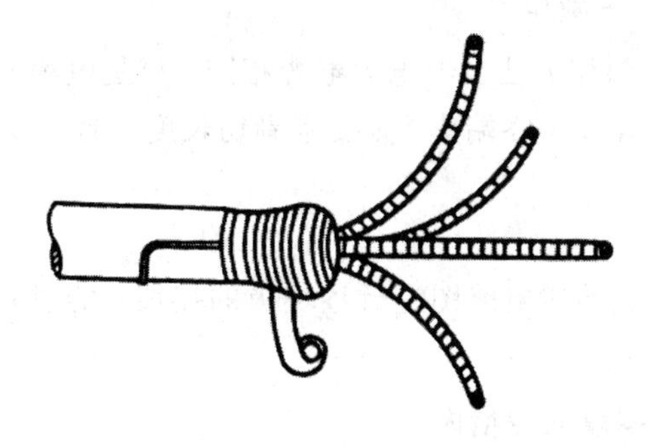

图 6－30　包缠线芯绝缘

内包层包扎结束后，把手套在变压器油中浸一下，将线并紧后，使线芯同时插入手套的手指内，徐徐地向下勒紧，直到与内包层贴紧。

手套套好后，在手套下端包缠聚氯乙烯胶粘带两层以密封，再在外面套缠两层扎紧。用同样的方法在四个分支套口处包缠胶粘带。

7）压接接线端子

将线芯末端绝缘切除，长度为接线端子孔深加 5～10 mm，压接线端子。压接好后，用聚氯乙烯自粘带将压头及线芯包缠绝缘管口的一段(导线裸露部分)包缠填实，然后用自粘带包缠线芯及线端子。

8）包保护层及标明相色

用聚氯乙烯胶粘带，从线端子至手套分支包缠两层(其路线是从线端子开始，再回到线端子结束)；然后在线端子下取一段包缠一层相色塑料带，标明相色，相色带的外面包一层透明聚氯乙烯带。低压电力电缆干封头外形及结构如图 6-31 所示。

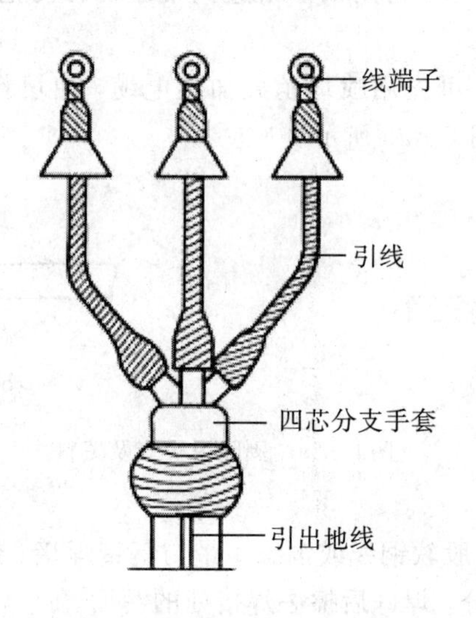

图6-31　低压电力电缆干封头外形及结构

2. 室外干封电缆终端头的制作

室外终端头通常在线端子下的竖直部分芯线上加装一个防雨罩，防雨罩用自粘带固定，外加两层黑色聚氯乙烯带保护。其他制作与室内干封头一样。

3. 其他控制电缆干封头制作

其他控制电缆干封头制作方法也与电力电缆相同，只是电缆剥切长度要根据具体情况决定，如果同一配电柜内有多个终端头，则要求剥切长度一致，以利美观。

【巩固小结】

通过本任务的实施，能够按电路图进行整块板的接线，能进行静态调试，熟悉数控机床的数据保存与备份的方式。

1. 填空题(将正确答案填入空格内)

(1) 当 I/O 设备使用存储卡接口时，需将参数 20 设为________。

(2) 当 CF 卡中的系统参数文件名为默认的________，可在参数页面直接输入，不需要选择文件。

(3) 通过 RS232 接口进行数据传输时，将参数 103 设为 11，即设定传输的波特率为________ b/s。

(4) CNC 与 PC 通过网络接口进行数据传输时，两者的 IP 地址必须在________，否则无法通信。

2. 判断题(正确的打“√”，错误的打“×”)

(1) 机床要有良好的接地，接地电阻不能大于 1 Ω。(　　)

(2) 制造低压电缆线头时，需要核对相序。(　　)

(3) 制造低压电缆线头时，需要测量线芯之间的绝缘电阻，测量结果要求换算到长度为 1 km、温度为 20℃时，不低于 50 MΩ。(　　)

3. 简答题

(1) 在通电之前首先要做好哪些检查?

(2) 简述室内干封电缆终端头的制作步骤。

任务二　数控机床电路联机调试

【任务目标】

(1) 掌握数控机床数据传输的方法；

(2) 能够进行数控机床电路联机调试；

(3) 能对联机调试中发现的问题进行分析处理。

【任务布置】

根据电气原理图完成电路的安装，并进行联机调试。

元件及工量具准备：详见表 6 - 1。

工时：8。

任务要求：

(1) 根据图纸，进行整块板电路的测量；

(2) 电气板上所有连接应与电气图纸一致；

(3) 元件布局、布线应合理规范；

(4) 导线线径和颜色应符合图纸要求；

(5) 正确连接各个单元的航插线、牢固可靠；

(6) 正确操作机床，验证各功能的正确性。

【任务评价】

数控机床电路联机调试评分标准

学号： 姓名：

序号	项目	技术要求	配分	评分标准	自评	互评	教师评分
1	开机情况	机床能正常上电； 开机报警能正常解除； 急停功能正常； 回参考点正常	5	上电不正常，扣2分； 报警功能不正常，扣1分； 急停功能不正常，扣1分； 回参功能不正常，扣1分			
2	进给轴功能	手动方式下，X轴和Z轴点动方向、速度均正常； 手动倍率正常； 两轴软限位、硬限位功能正常； 手轮功能正常； 指令方式下，进给轴功能正常	20	点动轴方向不正常，扣3分； 点动轴速度不正常，扣3分； 手动倍率不正常，扣3分； 限位功能不正常，扣3分； 手轮功能不正常，扣3分； 指令方式下，进给轴功能不正常，扣5分			
3	主轴功能	手动方式下，主轴功能正常； 指令方式下，主轴正转、反转和停转正常； 指令方式下，主轴转速正常； 主轴倍率功能正常	20	手动方式下，主轴功能不正常，扣5分； 指令方式下，主轴转向不正常，扣5分； 指令方式下，主轴速度不正常，扣5分； 主轴倍率功能不正常，扣5分			
4	换刀功能	换刀动作正常； 每把刀都能正常工作	20	换刀不正常，每把刀扣5分			
5	辅助功能	冷却功能正常； 润滑功能正常； 照明功能正常	15	每个功能点不正常，扣5分			
其他	1	清点元件	5	未清点实训设备及耗材，扣2分			
	2	团队合作	5	分工不明确，成员不积极参与，酌情扣分			
	3	文明生产	5	违反安全文明生产规程不得分			
	4	环境卫生	5	卫生不到位不得分			
总分			100				

【任务分析】

(1) 通电检查前应把所有电源开关置于断开状态，并断开与数控系统、伺服驱动器、I/O板的所有连接导线、接插件。

(2) 逐级通电，逐级检查，确保各级供电电压正常，交流回路主要检查电压是否正确，直流回路除了检查电压是否正常外，还应检查极性是否正确，与系统、伺服直接连接的线路，应再与数控系统、伺服的连接端子处检查确认。

可按表 6-2 进行测量，判断测量结果是否正常。

表 6-2　数控机床联机调试前测量表

序号	测量项目(每项 0.5 分)	测量结果
1	1L1、1L2、1L3 之间的电阻	
2	控制变压器的原边电阻	
3	11 和 M 之间的电阻	
4	2L1、2L2、2L3 之间的电压	
5	伺服驱动器的电源电压	
6	控制变压器的输入电压	
7	控制变压器的输出电压	
8	开关电源的输入电压	
9	开关电源的输出电压	
10	CNC 的电源电压	

(3) 对照图纸，检查电路的正确性和线路连接的可靠性。

(4) I/O 电路的功能检查。

① 测量输入点电压，认为使输入点有效，记录输入点有效或无效时的电压值，并分析其是否正确。

② 在各输出点处采取措施，使输出有效，观察对应电路的动作是否正常。

注意： 在进行该项检查时，可能会导致机床产生动作，应采取必要的防范措施。

(5) 断开电源，正确连接航插，然后通电调试机床。

【安全提醒】

(1) 接线时必须关闭设备总电源，确保操作安全。接线完成并确认无误后，方可送电调试，操作必须按电工安全操作规程进行。

(2) 通电检测前要做好安全防护工作。

(3) 清除切屑、擦拭机床，使机床与环境保持清洁状态。

(4) 机床应做到定期或不定期的维护和保养以及每日的点检工作；检查润滑油、冷却液的状态，及时添加或更换。

(5) 各手动润滑点必须按说明书要求润滑；加注润滑油时应保持数控机床各部位和地面的清洁，不要加注得过多，以免对环境造成污染。

(6) 无论机床何时使用，每日必须使用机油循环 0.5 小时，冬天时间可稍长一些；一般在 1～2 个月之间更换一次切削液。

(7) 机床若数天不使用，则每隔一天应对 NC 及 CRT 部分通电 2～3 小时。

【知识储备】

完成电源连接，再参照机床说明书，给机床各部件加润滑油，接着可以进行机床调试环节。机床调试可按以下几个步骤进行。

1. 机床床身水平调整

在机床摆放粗调整的基础上，还要对机床进行进一步的微调。这方面主要是精调机床床身的水平，找正水平后移动机床各部件，观察各部件在全行程内机床水平的变化，并相应调整机床，保证机床的几何精度在允许范围之内。

2. 机床的基本性能检验

1) 机床系统参数的调整

主要根据机床的性能和特点去调整机床系统参数。

(1) 各进给轴快速移动速度和进给速度的参数调整。

(2) 各进给轴加减速的参数调整。

(3) 主轴控制的参数调整。

(4) 换刀装置的参数调整。

(5) 其他辅助装置的参数调整，如：液压系统、气压系统等。

2) 主轴功能检查

(1) 手动操作。选择低、中、高三挡转，主轴连续进行五次正反转的启动、停止，检验其动作的灵活性和可靠性，同时检查负载表上的功率显示是否符合要求。

(2) 手动数据输入方式(MDI)。使主轴由低速开始，逐步提高到允许的最高速度。检查转速是否正常，一般允许误差不能超过机床上所示转速的±10%，在检查主轴转速的同时观察主轴噪声、振动、温升是否正常，机床的总噪声不能超过 80 dB。

(3) 主轴准停。连续操作五次以上，检查其动作的灵活性和可靠性。

3) 进给轴的功能检查

(1) 手动操作。检测各进给轴的低、中、高进给和快速移动的移动比例是否正确，在移动时是否平稳、畅顺，有无杂音的存在。

(2) 手动数据输入方式(MDI)。通过 G00 和 G01F 指令功能，检测快速移动和进给速度。

4) 换刀装置的检查

检查换刀装置在手动和自动换刀的过程中是否灵活、牢固。

(1) 手动操作。检查换刀装置在手动换刀的过程中是否灵活、牢固。

(2) 自动操作。检查换刀装置在自动换刀的过程中是否灵活、牢固。

5）限位、机械零点检查

（1）检查机床软硬限位的可靠性。软限位一般由系统参数来确定；硬限位是通过行程开关来确定的，一般在各进给轴的极限位置，因此，行程开关的可靠性就决定了硬限位的可靠性。

（2）回机械零。用回原点的方式，检查各进给轴回原点的准确性和可靠性。

6）其他辅助装置检查

检查如润滑系统、液压系统、气压系统、冷却系统、照明电路等的工作是否正常。

3. 数控机床稳定性检验

数控机床的稳定性也是体现数控机床性能的重要指标。若一台数控机床不能保持长时间稳定工作，加工精度在加工过程中不断变化，则在加工过程中要不断测量工件修改尺寸，造成加工效率下降，从而体现不出数控机床的优点。为了全面地检查机床功能及工作可靠性，数控机床在安装调试后，应在一定负载或空载下进行较长一段时间的自动运行考验。自动运行的时间，国家标准 GB9061—88 中规定：数控机床为 16 h 以上(含 16 h)，要求连续运转。在自动运行期间，不应发生任何故障(人为操作失误引起的除外)。若出现故障，故障排除时间不能超过 1 h，否则应重新开始运行考验。

4. 机床的精度检验

1）机床的几何精度检验

机床的几何精度是综合反映该设备的关键机械零部件和组装后几何形状误差的。数控机床的基本性能检验与普通机床的检验方法差不多，使用的检测工具和方法也相似，每一项要独立检验，但要求更高，所使用的检测工具精度必须比所检测的精度高一级。

其检测项目主要有：X、Z 轴的垂直度；主轴回转轴线对工作台面的平行度；主轴在 Z 轴方向移动的直线度；主轴轴向及径向跳动。

2）机床的定位精度检验

数控机床的定位精度是测量机床各坐标轴在数控系统控制下所能达到的位置精度。根据实测的定位精度数值判断机床是否合格，其内容有：各进给轴直线运动精度；直线运动重复定位精度；直线运动轴机械回零点的返回精度；刀架回转精度。

3）机床的切削精度检验

机床的切削精度检验又称为动态精度检验，其实质是对机床的几何精度和定位精度在切削时的综合检验。其内容可分为单项切削精度检验和综合试件检验。

（1）单项切削精度检验：包括直线切削精度、平面切削精度、圆弧的圆度、圆柱度、尾座套筒轴线对溜板移动的平行度、螺纹检测等。

（2）综合试件检验：根据单项切削精度检验的内容，设计一个具有包括大部分单项切削内容的工件进行试切加工，来确定机床的切削精度。

数控车床的各项精度检验可以参照表 6－3 进行。

表 6-3　数控车床精度检验项目表

序号	检测内容	检测方法	允许误差/mm	实测误差
1	床身导轨调水平：纵向导轨在垂直平面内的直线度	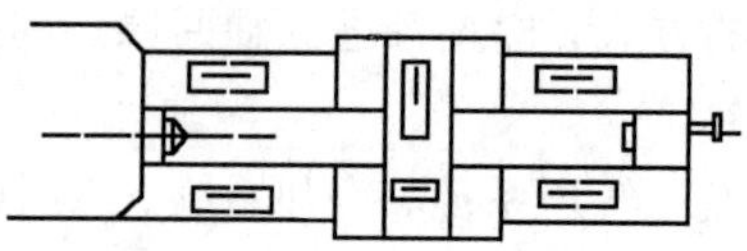	0.020(凸) 局部公差：在任意 250 长度上测量为 0.075	
1	床身导轨调水平：横向导轨的平行度	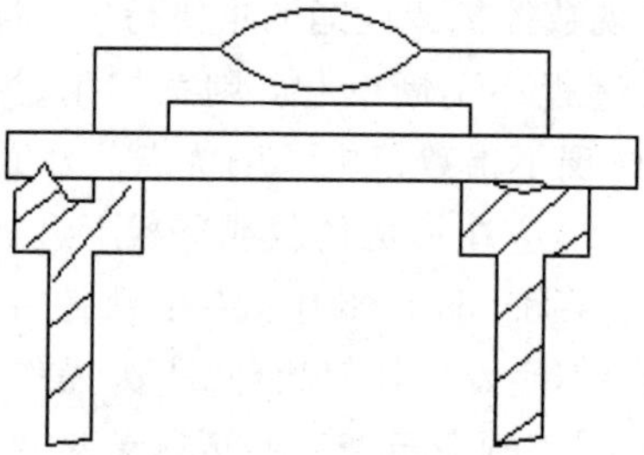	0.04/1000	
2	溜板移动在水平面内的直线度	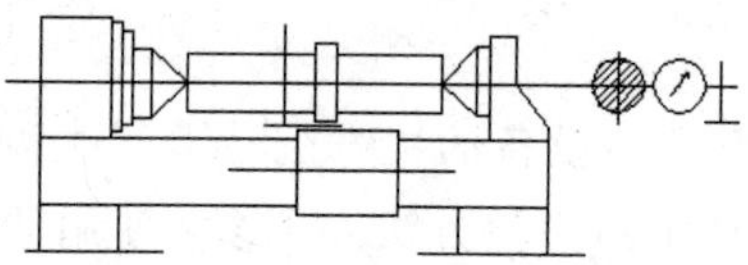	0.02	
3	尾座移动对溜板移动的平行度： a：在垂直平面内 b：在水平面内	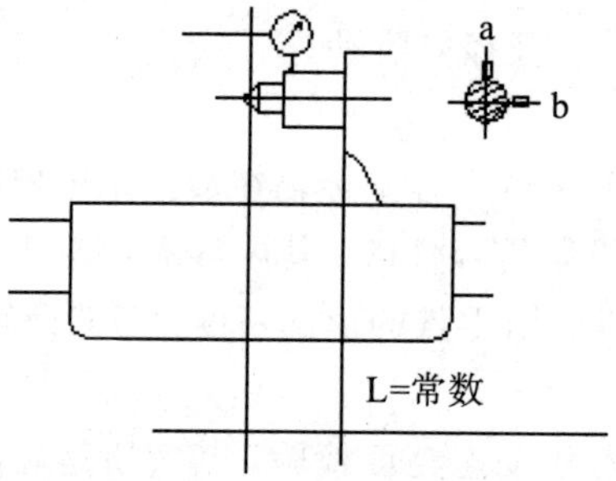	全程为 0.03 局部公差：在任意 500 测量长度上为 0.02	
4	主轴 a：主轴的轴向窜动 b：主轴轴肩支承面的跳动	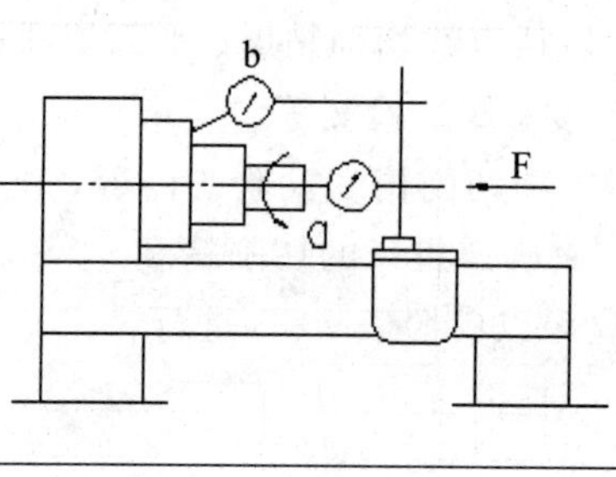	a：0.01 b：0.02 (包括轴向窜动)	

续表一

序号	检测内容	检测方法	允许误差/mm	实测误差
5	主轴定心轴颈的径向跳动	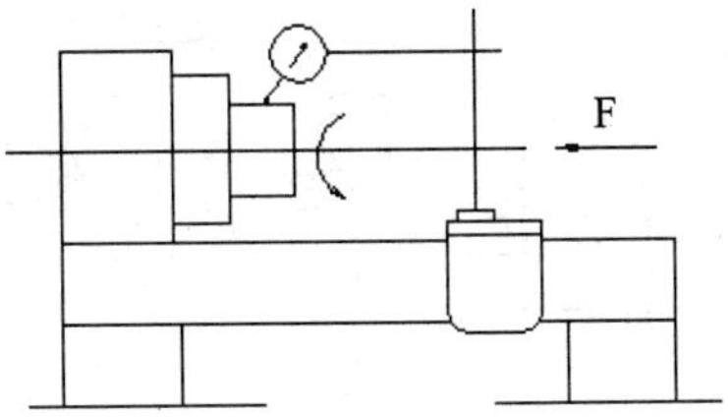 F	0.01	
6	主轴锥孔轴线的径向跳动 a：靠近主轴端面 b：距离主轴端面 300 mm 处	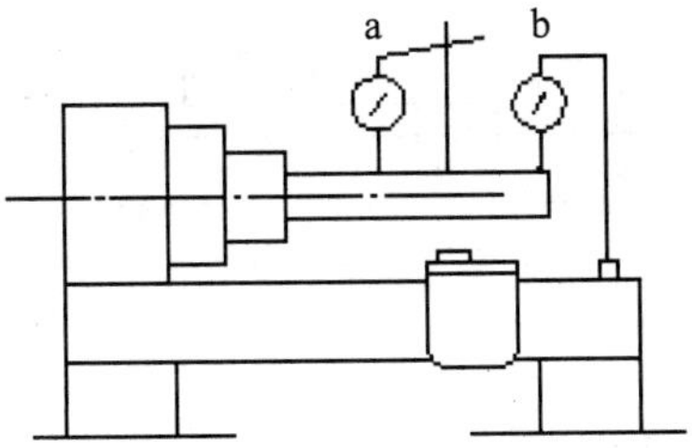 a b	a：0.01 b：0.02	
7	主轴轴线对溜板移动的平行度 a：在垂直平面内 b：在水平面内	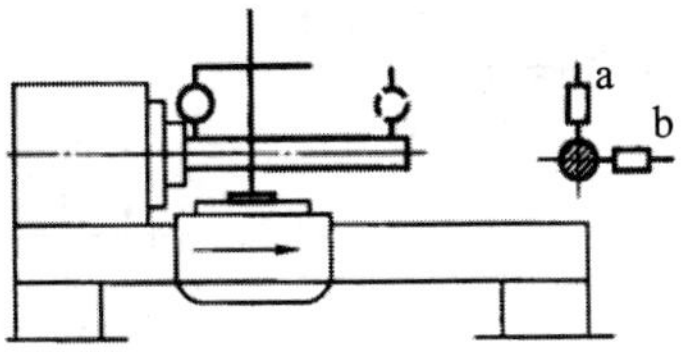 a b	a：在 300 测量长度上为 0.015（只许向上偏） b：在 300 测量长度上为 0.015（只许偏向刀具）	
8	顶尖的跳动	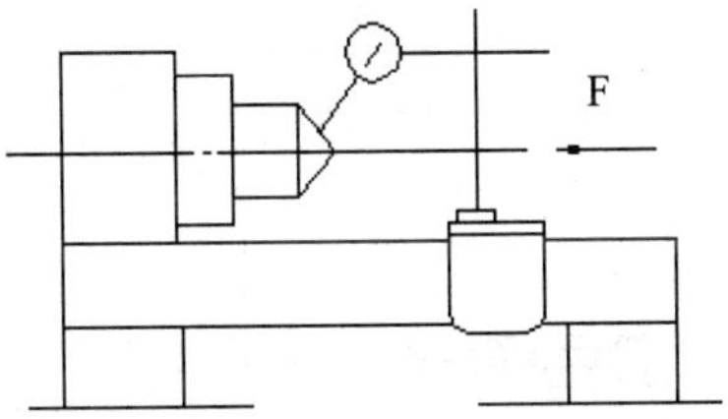 F	0.015	
9	尾座套筒轴线对溜板移动的平行度 a：在垂直平面内 b：在水平面内	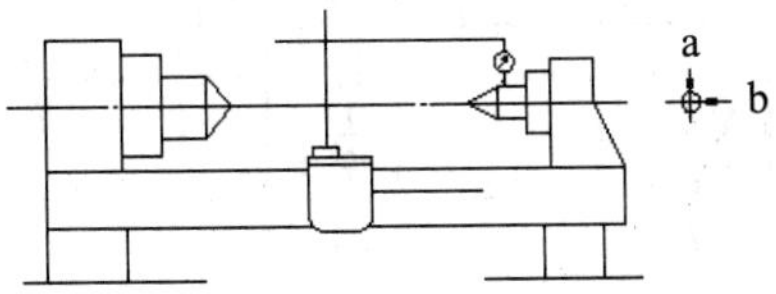 a b	a：在 100 测量长度上为 0.015（只许向上偏） b：在 100 测量长度上为 0.01（只许偏向刀具）	

续表二

序号	检测内容	检测方法	允许误差/mm	实测误差
10	尾座套筒锥孔轴线对溜板移动的平行度 a：在垂直平面内 b：在水平面内	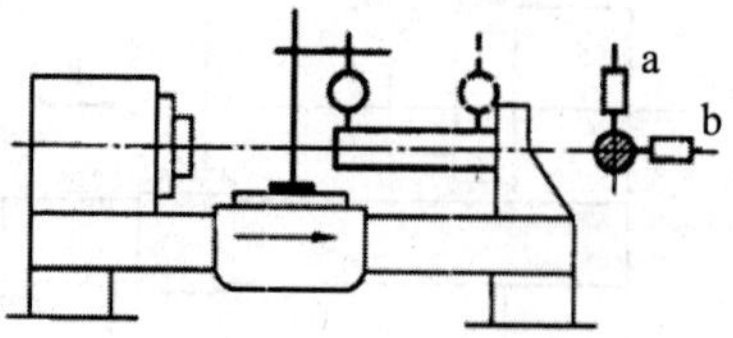	a：在300测量长度上为0.03(只许向上偏) b：在300测量长度上为0.03(只许偏向刀具)	
11	两顶针 主轴和尾座两顶尖的等高	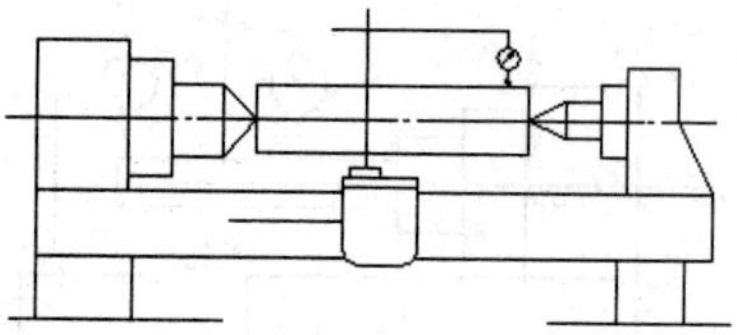	0.05(只许尾座高)	
12	刀架回转的重复定位精度	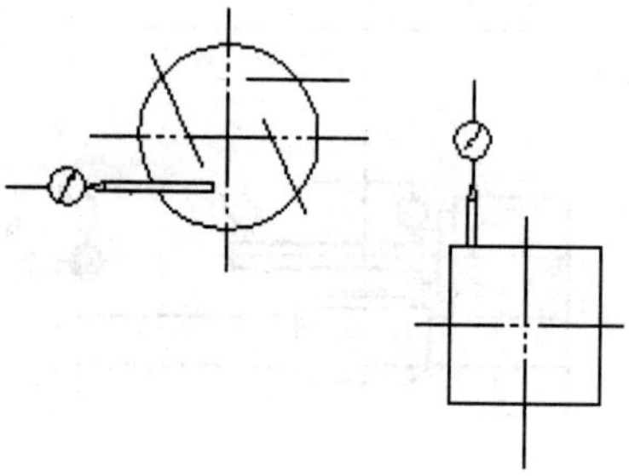	0.01	
13	重复定位精度 Z轴	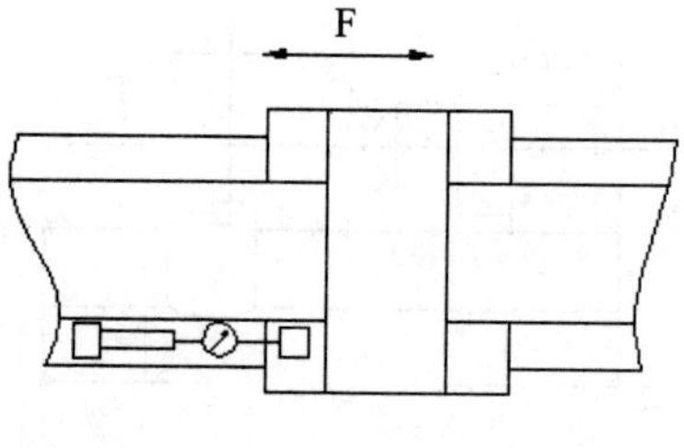	0.015	
	重复定位精度 X轴	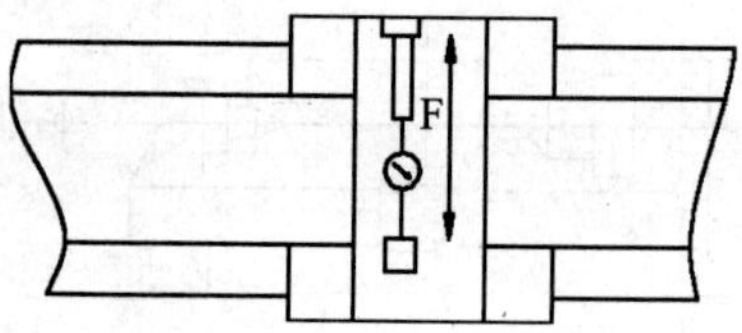	0.01	

续表三

序号	检测内容		检测方法	允许误差/mm	实测误差
14	定位精度	Z轴	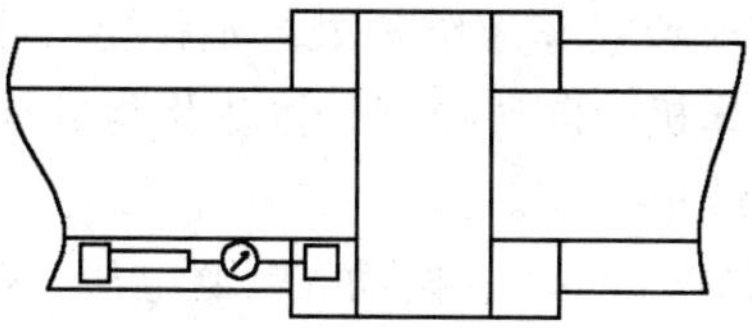	0.045	
		X轴	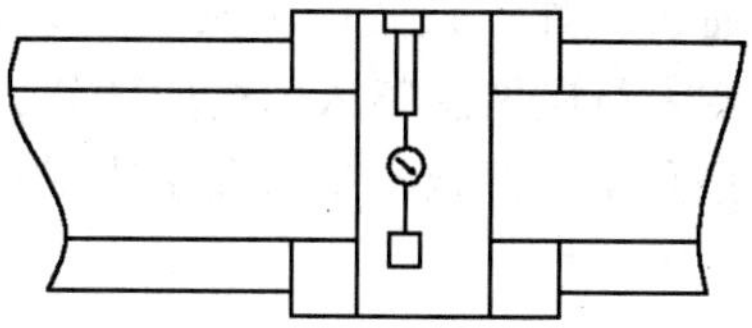	0.04	
P1	精车外圆的精度 a：圆度 b：在纵截面内直径一致性		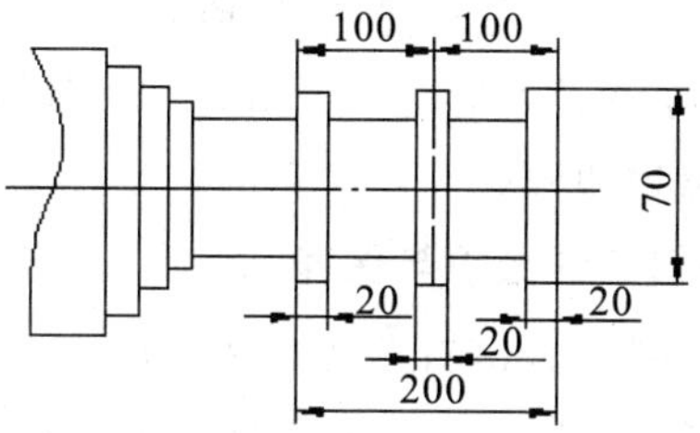	a：0.005 b：在200测量长度上为0.03	
P2	精车端面的平面度		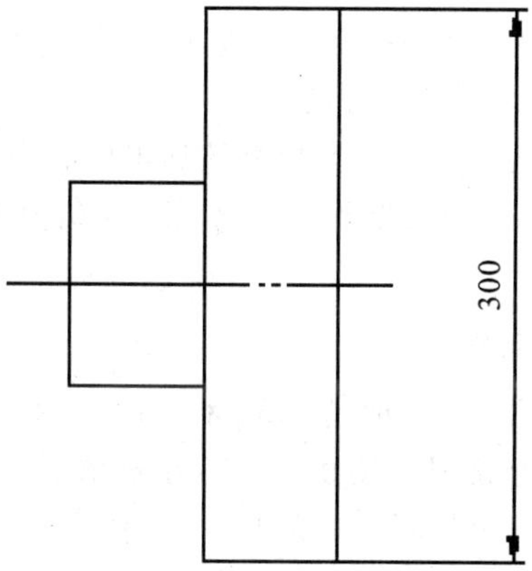	300直径上为0.02（只许凹）	
P3	螺纹 L≥2d d约为Z轴丝杆直径； 螺距不超过Z轴丝杆螺距之半		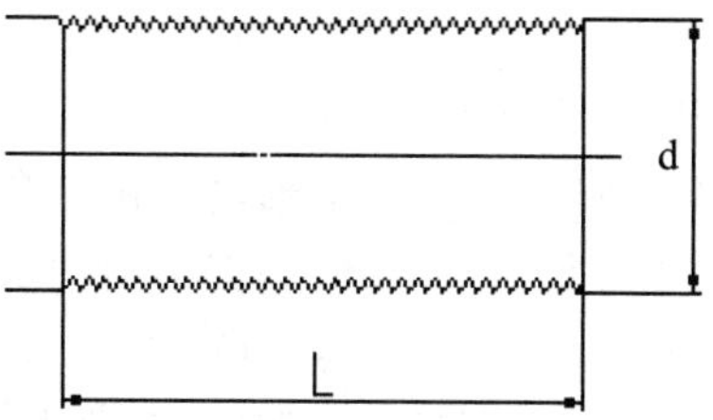	任意60测量长度螺距累积误差的允差为0.02	

注：P1、P3试切件为钢材，P2试件为铸铁。

【拓展阅读】

数控车床具有机、电、液集于一体，技术密集和知识密集并存的特点，是一种自动化程度高、结构复杂且又昂贵的先进加工设备。为了充分发挥其效益，减少故障的发生，必须做好日常维护工作，所以要求数控车床维护人员不仅要有机械、加工工艺以及液压气动方面的知识，也要具备电子计算机、自动控制、驱动及测量技术等知识，这样才能全面了解和熟悉数控车床，及时做好维护工作。

数控车床的使用环境(如温度、湿度、振动、电源电压、频率及干扰等)会影响车床的正常运转，所以应严格按照车床说明书规定的安装条件和要求进行安装。在经济条件许可的情况下，应将数控车床与普通机械加工设备隔离安装，以便于维修与保养。同时，要为数控车床配备专业人员，所配备人员应熟悉车床的机械部分、数控系统、强电设备、液压、气压等部分及使用环境、加工条件等，并能按车床和系统使用说明书的要求正确使用数控车床。

1. 长期不用数控车床的维护与保养

在数控车床闲置不用时，应经常给数控系统通电，在车床锁住的情况下，使其空运行。在空气湿度较大的梅雨季节应该天天通电，利用电气元件的自身发热驱走数控柜内的潮气，以保证电子部件的性能稳定可靠。

2. 数控系统中硬件控制部分的维护与保养

每年检查并去灰尘至少一次，检测有关的参考电压是否在规定范围内，如电源模块的各路输出电压、数控单元参考电压等；检查系统内各元件连接是否松动；检查各功能模块的风扇运转是否正常；检查伺服放大器和主轴放大器使用的外接式再生放电单元的连接是否可靠；检测各功能模块的存储器后备电池的电压是否正常，是否到了更换时间。有些数控系统的参数存储器是采用CMOS元件的，其存储内容在断电时靠电池带电保持，一般应在一年内更换一次电池，并且一定要在数控系统通电的状态下进行，否则会使存储参数丢失，导致数控系统不能工作。对于长期停用的车床，应每月开机运行4小时，这样可以延长数控车床的使用寿命。

3. 车床机械部分的维护与保养

操作者在每班加工结束后，应及时清扫散落于拖板、导轨等处的切屑；工作时要经常检查排屑器是否正常，以免造成切屑堆积，损坏导轨精度，危及滚珠丝杠与导轨的寿命；在工作结束前，应将各伺服轴回归原点后停机。定期对空气过滤器、电气柜、印刷线路板进行清扫；每月清洗一次自动润滑泵里的过滤器，每月用煤油清洗一次刮屑板，发现损坏时应及时更换。

4. 车床主轴电动机的维护与保养

维修电工应每年检查一次伺服电动机和主轴电动机。着重检查其运行噪声、温升，若噪声过大，应查明原因，是轴承等机械问题还是与其相配的放大器的参数设置问题，采取相应措施加以解决。对于直流电动机，应对其电刷、换向器等进行检查、调整、维修或更换，使其工作状态良好。检查电动机端部的冷却风扇运转是否正常并清扫灰尘；检查电动机各连接插头是否松动。

5. 车床进给伺服电动机的维护与保养

对于数控车床的伺服电动机，要在10～12个月进行一次维护保养，加速或者减速变化频繁的车床要在2个月进行一次维护保养。维护保养的主要内容有：用干燥的压缩空气吹除电刷的粉尘，检查电刷的磨损情况，如需更换，需选用规格相同的电刷，更换后要空载运行一定时间使其与换向器表面吻合；检查清扫电枢整流子以防止短路；如装有测速电动机和脉冲编码器，则也要进行检查和清扫。

数控车床中的直流伺服电动机应每年至少检查一次，一般应在数控系统断电且电动机已完全冷却的情况下进行检查；取下橡胶刷帽，用螺丝刀拧下刷盖取出电刷；测量电刷长度，如FANUC直流伺服电动机的电刷由10 mm磨损到小于5 mm时，必须更换同一型号的电刷；仔细检查电刷的弧形接触面是否有深沟和裂痕，以及电刷弹簧上是否有打火痕迹。如有上述现象，则要考虑电动机的工作条件是否过分恶劣或电动机本身是否有问题。用不含金属粉末及水分的压缩空气导入装电刷的刷孔，吹净粘在刷孔壁上的电刷粉末。如果难以吹净，则可用螺丝刀尖轻轻清理，直至孔壁全部干净为止，但要注意不要碰到换向器表面。重新装上电刷，拧紧刷盖。更换新的电刷后，应使电动机空运行跑合一段时间，以使电刷表面和换向器表面相吻合。

6. 车床测量反馈元件的维护与保养

检测元件采用编码器、光栅尺的较多，也有使用感应同步器、磁尺、旋转变压器等的。维修电工每周应检查一次检测元件连接是否松动，是否被油液或灰尘污染。

7. 车床电气部分的维护与保养

具体检查可按如下步骤进行：

(1) 检查三相电源的电压值是否正常，有无偏相，如果输入的电压超出允许的范围，则需进行相应调整。

(2) 检查所有电气元件连接是否良好。

(3) 检查各类开关是否有效，可借助于数控系统CRT显示的自诊断画面及可编程机床控制器(PMC)、输入/输出模块上的LED指示灯检查确认，若不良应更换。

(4) 检查各继电器、接触器是否工作正常，触点是否完好，可利用数控编程语言编辑一个功能试验程序，通过运行该程序确认各元件是否完好有效。

(5) 检验热继电器、电弧抑制器等保护器件是否有效。能上电保养应由车间电工实施，每年检查调整一次。电气控制柜及操作面板显示器的箱门应密封，禁止用打开柜门使用外部风扇冷却的方式降温。操作者应每月清扫一次电气柜防尘滤网，每天检查一次电气柜冷却风扇或空调运行是否正常。

8. 车床液压系统的维护与保养

对车床液压系统主要检查的内容有：各液压阀、液压缸及管子接头是否有外漏；液压泵或液压马达运转时是否有异常噪声等现象；液压缸移动时工作是否正常平稳；液压系统的各测压点压力是否在规定的范围内，压力是否稳定；油液的温度是否在允许的范围内；液压系统工作时有无高频振动；电气控制或撞块(凸轮)控制的换向阀工作是否灵敏可靠，油箱内油量是否在油标刻线范围内；行程开关或限位挡块的位置是否有变动；液压系统手动或自动工作循环时是否有异常现象；等等。

操作者应定期对油箱内的油液进行取样化验，检查油液质量，定期过滤或更换油液；定期检查蓄能器的工作性能；定期检查冷却器和加热器的工作性能；定期检查和旋紧重要部位的螺钉、螺母、接头和法兰螺钉；定期检查更换密封元件；定期检查清洗或更换液压元件；定期检查清洗或更换滤芯；定期检查或清洗液压油箱和管道；等等。每周检查液压系统的压力有无变化，如有变化，应查明原因，并调整至车床制造厂要求的范围内。检查液压油箱内油位是否在允许的范围内，油温是否正常，冷却风扇是否正常运转；每月应定期清扫液压油冷却器及冷却风扇上的灰尘；每年应清洗液压油过滤装置；检查液压油的油质，如果失效变质则应及时更换，所用油品应是机床制造厂要求品牌或已经确认可代用的品牌；每年检查调整一次主轴箱平衡缸的压力，使其符合出厂要求。

9. 车床气动系统的维护与保养

保证供给洁净的压缩空气，压缩空气中通常都含有水分、油分和粉尘等杂质。水分会使管道、阀和气缸腐蚀；油液会使橡胶、塑料和密封材料变质；粉尘可造成阀体动作失灵。

选用合适的过滤器可以清除压缩空气中的杂质，使用过滤器时应及时排除和清理积存的液体，否则，当积存液体接近挡水板时，气流仍可将积存物卷起。

保证空气中含有适量的润滑油，大多数气动执行元件和控制元件都要求有适度的润滑。润滑的方法一般采用油雾器进行喷雾润滑，油雾器一般安装在过滤器和减压阀之后。油雾器的供油量一般不宜过多，通常每 10 m^3 的自由空气供 1 mL 的油量(即 40～50 滴油)。检查润滑是否良好的一个方法：找一张清洁的白纸放在换向阀的排气口附近，如果阀在工作三到四个循环后，白纸上只有很轻的斑点时，表明润滑是良好的。

保持气动系统的密封性，漏气不仅会增加能量的消耗，也会导致供气压力的下降，甚至造成气动元件工作失常。严重的漏气在气动系统停止运行时，由漏气引起的噪声很容易发现；轻微的漏气则利用仪表，或用涂抹肥皂水的办法进行检查。

保证气动元件中运动零件的灵敏性，从空气压缩机排出的压缩空气，包含有粒度为 0.01～0.08 μm 的压缩机油微粒，在排气温度为 120～220℃ 的高温下，这些油粒会迅速氧化，氧化后油粒颜色变深，黏性增大，并逐步由液态固化成油泥。这种 μm 级以下的颗粒，一般过滤器无法滤除。当它们进入到换向阀后便附着在阀芯上，使阀的灵敏度逐步降低，甚至出现动作失灵。为了清除油泥，保证灵敏度，可在气动系统的过滤器之后，安装油雾分离器，将油泥分离出。此外，定期清洗液压阀也可以保证阀的灵敏度。

保证气动装置具有合适的工作压力和运动速度，调节工作压力时，压力表应当工作可靠，读数准确。减压阀与节流阀调节好后，必须紧固调压阀盖或锁紧螺母，防止松动。操作者应每天检查压缩空气的压力是否正常；过滤器需要手动排水的，夏季应两天排一次，冬季一周排一次；每月检查润滑器内的润滑油是否用完，及时添加规定品牌的润滑油。

10. 车床润滑部分的维护与保养

各润滑部位必须按润滑要求定期加油，注入的润滑油必须清洁。润滑处应每周定期加油一次，找出耗油量的规律，发现供油减少时应及时通知维修工检修。操作者应随时注意 CRT 显示器上的运动轴监控画面，发现电流增大等异常现象时，及时通知维修工维修。维修工每年应进行一次润滑油分配装置的检查，发现油路堵塞或漏油应及时疏通、修复。底座里的润滑油必须加到油标的最高线，以保证润滑工作的正常进行。因此，必须经常检查油位是否正确，润滑油应5～6个月更换一次。由于新车床各部件的初磨损较大，所以，第一次和第二次换油的时间应提前到每月换一次，以便及时清除污物。废油排出后，箱内应用煤油冲洗干净，(包括床头箱及底座内油箱)，同时清洗或更换滤油器。X、Z轴进给部分的轴承润滑脂应每年更换一次，更换时，一定要把轴承清洗干净。

11. 可编程机床控制器(NC)的维护与保养

主要检查NC的电源模块的电压输出是否正常，输入/输出模块的接线是否松动，输出模块内各路熔断器是否完好，后备电池的电压是否正常，必要时进行更换。对NC输入/输出点的检查可利用CRT上的诊断画面用置位复位的方式检查，也可用运行功能试验程序的方法检查。

数控车床各部位的具体维护与保养见表6-4。

表6-4　数控车床维护与保养一览表

序号	检查周期	检查部位	检查内容
1	每天	导轨润滑机构	油标、润滑泵，每天使用前手动打油润滑导轨
2	每天	导轨	清理切屑及脏物，滑动导轨检查有无划痕，滚动导轨检查润滑情况
3	每天	液压系统	油箱泵有无异常噪声，工作油面高度是否合适，压力表指示是否正常，有无泄漏
4	每天	主轴润滑油箱	油量、油质、温度、有无泄漏
5	每天	液压平衡系统	工作是否正常
6	每天	气源自动分水过滤器	自动干燥器及时清理分水器中过滤出的水分，检查压力
7	每天	电器箱散热、通风装置	冷却风扇工作是否正常，过滤器有无堵塞，及时清洗过滤器
8	每天	各种防护罩	有无松动、漏水，特别是导轨防护装置
9	每天	机床液压系统	液压泵有无噪声，压力表接头有无松动，油面是否正常
10	每周	空气过滤器	坚持每周清洗一次，保持无尘、通畅，发现损坏及时更换
11	每周	各电气柜过滤网	清洗黏附的尘土
12	半年	滚珠丝杠	洗丝杠上的旧润滑脂，换新润滑脂
13	半年	液压油路	清洗各类阀、过滤器，清洗油箱底，换油
14	半年	主轴润滑箱	清洗过滤器，油箱，更换润滑油
15	半年	各轴导轨上镶条，压紧滚轮	按说明书要求调整松紧状态
16	一年	检查和更换电动机碳刷	检查换向器表面，去除毛刺，吹净碳粉，磨损过多的碳刷及时更换
17	一年	冷却油泵过滤器	清洗冷却油池，更换过滤器

续表

序号	检查周期	检查部位	检 查 内 容
18	不定期	主轴电动机冷却风扇	除尘，清理异物
19	不定期	运屑器	清理切屑，检查是否卡住
20	不定期	电源	供电网络大修，停电后检查电源的相序、电压
21	不定期	电动机传动带	调整传动带松紧
22	不定期	刀库	刀库定位情况，机械手相对主轴的位置
23	不定期	冷却液箱	随时检查液面高度，及时添加冷却液，太脏应及时更换

【巩固小结】

通过本任务的练习，学生能掌握数控机床联机调试的内容和步骤，能独立完成数控机床的精度检验和数据备份。

1. 填空题(将正确答案填入空格内)

(1) 机床的几何精度是综合反映该设备的关键机械零部件和组装后________误差。

(2) 机床的________检验，又称为动态精度检验，其实质是对机床的几何精度和定位精度在切削时的综合检验。

(3) 数控车床维护人员不仅要有机械、________以及液压气动方面的知识，也要具备电子计算机、________、驱动及测量技术等知识，这样才能全面了解和熟悉数控车床，及时做好维护工作。

(4) 一般应在________内更换一次电池，并且一定要在数控系统________的状态下进行，否则会使存储参数丢失，导致数控系统不能工作。

(5) 对于长期停用的机床，应每月开机运行________小时，这样可以延长数控机床的使用寿命。

2. 判断题(正确的打“√”，错误的打“×”)

(1) 故障诊断之前首先应该记录故障现象。(　　)

(2) 除非出现危及机床和人身安全的紧急情况，否则一般不要切断电源，而要尽可能保持机床原来的状态不变，并对故障现象进行记录。(　　)

(3) 数控机床的日常保养就是给运动部件添加润滑油。(　　)

(4) 数控机床试运转噪声，不得超过 80 dB。(　　)

3. 选择题(将正确答案代号填入括号内)

(1) 机床故障源查找的一般原则是(　　)。

A. 从易到难，从内到外　　B. 从难到易，从内到外

C. 从易到难，从外到内　　D. 从难到易，从外到内

(2) 在多数情况下，振动不但使设备产生噪声，污染(　　)，而且会产生危害。

A. 环境　　B. 设备

C. 线路　　D. 油液

(3) 用户对数控机床验收时，一般要求连续空运行(　　)不出故障，表明可靠性达到一定水平。

A. 8 小时　　B. 24～48 小时

C. 96 小时　　D. 一个月

4. 简答题

(1) 简述机床电气部分的维护保养步骤。

(2) 简述数控机床基本性能检验内容。

参 考 文 献

[1] 郭艳萍. 变频器应用技术[M]. 北京：北京师范大学出版社，2015.
[2]《最新国家标准电气识读指南》编写组. 最新国家标准电气识读指南[M]. 北京：中国水利水电出版社，2011.
[3] 吕景泉. 数控机床安装与调试[M]. 北京：中国铁道出版社，2014.
[4] 刘加勇. 数控机床故障诊断与维修[M]. 北京：中国劳动社会保障出版社，2011.
[5] 韩鸿鸾、陶建海. 数控机床电气装调与维修[M]. 北京：中国劳动社会保障出版社，2012.
[6] 邵泽强. 数控机床电气线路装调[M]. 北京：机械工业出版社，2015.
[7] 朱祥庭、张晶、李尚波. 数控机床电气装调[M]. 北京：清华大学出版社，2017.
[8] 王桂莲. 数控机床装调维修技术与实训[M]. 北京：机械工业出版社，2015.